EU-CHINA
EU-China Biodiversity Programme
中国—欧盟生物多样性项目

# 生物多样性保护教育
# 实践案例研究

洪兆春　编著

中国环境出版社·北京

**图书在版编目（CIP）数据**

生物多样性保护教育实践案例研究/洪兆春编著. —北京：
中国环境出版社，2013.10
ISBN 978-7-5111-1586-7

Ⅰ．①生…　Ⅱ．①洪…　Ⅲ．①生物多样性—生物资源
保护—普及教育　Ⅳ．①X176-4

中国版本图书馆 CIP 数据核字（2013）第 234553 号

| | |
|---|---|
| 出 版 人 | 王新程 |
| 责任编辑 | 易　萌 |
| 责任校对 | 扣志红 |
| 封面设计 | 刘丹妮 |

出版发行　**中国环境出版社**
　　　　　（100062　北京市东城区广渠门内大街 16 号）
　　　　　网　　址：http://www.cesp.com.cn
　　　　　电子邮箱：bjgl@cesp.com.cn
　　　　　联系电话：010-67112765（编辑管理部）
　　　　　　　　　　010-67112739（建筑图书事业部）
　　　　　发行热线：010-67125803，010-67113405（传真）

| | |
|---|---|
| 印　　刷 | 北京市联华印刷厂 |
| 经　　销 | 各地新华书店 |
| 版　　次 | 2013 年 10 月第 1 版 |
| 印　　次 | 2013 年 10 月第 1 次印刷 |
| 开　　本 | 787×1092　1/16 |
| 印　　张 | 16.5 |
| 字　　数 | 398 千字 |
| 定　　价 | 35.00 元 |

## 中国-欧盟生物多样性项目
## EU-China Biodiversity Programme，ECBP

中国-欧盟生物多样性项目是目前欧盟资助的最大规模的海外生物多样性保护项目，由欧盟、中国商务部、联合国开发计划署和环保部四方共同发起，旨在通过加强生物多样性管理，保护中国特殊的生态系统，加强中国生物多样性履约协调机构的能力；建立有效的监测和信息反馈机制；提高履约协调机构的效率。

# 课题简介

**课题名称：** 重庆缙云山国家级自然保护区周边生物多样性公众教育项目

**课题资助：** EU-China Biodiversity Programme（ECBP）中国-欧盟生物多样性项目
——"重庆市生物多样性保护主流化和能力建设"

**课题主持人：** 洪兆春

**课题主研：** 邹尚志　张万琼　林长春　王志坚　张发春　陈维礼　李雨霖
谭兴云　黄仕友　胡　雕　李旭光

**课题管理方成员：**

陈盛樑　　　　PMO 项目主任

张颖溢　　　　PMO 项目成果协调员

唐金伦　　　　PMO 项目官员

何晓彦　　　　PMO 财务官员

邵　阳　　　　PMO 邀请的国内专家

Martin Willson　PMO 邀请的国外专家

注：中国-欧盟生物多样性项目——重庆市生物多样性保护主流化和能力建设项目管理办公室（简称 PMO）

**本书特邀编审专家：** 何学福

课题参研成员合影

案例研讨会合影

# 序　言

　　2001 年，我在《有关当前我国生物多样性保护的几点建议》一文中，曾提出"建立一套全面的有关生物多样性和生态系统功能的教育及提高公众生物多样性保护意识的计划"。经过十多年的努力，我国在相关领域的工作已取得了不小的成绩和进展。其中，由洪兆春女士负责完成的《重庆缙云山国家级自然保护区周边生物多样性公众教育》课题，就是这方面做得很好的项目之一。他们在短短的几年中把这个地区的生物多样性保护教育活动开展得有声有色，直接影响了当地 3 万多中小学生和约 15 万公众。该课题与重庆地区的其他 17 个生物多样性保护课题一起，获得了联合国开发计划署、国家环保部等联合授予的生物多样性保护突出贡献奖。

　　现在，洪兆春女士在前期出色工作的基础上，经过分析整理，按照教育学和科学传播学的方法总结提炼，编写了这本《生物多样性保护教育实践案例研究》，为这一领域的进一步发展奠定了基础，值得庆贺。

　　案例活动开展的主要地点是重庆缙云山国家级自然保护区，洪兆春女士和她的团队认真分析了该地区的生物多样性，使他们的保护教育工作，都能落实在缙云山广阔的亚热带针阔叶混交林及其丰富的动植物种保护这一工作中心上来。

　　从案例中，我们可以看到，他们的教育工作开展得井井有条，从基础调查、教师及大学生志愿者培训、策划组织各种活动、将生物多样性保护知识渗透入各层次的教育宣传活动，到通过开发校本课程、编写校本教材、创建生物多样性保护教育示范基地学校，整个工作都在按计划有序地开展和深入，形成了富有特色的、持续的系列保护教育活动。

　　书中总结了一整套成功的生物多样性保护教育方法，其中发现学习法、情景模拟法、探究实验法、舞台剧表演、期刊与电视媒体传播等都是行之有效、生动有趣的科学教育传播方法。特别欣喜的是在这些案例中我们看到，洪兆春女士策划的生物多样性保护教育活动，正在从生物多样性事实层面向概念层面靠拢，把事实按照科学概念与观点来组织，在活动中帮助参与者，特别是青少年，逐步形成生物多样性相关领域的核心保护思想，提高青少年的公民责任感和生物保护素养，这也正是当今我国提倡的生态文明建设的重要方面之一。

　　这些案例并非深奥的科学研究活动，但是，它对于文化层次千差万别的公众，做到了晓之以理、动之以情、寓教于乐。这也正是该书的可贵之处，也是洪兆春及其工作团队对生物多样性保护教育活动的有益探索和积极贡献。

　　联合国第 65 届大会第 161 号决定宣布"2011—2020 年为联合国生物多样性十年"，推动落实《生物多样性战略计划》（2011—2020 年），加强公众教育至关重要。目前我国生物多样性保护面临诸多问题，发展与保护的矛盾、野生动物栖息地破坏严重、滥吃野生动物、对野生动物制品如象牙的盲目奢侈需求等，其根源都在公众对生物多样性保护缺乏足够的认识。

　　我国是世界上生物多样性最丰富的国家之一，各种生物之间相互关联、相互依存，具有重要的生态功能。党的十八大提出生态文明建设，"必须树立尊重自然、顺应自然、保护自然的生态文明理念"，要"更加自觉地珍爱自然，更加积极地保护生态"。保护生物多样性，积极开展公众教育，普及生物多样性保护知识，提高公众意识水平，让自然保护理念深入人心，就是推进生态文明、建设美丽中国的具体行动。这本书的出版，将对生物多样性保护、环保教育、自然教育、博物馆公众教育起到很好的示范推广作用。我祝贺它的出版，并希望洪兆春女士再接再厉，为生物多样性保护教育事业添砖加瓦。

　　**汪　松**　　中科院动物所研究员；国际生物科学联合会（IUBS）中国国家委员会主席；中国环境与发展国际合作委员会（CCICED）委员并生物多样性工作组中方主席；国务院环境保护委员会科学顾问；国家濒危物种科学委员会常务副主任；中国动物园协会副会长；世界自然保护联盟（IUCN）理事并物种生存委员会（SSC)地区副主席。

# 前　言

　　生物多样性是人类生存发展的基础，中国是世界上生物多样性最为丰富的国家。作为中国人口最密集区域之一的重庆市，其生物多样性资源正遭受来自城市发展、当地高强度的农业生产以及湿地管理难度大等方面的压力影响。在这样的背景下，如何加强生物多样性保护，如何用好博物馆、自然保护区等教育资源普及生物多样性保护知识，如何在繁华的城市中给孩子们留出自然教育空间，成为我们必须思考的问题。经过五年的实践探索与理论研究工作，《生物多样性保护教育实践案例研究》终于与大家见面。如果抛砖可以引玉，笔者希望这本书可以引出更多人来思考和回应以上问题。

　　书中的案例来源于重庆缙云山国家级自然保护区周边生物多样性公众教育科研课题，是 ECBP（中国-欧盟生物多样性项目 EU-China Biodiversity Programme）在重庆地区执行的生物多样性保护主流化与能力建设项目的一部分，是面向大中小学的科学教育传播课题。课题主持人为重庆自然博物馆副研究员洪兆春，管理机构为联合国开发计划署（UNDP），执行机构为重庆市环保局、重庆市生态学会、重庆自然博物馆，合作伙伴为野生动植物保护国际（FFI）。课题的实施地点在重庆市北碚区，基本工作是培训缙云山国家级自然保护区周边中学生物课、小学科学课教师及大学生志愿者，指导他们带领中小学学生开展符合当地实际情况的保护教育活动，为每一位参与人提供机会以获取保护生物多样性所需的知识、价值观和技能；同时通过学生影响到家长和社会，进一步提高重庆地区，特别是缙云山国家级自然保护区周边公众生物多样性保护意识和保护能力。

　　五年来，在社会各界的大力支持下，在学校师生及国内外专家的共同努力下，课题在开展研究工作的同时，培训教师上千人次；带领大中小学师生完成上百项保护教育活动，创建五所生物多样性保护教育示范学校，项目活动影响到缙云山国家级自然保护区周边上万名青少年学生。

　　在合作伙伴 FFI 和中国科普研究所的支持下，课题主持人于 2010 年选择已经开展的五十个活动，通过研究分析教育（活动）设计策划构想、教育（活动）形式、参加群体、资源条件、前期准备、活动过程内容、活动效果、活动评估等，将已开展的生物多样性保护教育活动以案例研究的方式固化下来，形成案例研究初稿。案例研究初稿展现了缙云山国家级自然保护区周边生物多样性公众教育成果，重点介绍了生物多样性保护教育相关的活动，包括学校以正规课程开展的生物多样性保护教育活动；以课外兴趣小组为依托开展的教育活动；与社会团体结合开展的活动；面向公众或某些爱好者开展的活动以及教师培训等。案例初稿按照 ECBP 管理方的要求，向全国二十余个省市自治区、港澳台地区以及英国、加拿大的教师和自然环境保护教育工作者推广。

　　2012 年，为进一步推广教育示范项目，项目主持人吸纳部分一线教师和场馆工作人员作为供稿人，在初稿的基础上，将案例活动增至七十六个编辑出版。案例研究对项目执行过程进行了纪实性描述，对生物多样性保护科学知识及研究成果如何科普化，如何适宜青少年学生学习吸收，以及如何围绕这些知识开展保护活动进行了探讨。这些总结成案例的活动具有以下特点：

● 注重专家统领科研工作，着力发掘生物多样性保护教育工作内涵。把生物多样性保护教育作为一个科学概念，从教育学、传播学、科普学的角度组织专家进行研究，制定细致的工作推进计划和实施步骤，提升生物多样性保护教育水平。

● 注重引领教师学习，提高教师生物多样性保护专业知识水平，通过教师培训启动智力引擎，形成教师—学校—学生—家长—社会参与支持生物多样性保护教育活动的良好局面。

● 注重探究式教育，支持大中小学学生自主申请小项目，让学生自组团队参与生物多样性保护教育活动，推动活动进校园，落实到学生。

● 运用参与式工作方法，强调"以人为本"，有计划成批次地培养大学生志愿者参与中小学活动，尊重大学生志愿者创造性工作，发展壮大保护教育力量，解决活动中专业指导教师不足的问题。

● 专家与教师合作，为每所参与学校设计各具特色的保护教育活动，探索教育与当地生物多样性保护紧密结合的新路。在探索过程中注重专家与学校、学校与社会、教师与大学生志愿者之间的经验交流分享，提高广大参与者的持续热情与活动执行能力。

● 注重渗透式教育，结合语文、数学、物理、化学、生物、科学、音乐、美术等多学科，将生物多样性保护教育渗透到学校教育的方方面面；关注学校全局，使生物多样性保护教育工作符合学校发展的需求，增强学校的核心竞争力。如帮助学校创建绿色学校、森林校园、市级重点学校、生物多样性示范学校；帮助教师进入名师计划，建立名师工作室，帮助学生参加青少年创新大赛等。

● 注重建立学校与自然保护区、科研机构、非政府组织的长期合作机制，在发挥专家参与科普教育传播优势的同时，借助网络、电台、电视等现代传媒手段，强化保护教育活动对社会的辐射作用，提高学校与自然保护区、科研机构、非政府组织的共建程度，紧紧围绕项目要求持续不断开展活动，切实推进生物多样性保护思想的普及。

加强生物多样性保护，需要全社会的广泛参与和共同行动。不积跬步，无以至千里。只有不断归纳总结提炼行之有效的典型经验，总结个性化的解决方案，加强生物多样性保护教育理论和实践研究，才能不断推动生物多样性保护教育工作提升水平，向前发展。笔者希望通过案例研究工作，总结经验，拓展思路，为生物多样性保护思想的传播、为进一步开展青少年生物多样性保护教育活动提供借鉴参考；为推动生态文明，建设美丽中国，实现绿色可持续发展做出积极贡献。

洪 兆 春

2012 年 10 月

# 致　谢

　　谨向多年来给予课题工作关注和支持的中华人民共和国环境保护部、重庆市环境保护局表示诚挚的谢意！

　　谨向中欧生物多样性项目重庆项目办、野生动植物保护国际（FFI）、重庆市生态学会、重庆市科协、重庆市文物局、北碚区环保局、北碚区教委、重庆缙云山国家级自然保护区、重庆自然博物馆、重庆科技馆、西南大学自然博物馆、北碚区教师进修学院、重庆师范大学初等教育学院、西南大学附属中学、重庆第二十四中学、王朴中学、晏阳初中学、重庆第四十八中学、朝阳中学、兼善中学、澄江小学、朝阳小学、西大附小、梅花山小学、人民路小学、蔡家场小学、同兴小学表示诚挚的谢意！

　　感谢三峡库区生态环境教育部重点实验室、中央教科所、中国科普研究所、中国生态学会科普教育专委会的技术支持与帮助！

　　特别感谢 Martin Willson 先生、陈盛樑先生、张颖溢女士、李旭光先生、李波女士、钟琦女士在课题执行和本书撰写编著过程中对我的支持、关心、帮助、鼓励！

　　感谢何学福先生、袁兴中先生、邹尚志先生、刘海鸥先生、曾波先生、陶建平先生、王志坚先生、邓洪平先生、屠文兵先生、楼锡祜先生、李清先生、段新宇先生、曹雷先生、袁川先生、谭兴云先生、张发春先生、谢嗣光先生、唐坤慧女士、何平女士、郁波女士、杨承莉女士、邵阳女士、罗志惠女士、罗菁女士以及中欧生物多样性项目重庆办公室的所有人员对课题和本书完成给予的支持和帮助！

　　感谢黄仕友先生、刘霜女士不辞辛劳地整理规范活动原始素材！

　　感谢我的家人多年来支持我的工作，感谢在困难和挫折时给予我鼓励和支持的朋友们！

　　感谢所有参与课题的学校校长及师生，是你们的热情参与和持之以恒的努力推动了课题不断向前发展。课题由参研团队成员共同努力完成，感谢大家在课题和本书完成过程中付出的辛劳，能够和大家一起兢兢业业认真踏实为环保教育事业工作是我的荣幸！

洪　兆　春

# 目　录

第一章　教师培训　启动智力引擎 ..................................................................... 1
 案 例 一　活动启动——教师基本情况调查 ......................................... 2
 案 例 二　项目推进——教师培训资源库建立 ..................................... 4
 案 例 三　培训导入——破冰活动 ......................................................... 8
 案 例 四　培训基础——理论知识系统学习 ......................................... 10
 案 例 五　培训深入——户外观鸟系列培训活动（技能培训1） ....... 14
 案 例 六　培训深入——濒危植物保护实践：食虫植物茅膏菜组织培养
     （技能培训2） ................................................................... 17
 案 例 七　培训深入——缙云山野生灵芝培养（技能培训3） ........... 20
 案 例 八　培训拓展——生物多样性保护教育读书月活动及
     教师活动网络资源库建立 ............................................... 23
 案 例 九　大学生志愿者培训 ............................................................... 25

第二章　探究学习　注重能力培养　关爱留守儿童——"美丽缙云我的家"系列活动 ..... 28
 案 例 一　生生不息，"蕨"不放弃 ..................................................... 29
 案 例 二　马尾松林的生命力——缙云山松树考察活动 ..................... 31
 案 例 三　识桫椤，辨桫椤——缙云山桫椤群考察活动 ..................... 33
 案 例 四　白云竹海竹生长情况的调查研究 ......................................... 36
 案 例 五　缙云山竹林灭蝗记 ............................................................... 39
 案 例 六　我为缙云山行道古树建数据库 ............................................. 43
 案 例 七　找蘑菇，辨毒菌——寻找认识缙云山中常见菌类 ........... 46
 案 例 八　聆听鸟儿的歌唱——户外观鸟活动 ................................... 49
 案 例 九　缙云山两栖爬行动物调查 ................................................... 51
 案 例 十　野生植物的人工园林化栽培 ............................................... 55
 案例十一　拯救古树快行动——开发地区古树调查及保护宣传活动 ..... 59

第三章　精彩课堂，带领学生理解"生物多样性" ........................................... 62
 案 例 一　生命的独特与精彩——遗传多样性的学习与理解 ........... 63
 案 例 二　"红蛙"易捉"青蛙"难捕——探究"生物怎样保护自己" ..... 71
 案 例 三　生命金字塔 ........................................................................... 76
 案 例 四　多样的生物就在你我身边
     ——生物种群密度和多样性的课堂教学及调查活动 ..... 80

案 例 五　建立一个生态圈模型——在实验中理解生物间的相互作用 .............85
案 例 六　拯救人类最亲密的朋友——保护我国的动物资源 .............89
案 例 七　探讨一个严肃的生物与环境问题——污染现象 .............92
案 例 八　聆听恐龙的呼唤，树立物种保护理念——到科技馆展厅去上课 .............96
案 例 九　生物多样性保护教育知识的多学科课堂渗透教育 .............100

第四章　校园活动，保护从身边做起——"美丽校园，我们在行动"系列活动 .............107
案 例 一　制作植物身份证——校园植物调查活动 .............108
案 例 二　网上识植物 .............111
案 例 三　认识植物多样性——我为植物设计名片 .............114
案 例 四　校园"绿地图" .............116
案 例 五　大树输液——校园树木移栽与养护 .............119
案 例 六　我是校园小园丁 .............122
案 例 七　探究校园落叶之谜 .............124
案 例 八　校园珍稀植物寻找活动 .............126
案 例 九　微观世界的多样与精彩——校园微生物调查活动 .............128
案 例 十　校园湿地观鸟 .............131
案例十一　小鸟，小鸟，我爱你——白鹡鸰生殖繁衍及生活环境的观察研究 .............134
案例十二　教室绿化植物的种植——生态教室创建活动 .............137

第五章　游戏、制作——提高参与兴趣 .............140
案 例 一　体验趣味游戏　认识物种多样性——"南山植物园"参观体验活动 .....141
案 例 二　云中漫步——生态大森林探秘游戏 .............144
案 例 三　"植物宝宝搬新家"——野生植物移栽亲子活动 .............147
案 例 四　校园小神探——植物种子的秘密 .............150
案 例 五　我们可爱的动物朋友——蔬果动物制作活动 .............152
案 例 六　识花木做标本办展览 .............154
案 例 七　叶子的美——叶贴画制作 .............157
案 例 八　会说话的叶脉书签——叶脉书签艺术造型制作活动 .............159
案 例 九　小身材，大智慧——种子画的制作 .............161
案 例 十　给动物安个家 .............163
案例十一　保护珊瑚　体验科学探究
　　　　　——人工饲养小水螅体硬珊瑚课外兴趣小组活动 .............165

第六章　科普剧场　激发参与热情 .............168
案 例 一　面具表演　识外来物种 .............169
案 例 二　候鸟的迁徙 .............171
案 例 三　舞台剧　寻找新的家园——中华秋沙鸭迁徙故事 .............174
案 例 四　舞台剧　一次性筷子的旅行 .............178

案 例 五　我为生命呐喊——生物多样性保护主题班会 ......................181

案 例 六　森林故事——角色扮演活动 ......................184

案 例 七　拒食野生动物，保护生物多样性小品表演 ......................187

**第七章　宣传普及带动公众参与** ......................192

案 例 一　小小天地，大大世界——学生手抄报活动 ......................193

案 例 二　班级命名活动 ......................195

案 例 三　认识外来入侵植物，宣传生物多样性保护
　　　　　——家乡外来入侵植物的调查宣传 ......................197

案 例 四　拯救桃花水母，呼吁建立保护区
　　　　　——廖家浩桃花水母生活状况考察宣传活动 ......................200

案 例 五　拒吃野生动物，关爱野生动物 ......................202

案 例 六　学校教育向公众教育延伸——乡村野生动物保护宣传教育活动 ...........204

案 例 七　倡导生态旅游，我们在行动
　　　　　——缙云山周边地区生态旅游宣传实践活动 ......................207

案 例 八　嘉陵江鱼类调查与宣传保护 ......................209

案 例 九　村校结合，共同签署爱鸟公约 ......................213

案 例 十　自然日记——期刊连载的影响力 ......................216

案 例 十一　关注鸟类迁徙，合作制作电视专题片 ......................218

**第八章　尊重地方传统，保护生物多样性** ......................223

案 例 一　塔坪寺古树调查 ......................224

案 例 二　我和草药交朋友——家乡常见野生药用植物种类的探究活动 ...........227

案 例 三　美味的野菜——家乡常见野生蔬菜调查研究活动 ......................230

案 例 四　学习传统花卉种植蟠扎技艺 ......................236

案 例 五　静观地区竹麻工艺文化探源活动 ......................239

案 例 六　蔡家岗镇秋冬种植蔬菜品种调查活动 ......................245

# 第一章　教师培训　启动智力引擎

教师是生物多样性保护教育活动开展的骨干力量，是推进生物多样性保护教育活动的主力军，参与课题的教师数量和质量直接影响到课题完成的整体水平。

引领教师学习，提高教师生物多样性保护专业知识水平，通过教师培训启动智力引擎，形成学校—教师—学生—家长—社会共同参与、支持生物多样性保护教育活动的良好局面，对生物多样性保护教育的实施有重要意义。

做好教师基本情况调查是教师培训工作开展的前提，建立课题执行体系和实施策略是培训工作开展的基础，充分利用网络平台为教师培训工作提供快捷方式，有针对性寻求培训专家资源、培训场地资源，建立培训资源库，制定理论和技能培训方案是完成培训的关键。

教师培训工作呈进阶性和循环性，贯穿课题全部实施过程，培训中尽力做到"以人为本"，强调职业认同感，不断为教师提供提升平台与机会，鼓励参与教师把生物多样性保护教育作为自己的事业来发展，鼓励他们成长为优秀的活动策划者和指导者，让参与教师得到关注、尊重、友爱、胜任、自信、乐趣等体验，由此激发他们的团队归属感与进取心。

整个培训过程中理论培训与实践操作相结合，专家授课与教师相互交流相结合。

对参与教师实行科研课题管理与教育行政部门参与指导检查相结合，将培训工作纳入教师专业发展培训计时范畴，对坚持培训的教师，从行政考核上给予鼓励，帮助教师在科研能力和活动指导能力上真正得到提升。

教师培训工作为课题完成储备了人才，将生物多样性保护教育理念传递到了每位参与教师，建立起了课题专家与执行教师、课题与教育行政主管部门、参与学校与自然保护区、博物馆、植物园等社会学习资源间的紧密联系，为课题完成奠定了坚实的基础。

教师基本情况调查对生物多样性保护教育课题的顺利完成有重要意义，教师是课题完成的骨干力量，要建立课题执行体系和实施策略，首先要调查、研究各层次教师的一般状况、素质结构和不同的进修需求。从调查的结果分析中可以看出，该地区教师生物多样性保护教育专业知识与技能普遍存在缺陷，相关学科系统知识较少，而且学习的机会也很少。在更新教育观念的基础上，改善知识结构会使他们的教学水平大幅度提高。同时帮助他们把自身已经具有的课堂情景知识和解决教育问题的知识、经验加以结构化、系统化，并运用到生物多样性保护教育活动中，将他们的保护教育活动与课题要求紧密衔接是一项系统性工作。这项系统性工作的关键环节是：建立具有科学性、先进性、层次性的教师培训课程体系和具有可操作性的实施方案。

## 案例一　活动启动——教师基本情况调查

| 活动名称 | 活动启动——教师基本情况调查 |
|---|---|
| 活动策划 | 洪兆春 |
| 参加群体 | 参加调查对象为重庆市北碚区大中小学学生 600 余人，生物课教师、科学课教师、科技活动骨干教师 100 多人，共 750 名受访者 |
| 执行教师 | 重庆自然博物馆　洪兆春<br>北碚教师进修学院　谭兴云　杨承莉 |
| 活动形式 | 调查分析 |
| 合作馆校及部门 | 中国—欧盟生物多样性项目重庆示范项目办、重庆市环保局自然生态处、重庆市生态学会、北碚区教师进修学院、重庆自然博物馆 |
| 案例供稿 | 西南大学附属中学　马特<br>重庆自然博物馆　洪兆春 |

【活动地点】重庆市北碚区
【活动时间】2008 年 11 月到 2009 年 4 月
【活动内容】调研分析课题实施地区教师素质现状，使项目的关键利益相关者更深入了解各层次教师对生物多样性问题的看法、教师素质结构、教师参与需求，为下一步的研究提供可靠的依据，制定有效的培训、宣传、教育策略。
【活动形式】以定性访谈和定量问卷的方式进行调查。
【前期准备】
　　**1．调查问卷的准备**
　　调查问卷分学生问卷和教师问卷，问卷包括五个基本方面：第一，了解调查对象素质结构差别；第二，了解调查对象对生物多样性知识的掌握程度；第三，了解调查对象对生物多样性保护的态度；第四，了解调查对象生物多样性保护实践的参与程度；第五，了解调查对象对生物多样性保护知识和技能需求。
　　**2．调查问卷的发放**
　　调查问卷发放通过教师进修学院进行，教师包括参与课题的生物教师、科学课教师、科技活动骨干教师一百多人，学生按照高中、初中、小学同比例发放，同时让参与的乡村中小学与城市学校比例达到 1∶1。

【活动过程】

（1）由课题组统一拟定调查问卷与访谈提纲。

（2）由北碚区教师进修学院发放调查问卷组织调查。

（3）课题组将调查结果汇集起来，集中统计分析①。

（4）撰写调查报告，作为本课题研究立论的依据之一，为本地区开展教师培训提供依据。

【结果分析】通过对调查问卷和访谈记录的分析，研究被调查对象素质结构差别及培训需求。

### 1. 知识水平和知识结构

调查教师学历基本达到了大专水平，对生物多样性的概念和生物多样性保护知识全面熟悉的教师仅占被调查教师的16%，全部教师基本上没有参加过生物多样性保护教育知识系统培训，在知识结构上欠缺较多；大多数教师只对所用教材中相关生物多样性保护知识熟悉。但是存在小学老师不熟悉中学相关知识，初中教师对高中教材范围的知识有些把握得不十分准确，高中教师对初中、小学教材范围的知识有些也不熟悉的情况。

### 2. 保护教育活动执行能力

在生物多样性保护教育知识表达方面，小学初中高中老师差别不大；在生物多样性保护教育知识运用能力方面，高中老师略强于小学老师和初中老师；被调查教师有较丰富的教育教学经验，特别是部分小学科技骨干教师和中学生物教师，在开展学生活动方面积极性高，有经验；但只有个别教师之前有一定的生物多样性保护教育教学研究经历，被调查者很少有机会参加与保护生物多样性有关的活动。许多教师所在学校很少或从未宣传过有关生物多样性保护的知识。保护教育知识接受渠道相对单一，多数教师收集、查询与整理信息资料的能力还比较薄弱，能够利用现代信息网络查询信息者较少。只有极少数教师和周边的自然保护区建立过工作关系。

### 3. 培训需求

知识：需要了解生物多样性是什么？生物多样性为什么重要？生物多样性和人类发展之间的关系是什么？和日常生活有什么关系？生物多样性保护的经济价值是什么？生物多样性丧失的后果是什么？本地生物多样性有什么特点，被破坏到了什么程度？面临怎样的危险？应该怎样做才能够保护生物多样性？

技能：需要提供开展生物多样性保护教育的实验技能、户外探究及调查分析技能、信息利用技能、与自然保护区合作交流技能等。

整理分析调查问卷

① 感谢西南大学范豫川、林冠宇、胡理寓、张婷婷、师国琳、牛小冬、马桂星参与调查问卷分类整理工作。

　　一个完整的、能够有效运作的教师培训体系，是在实践中不断摸索、磨合、协调建立起来的。教师培训资源库的建立是生物多样性保护教育的基础。教师培训体系的构建，应该遵循全面性、科学性、因地制宜、正规教育与非正规教育相结合原则，结合社会公共资源与教育系统内部资源的特点，在充分发挥社会和学校各自的教育职能的同时，有针对性地加强相互之间的交流、协作，最大限度地利用好各种培训教育资源，拓展校外教育空间，并逐步发展为长期性、经常性机制的教育方式，为下一步的培训和项目工作开展奠定基础。

## 案例二　项目推进——教师培训资源库建立

| 活动名称 | 项目推进——教师培训资源库建立 |
|---|---|
| 活动策划 | 洪兆春 |
| 参加群体 | 中国—欧盟生物多样性项目重庆示范项目参研单位 |
| 执行教师 | 重庆自然博物馆　洪兆春<br>北碚教师进修学院　谭兴云　胡雕<br>重庆师范大学　张发春 |
| 活动形式 | 专项调研与专题协调会相结合 |
| 合作馆校及部门 | 调研工作由项目负责人与项目参与教师共同完成；相关单位协调工作由项目管理单位——PMO（中国—欧盟生物多样性项目重庆项目办）、重庆市环保局协助下完成；重庆市生态学会、重庆市动物学会、重庆市昆虫学会、重庆市植物学会、重庆市科学教育学会、FFI、WWF 等机构组织为资源库推荐优秀培训专家；教育行政主管部门、教师进修学院、青少年辅导员协会协助建立参与学习的地区中学生物、小学科技教师及各校科技活动骨干教师资源库 |
| 案例供稿 | 重庆自然博物馆　洪兆春 |

【活动地点】重庆市北碚区

【活动时间】2008 年 12 月到 2009 年 3 月

【活动内容】建立生物多样性保护教育项目教师培训资源库。

【活动形式】专项调研与专题协调会相结合，广泛吸收地区和国内外优质培训经验，整合集成地区教育系统内部和外部所有的资源，按照生物多样性保护教育的需求，以网络技术为依托，集中规划，综合利用，充分实现教师培训资源统筹。

【前期准备】与 PMO 合作，开通网络平台，将生物多样性保护教育相关资源信息和知识通过网络平台传播。

【活动过程】

**第一阶段　全面调研，梳理教育系统内部培训资源，建立资源档案**

　　教师是培训的主体，厘清地区教师资源对培训工作的开展有至关重要的作用。教育行政主管部门、教师进修学院、青少年辅导员协会协助建立参与学习的地区中学生物、小学科技教师及各校科技活动骨干教师上百人的资源库，该资源库的建立便于统筹安排培训活动，有效管理参与项目的教师队伍，并从中发现骨干人才。资源库建立后，根据资源库提供的信息，迅速建立了参与教师工作 QQ 群，便于发布培训和活动信息，了解一线教师的需求，促进项目专家与教师、教师之间的相互交流和帮助，增进参加教师的团队精神。

　　表 1 为参加学习教师信息表，以此为依据进行教师信息管理，方便查询。

表1 参加学习教师信息

| 教师姓名 | | 性别 | | 年龄 | |
|---|---|---|---|---|---|
| 工作单位 | | 职称职务 | | 学历 | |
| 联系方式（手机、E-mail、地址及邮编） | | | | | |
| 授课学科（包括曾授课学科） | | | | | |
| 学历教育及曾参加过的培训 | | | | | |
| 组织学生参与各类竞赛记录 | | | | | |
| 承担课题 | | | | | |
| 对生物多样性保护教育培训需求 | | | | | |
| 参加生物多样性保护教育培训记录（时间、培训课名称、授课专家、笔记记录情况、培训心得、培训积分） | | | | | |

　　学校是项目实施的基地，教师和学生的大多数活动受制于学校，学校的发展需求往往也代表了他们对教师的要求。从各级重点学校到远郊农村学校，在近年的教育改革实践中各具特色，也是教师培训交流学习的好条件。建立学校资源库，了解学校的基本情况，对开展教师培训，选拔骨干教师，带动学生项目落实有重要意义。

表2 参加培训学校信息

| 学校名称 | | 地址及联系方式 | |
|---|---|---|---|
| 在校教师及学生人数 | | | |
| 教学设施、教育投资、社会支持 | | | |
| 学校特色活动 | | | |
| 参与合作的生物多样性保护教育教师团队情况 | | | |
| 学校承担课题 | | | |
| 对生物多样性保护教育培训需求 | | | |
| 校本课程开发状况 | | | |
| 学生培养状况 | | | |

　　地区前期的工作基础对教师培训工作的完成具有很大的参考价值，对教师与学校前期已开展过的生物多样性保护教育活动相关案例进行归类整理，形成文字资料，邀请相关案例执行教师与参与培训的教师进行交流分享，是培训中可以传递给教师的最好实践范本，同时通过分析相关案例的得失，对培训工作做到有的放矢。

表3 前期相关活动案例资源统计

| 案例归类 | |
|---|---|
| 案例名称 | |
| 参与学校 | |
| 执行教师 | |
| 案例开展时间 | |
| 活动内容 | |
| 活动形式 | |
| 活动参加群体 | |
| 前期准备 | |
| 活动过程 | |
| 结果分析 | |

地区前期已开展过的培训

| 培训项目名称 | 学员组成 | 培训内容 | 培训形式 | 培训课程 | 培训周期 |
|---|---|---|---|---|---|
| | | | | | |

**第二阶段　召开专题会议，动员协调相关单位为教师培训及保护教育活动提供条件**

生物多样性保护教育教师培训资源，包括教育领域内部的资源，也包括各种社会资源，如自然保护区、植物园、动物园、自然博物馆、科技馆、科研院所、环保机构、大学开放实验室、图书馆等。适合开展生物多样性保护教育培训的社会资源，是一个以教师进修学院为主体，以大学开放实验室、自然博物馆、科技馆、植物园、动物园、自然保护区为补充的合作体系。只有充分利用各种社会教育资源，动员一切积极因素，才能构建培训的支持体系。

表 4　部分培训资源分类

| 培训主题 | 社会资源 |
|---|---|
| 生物多样性概念与定义 | 重庆市动物园、西南大学生科院博物馆、西南大学昆虫馆、重庆自然博物馆北碚陈列馆、重庆师范大学初等教育学院标本馆 |
| 生物多样性的价值与用途 | 重庆市中药研究标本馆、重庆市南山植物园 |
| 生物多样性面临的威胁与生物多样性的丧失 | 三峡库区生态环境教育部重点实验室、南川市金佛山自然保护区、重庆市南山植物园 |
| 生物多样性保护 | 淡水鱼类资源与生殖发育教育部重点实验室、重庆市鳄鱼养殖中心、重庆市花卉研究中心、国家柑橘品种改良中心、重庆师范大学植物组织培养实验室、重庆市植物园 |
| 生物多样性与本土知识系统 | 缙云山国家级自然保护区<br>国家果树种质重庆柑橘圃 |

**第三阶段　与相关领域专家建立合作关系，建立培训专家资源库**

专家是完成生物多样性保护教育教师培训项目的关键因素。他们不但要讲授课程，还要指导教师带领学生进行课题研究，开展户外探究与保护活动、完成案例总结写作等。因此，资源库建设的重要任务，就是广泛收集各类专家资源，将专家信息统一录入与管理。

表 5　培训专家信息

| 专家姓名 | | 性别 | | 年龄 | |
|---|---|---|---|---|---|
| 工作单位 | | 职称职务 | | 推荐学会 | |
| 联系方式（手机、E-mail、地址及邮编） | | | | | |
| 研究方向与专长 | | | | | |
| 授课名称 | | | | | |
| 授课分类 | 生物多样性基础理论知识 | | | | |
| | 生物多样性保护技能 | | | | |
| | 教育活动工作理论和方法 | | | | |
| | 地区生物多样性（生物多样性保护与传统文化） | | | | |

培训专家陈盛樑先生

培训专家王志坚先生

培训专家马丁先生

培训专家约翰·马敬能先生

培训专家楼锡祜先生

培训专家郁波女士

　　"破冰"之意，是打破人际交往间的隔阂，就像打破严冬厚厚的冰层，帮助人们放松并变得乐于交往和相互学习。破冰活动在现代职业培训和拓展训练中经常使用。参与项目的教师、专家分别来自不同的单位，有不同的行业背景。帮助参与培训的教师与专家、教师与教师、学校与博物馆、自然保护区、植物园等社会机构之间从陌生到熟悉，逐步建立互助协作关系，对项目的完成有重要作用。

　　项目组在野生动植物保护国际（FFI）和西南大学教育专家的指导下，开展了系列破冰活动。该系列教师培训教育活动完成后，项目组对教师进行了访谈调查，教师普遍认为，破冰培训营造了和谐的培训及交流环境，让来自不同学校的教师相互熟悉，同时帮助教师学习理解什么是生物多样性，明确生物多样性的基本概念，初步学习了生物多样性教育实践方法，认识了相关领域专家，了解开展保护活动时能够提供帮助的相关单位和实验设备条件；了解国内外生物多样性保护教育活动进展，学习先进的教育传播理念，提升参与者信心和热情。

## 案例三　培训导入——破冰活动

| 活动名称 | 培训导入——破冰活动 |
|---|---|
| 活动策划 | 洪兆春 |
| 参加群体 | 参与课题教师与自然保护区、博物馆、图书馆、大学开放实验室相关专家 |
| 执行教师 | 重庆自然博物馆　洪兆春<br>西南大学　李清<br>加拿大达尔豪斯大学　Martin Willson |
| 活动形式 | 集体游戏，讲授课程、参观、小组交流、专题讨论 |
| 合作馆校及部门 | 中国—欧盟生物多样性项目重庆示范项目办、重庆市环保局自然生态处、重庆市生态学会、FFI、WWF |
| 案例供稿 | 重庆自然博物馆　洪兆春 |

【活动地点】重庆市北碚区教师进修学院、重庆师范大学、缙云山国家级自然保护区、重庆自然博物馆

【活动时间】2009 年 11 月、12 月

【活动内容】邀请专业培训师和教育专家，组织参与项目的教师集中培训，帮助参与项目的教师与自然保护区、博物馆、图书馆、大学开放实验室相关专家互相认识，消除陌生感；了解项目工作要求，学习生物多样性教育教学实践的方法，分享国内外生物多样性教育活动相关领域的成功案例，熟悉能够为项目完成提供帮助的资源场所。

【活动形式】集体游戏，讲授课程、参观、小组交流、专题讨论。

【活动参加群体】参与项目全体教师

【前期准备】

　　（1）邀请国内外相关领域专家担任培训师。

　　（2）协调缙云山国家级自然保护区、重庆自然博物馆、北碚图书馆、大学研究所实验室为参与教师免费开放使用。

　　（3）准备培训所需书籍、器材设备。

【活动过程】

为达到活动目的，活动以多位专家分别授课形成系列教育活动

**第一阶段　项目参与教师与专家的熟悉热身游戏活动**

（1）破冰游戏：铁钉搭屋架游戏、大家一起跟我做。

（2）暖场游戏：大树与松鼠、解手链。

（3）沟通游戏：数字传递猜物种。

（4）团队游戏：画出生物多样性。

**第二阶段　参观学习活动**

（1）参观重庆自然博物馆、西南大学自然博物馆，帮助教师理解学习物种多样性。

（2）参观缙云山国家级自然保护区、重庆南山植物园，帮助教师理解学习生态系统多样性。

（3）参观西南大学教育部淡水鱼类资源与生殖发育重点实验室、教育部三峡库区生态环境重点实验室、家蚕基因组学重点实验室，帮助教师理解学习遗传多样性（基因多样性）。

**第三阶段　项目工作方法交流学习**

（1）国内外青少年生物多样性保护教育活动方法介绍专家讲座。

（2）优秀活动指导教师经验交流分享会。

（3）生物多样性保护教育活动案例的总结方法专家讲座。

（4）生物多样性保护教育校本课程开发与校本教材编写专家讲座。

**第四阶段　国际交流与学习**

（1）参与课题专家、教师到英国科学教育中心交流学习生物多样性保护活动开展方法。

（2）参与课题专家、校长、教师到香港湿地公园交流学习户外观鸟活动开展方法。

（3）参与课题专家、校长、教师到香港嘉道理农场交流学习森林生物多样性保护教育活动方法。

（4）邀请加拿大专家马丁·威尔士教授做加拿大生物多样性保护教育活动经验分享。

（5）邀请英国约翰·马敬能博士做公众生物多样性保护宣传经验交流分享。

【活动效果】帮助项目组成员互相熟悉，明确工作任务，快速建立了联系紧密的工作团队。

破冰游戏——"大家一起跟我做"

破冰游戏——铁钉搭屋架

在生物多样性保护教育活动的执行中，教师发挥着重要的作用，协助教师进行基础理论知识系统学习，不仅可以帮助教师完善知识储备，提高工作能力，还可以从中发现人才。通过对国内外生物多样性保护教育工作的比较研究，基础理论知识主要包括五个主题：生物多样性的基本概念；生物多样性的价值与用途；生物多样性面临的威胁与生物多样性的丧失；生物多样性保护；生物多样性与本土知识系统。根据这五个主题，结合教师的培训需求，明确培训目的，安排培训课程，聘请相关领域专家组织系列培训。教师理论基础知识培训对下一步教育活动进入校园，学生保护教育活动的开展及各科教材渗透生物多样性保护的知识起到了奠定基础的作用。

## 案例四　培训基础——理论知识系统学习

| 活动名称 | 培训基础——理论知识系统学习 |
|---|---|
| 活动策划 | 洪兆春 |
| 参加群体 | 参与课题全体教师及部分自然保护区、博物馆、植物园工作人员 |
| 执行教师 | 重庆自然博物馆　洪兆春 |
| 活动形式 | 以专家授课的形式进行 |
| 合作馆校及部门 | 中国—欧盟生物多样性项目重庆示范项目办、重庆市环保局自然生态处、重庆市生态学会、北碚区教师进修学院、重庆自然博物馆、重庆师范大学初等教育学院 |
| 案例供稿 | 重庆自然博物馆　洪兆春 |

【活动地点】重庆市北碚区教师进修学院

【活动时间】2009 年 1 月到 2010 年 5 月

【活动内容】对生物多样性保护教育知识系统梳理后对教师进行系列培训。

【前期准备】

（1）对教师培训需求进行调查分析。

（2）对生物多样性保护教育知识框架进行梳理。

（3）聘请相关领域专家。

（4）争取教育行政主管部门支持，形成合作模式：将培训作为教师年度考核项目固定下来，由教师进修学院教研员进行管理，通过检查考勤记录和学习笔记等给予参加教师再教育学习积分。保证教师参与培训的时间和学习质量。

【活动过程】

### 第一阶段　分析研究生物多样性保护教育基础理论知识框架

基础理论知识系统学习是教师知识储备的重要阶段，根据教师需求，建立比较完整的知识体系，不仅可以增强教师对知识点的理解能力和迁移能力，全面、深刻、牢固掌握知识，而且对于提高参加培训教师工作积极性，启迪教师思维，触类旁通地去设计生物多样性保护教育活动，解决保护教育活动中的实际问题有事半功倍的效果。

项目专家组通过国内外生物多样性教育活动比较研究，将分散的知识点重新编排，尽量将培训知识系统化、条理化，提供清晰的生物多样性保护知识脉络结构，让教师们不仅能够掌握由知识点向知识面转变，还留出足够的扩展上升空间。

通过分析，生物多样性保护教育教师培训的五个主题是：

（1）生物多样性的基本概念定义。

（2）生物多样性的价值与用途。

（3）生物多样性面临的威胁与生物多样性的丧失。

（4）生物多样性保护。

（5）生物多样性与本土知识系统。

### 教师培训需求与培训主题对应表

| 教师培训需求 | 培训主题 |
|---|---|
| 什么是生物多样性？ | 生物多样性概念与定义 |
| 为什么生物多样性是重要的？ | 生物多样性的价值与用途 |
| 生物多样性的现状怎样？ | 生物多样性面临的威胁与生物多样性的丧失 |
| 我们怎样才能保护生物多样性？ | 生物多样性保护 |
| 我和学生们能为生物多样性保护做些什么？ | 生物多样性与本土知识系统 |

### 第二阶段　明确培训目的，安排培训内容

教师培训的最终目的是建立一支生物多样性保护教育教师骨干人员队伍。经调查分析，项目确定并聘请相关专家协助完成如下培训内容：

| 知识体系 | 基本概念 | 培训课程 | 培训专家 |
|---|---|---|---|
| 生物多样性概念与定义 | 物种多样性 | 生物多样性基础知识讲座 | 培训主持人：重庆自然博物馆副研究馆员洪兆春 |
| | 生态系统多样性 | | 培训主持人：西南大学王志坚教授 |
| | 遗传多样性 | | 培训主持人：西南大学邓洪平教授 |
| | | | 培训主持人：西南大学谢嗣光副教授 |
| 生物多样性的价值与用途 | 生物多样性价值分类 | 生物多样性基础知识讲座 | 培训主持人：加拿大达尔豪斯大学马丁教授 |
| | 生物多样性价值评估方法 | | |
| | 生物多样性潜在价值的重要性 | | |
| 生物多样性面临的威胁与生物多样性的丧失 | 物种多样性的丧失 | 生物多样性基础知识讲座 | 培训主持人：重庆自然博物馆副研究馆员洪兆春 |
| | 遗传多样性的丧失 | 缙云山国家级自然保护区脊椎动物、植物、昆虫多样性及保护专题讲座 | 培训主持人：西南大学王志坚教授 |
| | 生态系统多样性的丧失 | | 培训主持人：西南大学邓洪平教授 |
| | 农业生物多样性的丧失 | | 培训主持人：西南大学谢嗣光副教授 |

| 知识体系 | 基本概念 | 培训课程 | 培训专家 |
|---|---|---|---|
| 生物多样性保护 | 基因、物种、生态系统多样性保护概念 | 生物多样性基础知识讲座 | 培训主持人：加拿大达尔豪斯大学马丁教授 |
| | 就地保护 | 重庆自然保护区 | 培训主持人：重庆市环保局自然生态处处长陈盛樑 |
| | | | 培训主持人：重庆自然博物馆副研究馆员洪兆春 |
| | | | 培训主持人：重庆缙云山国家级自然保护区高级工程师邓先宝 |
| | 易地保护 | 植物组织培养技术 | 培训主持人：重庆师范大学张发春教授 |
| | 公众教育与知识传播在保护中的作用 | 公众教育与传播 | 培训主持人：国际生物多样性保护专家约翰·马敬能博士 |
| 生物多样性与本土知识系统 | 本地生物多样性特点 | 重庆地区生物多样性 | 培训主持人：重庆市环保局自然生态处处长陈盛樑 |
| | 本地生物多样性面临的威胁 | 1.缙云山国家级自然保护区脊椎动物多样性及保护专题讲座<br>2.缙云山国家级自然保护区无脊椎动物多样性及保护专题讲座<br>3.缙云山国家级自然保护区珍稀植物多样性及保护专题讲座<br>4.重庆地区园林植物识别专题讲座 | 培训主持人：西南大学王志坚教授<br>培训主持人：西南大学邓洪平教授<br>培训主持人：西南大学谢嗣光副教授 |
| | 本地生物多样性保护 | 1.缙云山国家级自然保护区脊椎动物多样性及保护专题讲座<br>2.缙云山国家级自然保护区无脊椎动物多样性及保护专题讲座<br>3.缙云山国家级自然保护区珍稀植物多样性及保护专题讲座<br>4.重庆地区园林植物识别专题讲座 | 培训主持人：西南大学王志坚教授<br>培训主持人：西南大学邓洪平教授<br>培训主持人：西南大学谢嗣光副教授<br>培训主持人：重庆自然博物馆馆员陈锋 |
| | 本地传统知识与生物多样性保护 | 本地传统知识与生物多样性保护 | 培训主持人：重庆自然博物馆副研究馆员洪兆春 |

【活动效果】

通过对参加培训的教师访谈调查，教师普遍认为：参加系列培训后基本掌握生物多样性的相关知识，增强了保护生物多样性的意识；清楚了生物多样性是指物种多样性、遗传多样性、生态系统多样性，生物多样性保护是对基因、物种、生态系统及景观与人类的相互作用进行管理；通过生物多样性保护知识的传播以及保护、拯救、研究、持续公平合理地利用生物多样性活动的开展，可以维护生物多样性的潜力，保证国家可持续发展的需求。通过学习教师们还了解了目前颁布的与生物多样性保护有关的国家和地方法律法规，对我国和本地生物多样性的特点、保护目标、策略、能力及建设规划以及本地为生物多样性保护所设立的自然保护区加深了理解。

邓洪平先生主持培训课

谢嗣光先生主持培训课

李波女士主持培训课

谭兴云先生主持培训课

钟琦女士主持培训课

李清先生主持培训课

观鸟系列培训是生物多样性保护技能素质培训的一部分，从使用户外观察记录设备，到常见鸟类的识别，从通过关注鸟类，到关注生物多样性保护，从教师自己参加学习培训到组织学生参加，从校园观鸟到积极参与地区性生物多样性调查统计评估，从单个的观鸟护鸟活动到形成各具特色的校本教材。通过观鸟系列培训，改变了教师参与生物多样性保护教育活动的一个最大思想惯势——把生物多样性保护教育看成一种验证式科学教育活动，观鸟技能训练和观鸟活动是一种获得性环保实践过程。教师们从自己认识鸟，到带领学生认识鸟并开展当地物种保护活动，清楚意识到生物多样性保护教育活动是参与性、实践性和探究性教育活动。通过观鸟系列培训，教师们不仅掌握了生物多样性调查统计评估方法技术，还体会到了不断实践和探究的乐趣。通过观鸟培训，帮助教师学习依靠图鉴等工具书开展动植物野外识别的方法。认识了植物、动物，就获取了大自然剧场终生免费门票。这个系列培训的真正意义就在这里——帮助参与培训的教师认识并欣赏大自然。

## 案例五  培训深入——户外观鸟系列培训活动（技能培训1）

| 活动名称 | 培训深入——户外观鸟系列培训活动 |
|---|---|
| 活动策划 | 洪兆春 |
| 参加群体 | 重庆市北碚区大中小学生100余人，生物课教师、科学课教师、科技活动骨干教师100余人 |
| 执行教师 | 重庆自然博物馆  洪兆春<br>加拿大达尔豪斯大学  Martin Willson<br>重庆自然博物馆  邹延万 |
| 活动形式 | 观察分析、记录、识别 |
| 合作馆校及部门 | 中国—欧盟生物多样性项目重庆示范项目办、重庆市环保局自然生态处、重庆市生态学会、北碚区教师进修学院、重庆自然博物馆 |
| 案例供稿 | 重庆自然博物馆  洪兆春 |

【活动地点】北碚中梁山、龙凤溪、磨滩
【活动时间】2010年5—10月
【活动内容】侧重教师生物多样性保护教育技能的系列培训，首先组织参与项目教师开展本地区常见鸟类识别方法培训，培训过程中带领教师进行户外观鸟实践活动，协助教师在自己学校组织学生和家长以兴趣小组的形式开展观鸟活动，其间组织不同学校的教师互相观摩，专家与教师互动，开展案例分析、专家点评、情景模拟、专家与教师共同开展校本教材编写等多形式培训方法，逐步提高教师执行能力。
【活动形式】课堂学习、网络学习、专家讲座、户外观鸟实践。
【活动参加群体】参与项目教师
【前期准备】
（1）编写观鸟活动讲义，图文并茂介绍本地鸟类分类识别知识及户外观鸟技能，阐明观鸟与生物多样性保护教育关系。
（2）将讲义放到地区青少年辅导员学会网站，让所有参加项目老师学生提前通过网络进行学习。

（3）准备户外观鸟所需器材，尽量做到每名参加人员每人一台望远镜、一本观鸟图谱，一个小组一部照相机、一部手持 GPS 定位仪及其他野外采集样本设备。

（4）做好户外活动安全预案，邀请学生和家长一同参加户外观鸟活动。

【活动过程】

### 1．课堂培训

【培训主持人】重庆自然博物馆副研究馆员洪兆春

【协助专家】重庆自然博物馆鸟类专家邹延万

【培训主题】重庆常见鸟类识别、观鸟常识、观鸟设备使用

### 2．专家讲座

【培训主持人】加拿大达尔豪斯大学马丁教授

【协助专家】中国—欧盟生物多样性重庆项目办高级官员阮元青

【培训主题】户外观鸟与本地生物多样性保护

该讲座在参与项目的两所小学（西南大学附属小学、朝阳小学），两所中学（西南大学附属中学、王朴中学），一所大学（西南大学）及重庆北碚教师进修学院、重庆南山植物园、重庆自然博物馆举办，听众达 8 000 余人，受到了热烈欢迎，在对教师进行培训的同时面向公众进行传播，起到了良好的宣传作用。

### 3．户外观鸟实践活动

【培训主持人】重庆自然博物馆副研究馆员洪兆春

【协助专家】重庆自然博物馆鸟类专家邹延万，加拿大达尔豪斯大学马丁教授，中国—欧盟生物多样性重庆项目办高级官员阮元青

（1）北碚中梁山、龙凤溪常见鸟类识别活动。

（2）北碚磨滩河鹭鸟观察识别保护活动。

（3）重庆缙云山鸟类野外观察活动。

（4）重庆市爱鸟周户外观鸟活动。

（5）重庆綦江河中华秋沙鸭野外调查保护活动。

（6）嘉陵江下游北碚段观鸟活动。

### 4．学校观鸟活动案例交流学习活动

（1）重庆第二十四中学校园鸟类调查总结观摩课。

（2）重庆晏阳初中学校地共建鹭鸟保护活动观摩课。

【活动效果】

参与了观鸟系列培训的教师回到学校后，根据不同的学校环境特点，在学生中相继开展了校园鸟类观察、缙云山自然保护区鸟类观察、嘉陵江濒江鸟类观察、冬季迁徙鸟类调查、国家一级保护动物中华秋沙鸭调查等多项学生活动，涉及的学生从小学到高中，有三所学校开发了内容各不相同的观鸟爱鸟校本课程，相关主题的活动获得了全国青少年创新大赛、小小发明家大赛、重庆市青少年创新大赛等竞赛项目奖励。活动不仅通过学生带动了许多家长的参与，也引起了社会的广泛关注，新闻媒体多次进行报道，对宣传生物多样性保护起到了积极的作用。

教师观鸟培训活动

綦江河寻找中华秋沙鸭活动

中梁山观鸟活动

植物组织培养是生物多样性保护技术的一种，通过该技术可以保护珍稀物种资源，对退化的生态系统进行修复。植物组织培养技术对参与项目的大多数教师陌生且有一定难度，选择本地自然保护区内的小型观赏性食虫植物茅膏菜作为教学素材，提高了教师的参与兴趣。

## 案例六　培训深入——
### 濒危植物保护实践：食虫植物茅膏菜组织培养（技能培训 2）

| | |
|---|---|
| 活动名称 | 培训深入——濒危植物保护实践：食虫植物茅膏菜组织培养 |
| 活动策划 | 洪兆春　杨承莉　胡雕　顾敏 |
| 参加群体 | 参加项目全体教师 |
| 执行教师 | 重庆师范大学　张发春 |
| 活动形式 | 专家授课，野外探究活动、实验操作 |
| 合作馆校及部门 | 中国—欧盟生物多样性项目重庆示范项目办、重庆市环保局自然生态处、重庆市生态学会、重庆师范大学初等教育学院 |
| 案例供稿 | 重庆自然博物馆　洪兆春 |

【活动地点】重庆师范大学初等教育学院植物组织培养研究室

【活动时间】2010 年 6—7 月，周四下午 2：30～4：30

【活动内容】茅膏菜（Drosera peltata）是观赏性食虫植物，茅膏菜多生长在山麓原野的湿地上，多为小型多年生草本植物。我国有 2 属 7 种，主要分布在长江以南各省区和东北等地，它的叶片上长有腺毛，能分泌黏液把昆虫黏住，并消化吸收。茅膏菜在自然条件下通过种子繁殖。茅膏菜在缙云山国家级自然保护区有分布，但因森林生态环境的变化，野外数量越来越少。茅膏菜组培技术能使一株茅膏菜在短时间内繁殖至上万株甚至更多，对于拯救这一濒危物种具有重要意义。围绕茅膏菜的保护开展教师培训，通过学习帮助教师掌握植物组织培养技术，了解保藏珍贵物种资源的方法。

【活动形式】

（1）开展缙云山茅膏菜的户外考察探究活动，分析茅膏菜在野外数量减少的原因。

（2）在植物组织培养实验室进行茅膏菜的人工培养，学习植物组织培养技术。

【活动参加群体】参加项目的全体中小学教师

【前期准备】

（1）培训专家首先实地考察缙云山野生茅膏菜分布状况，在实验室内进行人工培养，为本活动开展打下基础。

（2）准备培训所需的各种仪器设备：天平、净化工作台、高压灭菌锅、蒸馏水器、烘箱、培养架、培养器皿、计量器皿、手术剪和手术刀、接种针、镊子类等。

（3）准备培训所需的各种化学药品：

琼脂、蔗糖、激素、有机物、化学试剂、其他试剂等。

【活动过程】

**第一阶段　缙云山自然保护区野外实地考察茅膏菜分布状况（2010 年 6 月）**

分析茅膏菜在野外数量减少的原因（茅膏菜植株矮小，对生活环境要求特殊，分布范围狭窄；生长茅膏菜的马尾松林被一些单位和个人圈建了"会议中心""休闲山庄""农家乐"；人为刨松软树下土壤卖给城市做园艺盆景，破坏了茅膏菜生长的表层土壤；村民不再用柴草烧火煮饭，马尾松林中枯枝落叶堆积增厚，随人工种植的马尾松林生长，森林郁闭度增大，不利于林中茅膏菜生长等）。

**第二阶段　在重庆师范大学初等教育学院植物组织培养研究室开展植物组织培养技术知识学习和实践（2010 年 6—7 月）**

专家为教师们讲授野生茅膏菜的分类、分布概况及植物组织培养原理方法及技术。学习过程中，专家讲授和学员操作相结合。要求教师边动手操作边观察记录，培训活动结束递交总结报告，写心得体会。

步骤一，配制适宜的培养基。师生经过试验发现有利于茅膏菜愈伤组织形成的培养基配制是：花宝一号+BA1.0 mg/L+NAA0.1 mg/L+琼脂 6.5 g/L+蔗糖 20 g/L；有利于茅膏菜愈伤组织的分化培养基是：MS+活性炭+BA 0.1～1.0 mg/L+NAA 0.1～0.5 mg/L+琼脂 6.5 g/L+蔗糖 10～30 g/L 培养基，特别是 MS+活性炭+BA1.0 mg/L+NAA0.2 mg/L+琼脂 6.5 g/L+蔗糖 30 g/L 培养基既有利于愈伤组织分化出芽，又有利于幼苗分化出根。培养基调制好后，装瓶捆扎高温灭菌。

步骤二，接种。从待培养的茅膏菜植物体上取下一部分叶或者芽尖，在超净工作台无菌条件下洗净，用自来水冲洗 15～20 min，再用 70%酒精浸泡 30 s，再用 0.2%升汞消毒 3～6 min，之后用灭菌水漂洗 3～5 次，接种于诱导培养基中，置培养室培养。

步骤三，培养。外植体接种到灭菌培养基上后，放在适当的条件下培养，环境条件 pH5.8，培养温度（26±2）℃，采用自然散射光，光照 10～12 h/d，光照强度 1 000～2 000 lx。不久在外植体的周围长出瘤状物——愈伤组织。

步骤四，分化。经几周培养，茎尖膨大，呈绿色愈伤组织块。将愈伤组织切割接种到继代培养基中，经一段时间培养，产生芽点，长成小苗。把愈伤组织转移到加有生长调节物质的培养基上，在适宜的温度、光照、湿度下，逐渐长出完整的植株。

步骤五，适时移植。把幼小的植株从玻璃瓶中取出，洗净根上的培养基后，小心地将它们移植在肥沃疏松的苗床中，精心看护，待植株长大后，即可移到试验田种植生长。

【活动效果】

通过野外调查和实验室实作，教师们了解缙云山野生茅膏菜的生态环境、生活习性、分布数量及与人类活动的关系；学会了野生茅膏菜的愈伤组织、愈伤组织分化成芽和根的培养基的制作过程；掌握了茅膏菜的人工培养快速繁殖技术。学员都经历了一个完整的课题研究性学习过程，在整个活动中，专家讲授与教师实作相结合，学员认真学习、记录、实践，取得了很好的学习效果。这个系列培训不仅教给了教师们一种保护技能，还提高了教师保护生物多性的责任感，对教师理解本地物种保护和提高保护技能有重要意义。

张发春先生主持培训

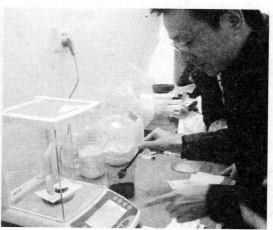

参加培训教师称取药品

参与培训教师捆扎培养基准备高温灭菌

参加培训教师配制培养基

观察新长出的小苗

培养成功的茅膏菜

我国是世界上菌物种多样性最丰富的国家之一。中国已知菌类约一万种，大型真菌估计 3 800 种以上，已知食用菌达 981 种。项目执行地缙云山自然保护区大型真菌较为丰富，目前调查共有 163 种，隶属 43 科 98 属。其中食用菌 69 种，药用菌 53 种，毒菌 31 种。但由于对菌类保护重视程度不够以及森林砍伐和菌类采集方法不当等原因，菌类资源的数量逐步减少。通过培训让参与项目的教师充分认识到菌物资源开发必须与保护同步，掌握一定的保护技能，提高保护能力，并由此辐射到学生和社会，对缙云山国家级自然保护区菌类多样性保护有重要作用。

## 案例七　培训深入——缙云山野生灵芝培养（技能培训 3）

| 活动名称 | 培训深入——缙云山野生灵芝培养 |
|---|---|
| 活动策划 | 洪兆春　谭兴云　汪晓珍 |
| 参加群体 | 参加项目全体教师 |
| 执行教师 | 重庆师范大学　张发春 |
| 活动形式 | 专家授课、野外探究活动、实验操作 |
| 合作馆校及部门 | 中国—欧盟生物多样性项目重庆示范项目办、重庆市环保局自然生态处、重庆市生态学会、重庆师范大学初等教育学院、重庆市北碚区教师进修学院 |
| 案例供稿 | 重庆师范大学　张发春<br>重庆自然博物馆　洪兆春 |

【活动地点】缙云山自然保护区重庆师范大学初等教育学院
【活动时间】2010 年 6—9 月
【活动内容】帮助参与项目教师学习缙云山野生灵芝的野外观察和人工培养技术。
【活动形式】
　　（1）开展缙云山野生灵芝的考察探究活动。
　　（2）在植物组织培养实验室讲授缙云山野生灵芝的人工培养。
【活动参加群体】参加项目的全体中小学教师
【前期准备】教师首先实地考察缙云山野生灵芝的情况，准备培养灵芝的药品和用品，如超净工作台、高压锅、电子天平、温室及各种药品。
【活动过程】
　　第一阶段　野外考察
　　在缙云山管理局的帮助下，带领教师在缙云山考察野生灵芝，并找寻到一株灵芝，该灵芝共有四朵，最大的一朵菌盖 20 cm，重达 105 g。在野外考察中，教师们通过观察发现，由于人类活动加剧，缙云山的灵芝分布减少，开展缙云山野生灵芝的培养研究对生物多样性保护有着重要意义。
　　第二阶段　缙云山野生灵芝的培养研究
　　1. 分离灵芝母种
　　（1）制作灵芝母种培养基（PDA）。
　　把马铃薯洗净去皮，取 200 g 切成小块，加水 500 ml，煮沸半小时后，补足水分。过滤取汁，在滤液中加入 10 g 琼脂，煮沸溶解后加糖 20 g 并补水至 1 000 ml，调节 pH 值到 6～6.5，分装，灭菌，备用。

（2）分离灵芝菌种。

子实体分离：将采集来的灵芝子实体切去菌柄基部，在超净工作台上，以 0.1%的升汞水浸几分钟，再用无菌水冲洗并揩干或用 75%酒精棉球擦拭菌盖与菌柄 2 次，进行表面消毒。接种时，只要将灵芝子实体撕开，在菌盖和菌柄交界处，挑取一小块组织移接到 PDA 培养基上。置 25℃左右温度下培养 3～5 d，就可以看到组织上产生白色绒毛状菌丝，转管扩大即得到菌种。

（3）培养母种。

一般母种经过 7～10 d，将已接种灵芝组织的培养瓶置 25℃左右温度下的培养箱内培养 3～5 天，就可以看到组织上产生白色绒毛状菌丝，转管扩大即得到灵芝菌种——灵芝母种。一般母种经过 7～10 d 培养就可以长满培养瓶表面。

**2．制作灵芝原种和栽培种**

（1）原料和栽培种培养基。

取木屑 73%，麸皮 20%，玉米面 5%，过磷酸钙 1%，石灰 1%，料水比 1：1.3。拌匀后装袋，薄膜袋用小胶圈扎口，高温灭菌 1.5～2h，取出冷却后使用。麦粒或玉米粒也可做原种和栽培种的培养基。

（2）接种。

在超净工作台上，进行无菌操作，将母种接入原种培养基或把原种接入栽培种培养基内。通常一支母种可接 3～5 瓶原料，接种块要尽量大一些；一瓶原种可接 15～20 袋栽培种。

（3）培养菌种。

接种完毕后，及时将接好的菌种袋移入经过消毒的培养箱或培养室内。培养箱、培养室内光线要暗，温度最好在 24～26℃，空气湿度为 60%～70%，这样的条件利于菌丝生长。1～2 d 后菌丝开始萌发，然后逐步生长繁殖，其间要注意检查有无杂菌污染，发现杂色菌丝或斜面上有糨糊状小斑点，即为杂菌污染，必须立即淘汰。原种经过 15～20 d，栽培种经过 20～30 d（视菌种袋大小和培养条件），菌种即可发满。若需再扩繁或用于生产，原种和栽培种还需继续培养几天，使菌丝吃透培养料颗粒。发好的菌种，菌丝浓白旺盛，菌香浓郁，不收缩，未出芝，袋装菌种手按有弹性，这样的菌种为优质菌种，反之则质量较差。若暂时不用，应移入冰箱保存，防止菌种老熟和退化。

**3．培育灵芝**

（1）制作栽培料。

栽培料配方：棉籽壳 60%，杂木屑 20%，麸皮 15%；外加糖 0.5%，豆饼 1%，石膏、石灰各 1.5%，硫酸镁 0.5%。

配制时先将主料干拌混合均匀，然后把糖、石灰、硫酸镁溶于水中，喷洒在主料中再进行翻拌，待含水量均匀时（60%～65%）即可。菌袋最好采用 17cm×35cm 的丙烯简料，两头扎口，两头接种。每袋可装干料 0.5 kg。装料时要松紧一致，两头袋口要扎紧。袋装好后及时进行高压灭菌，当温度达到 121℃时维持 1～1.5 h，停火后再闷 0.5～1 h，待压力表指针回零即可出锅晾袋。

（2）接种。

待料袋温度下降至30℃以下时即可接种。接种时要严格控制，做到无菌操作，将栽培种接入栽培料内，接种块要尽量大一些，通常一袋栽培种可接15～20袋栽培料。

（3）培养。

发菌阶段要使光线阴暗，空气湿度控制在70%以下，温度保持在24～28℃。每隔7～10 d翻袋一次，发现污染及时清除处理。一般经过25～30 d菌丝即可发满料袋。

（4）出芝的管理。

当灵芝菌袋发满菌丝后，开始出现原基时，即可进行出芝管理。

将菌袋的膜去掉，然后进行覆土。土应覆至袋口0.5cm以下以防芝层黏土，影响质量。每平方米50袋左右，袋间距2 cm左右，覆土后用喷壶洒水，使袋头的余土冲掉。芝畦不宜过宽，以80 cm为宜，覆土整理后，开始控制温度。掌握22～30℃，空气湿度控制在85%～90%，增加光线，通气使菌蕾早形成，快分化。适宜条件下，一般从栽培至采摘约40 d。

（5）采收与干制。

当菌盖不再增大、白边消失、盖缘有多层增厚、柄盖色泽一致、孢子飞散时采收。采收后的子实体剪弃带泥沙的菌柄，在40～60℃烘烤至含水量达12%以下。用塑料袋密封储藏。

【活动效果】

通过野外调查教师们了解缙云山野生灵芝的生活环境和受胁迫因素，学习了户外观察菌类的方法；通过在实验室参与灵芝人工培育繁殖，教师们基本掌握了分离灵芝母种、制作灵芝原种和栽培种、培育灵芝等技术工作。通过这次培训活动，教师们基本掌握了野生菌类人工培养的全过程，学到了栽培灵芝的技术。保护生物多样性保护技能培训让教师实实在在提高了保护和执行能力。

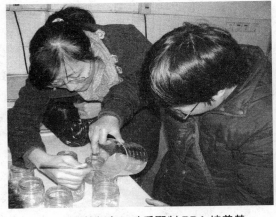 

参加培训教师自己动手配制PDA培养基　　　　马丁先生观看教师人工培养灵芝

　　项目组在前期调查中发现参与项目的教师存在知识接受渠道相对单一的问题；多数教师收集、查询与整理信息资料的能力还比较弱，能够利用现代信息网络文献数据库查询信息者较少。所以在地方图书馆帮助下开展了教师读书月活动。通过生物多样性项目目标驱动，教师们积极参与读书月活动，在获取信息的能力、评价信息的能力、快速提取存储信息的能力、运用多媒体形式表达信息的能力及交流与共享信息的能力方面都有所提高。

## 案例八　培训拓展——生物多样性保护教育读书月活动及教师活动网络资源库建立

| 活动名称 | 培训拓展——生物多样性保护教育读书月活动及教师活动网络资源库建立 |
|---|---|
| 活动策划 | 洪兆春　邓玉兰　梁夏夏 |
| 参加群体 | 参与项目全体教师 |
| 执行教师 | 重庆自然博物馆　洪兆春<br>北碚图书馆　邓玉兰　梁夏夏 |
| 活动形式 | 专家指导教师在地区图书馆及网络数据库开展信息收集、文献获取学习，同时教师以学校为单位协作交流，形成团队资源共享 |
| 合作馆校及部门 | 中国—欧盟生物多样性项目重庆示范项目办、重庆市环保局自然生态处、重庆市生态学会、北碚图书馆、北碚区环保局 |
| 案例供稿 | 重庆自然博物馆　洪兆春<br>北碚图书馆　梁夏夏 |

【活动地点】重庆市北碚区

【活动时间】2009 年 9 月

【活动内容】拓展教师知识储备，培训教师文献检索及信息获取能力。通过与地方图书馆合作开展读书月活动鼓励教师到图书馆阅读生物多样性保护教育专业及科普书籍；通过向参与课题教师赠送 CNKI 全文数据库卡帮助教师使用数字图书馆资源；通过免费赠送国内外生物多样性保护教育书籍丰富教师学习资源。

【活动形式】专家指导教师在地区图书馆及网络数据库开展信息收集、文献获取学习，同时教师以学校为单位协作交流，形成团队资源共享。

【活动参加群体】参与项目教师

【前期准备】

　　（1）与重庆市北碚区图书馆合作，将图书馆中有关生物多样性保护教育的书籍进行清理，归类整理于独立的书架并开辟单独的阅览室供参与项目师生使用。

　　（2）准备 CNKI 全文数据库卡。

　　（3）与环保局、中国—欧盟生物多样性项目办、自然保护区管委会以及 FFI、WWF 等国际组织合作，为教师提供资料和书籍。

【活动过程】

　　（1）推荐科普书目。由北碚图书馆根据馆藏资源和生物多样性保护教育主题，推荐书目 300 余种，作为本次活动的阅读范围。

　　（2）专家讲座与集体阅读活动。将教师培训活动地点安排在图书馆，组织教师到图书馆参观，请图书馆老师介绍生物多样性保护教育专题阅览室和电子阅览室使用方法，开展集体阅读和在线阅读活动，倡导教师学生办理借阅证，培养爱读书、爱查资料的习惯。

（3）分类整理生物多样性相关网络资源供教师学习。

（4）与环保局、中国—欧盟生物多样性项目办、自然保护区管委会以及 FFI、WWF 等国际组织合作，向教师免费发放生物多样性保护教育相关主题书籍供教师阅读。

（5）教师相互交流学习。教师以学校为小组，围绕生物多样性保护教育主题和学校准备开展的生物多样性活动，上网查阅资料，搜索信息，并在地区青少年辅导员协会的网站上共享信息资源。

【活动效果】

通过该系列活动教师们掌握的生物多样性知识得到了拓展，更重要的是教师们知识自我更新、知识整合能力增强，为后期学生活动的开展奠定了坚实的知识信息基础。

附：免费发放的书籍目录

《绿色天使——中国生物多样性保护组织名录》

《缙云山植物志》

《生物多样性知识达人手册》

《绿色中国》

《生物多样性与气候变化》

《重庆缙云山珍稀濒危植物》

《重庆近郊风景名胜区外来入侵植物调查及对生物多样性的影响》

《生物多样性基础读物》

读书月活动启动仪式

向学校和教师赠送书籍和 CNKI 数据库卡

图书馆为活动专门开辟的阅览室和专题书架

　　大学生青年志愿者是生物多样性保护教育的重要组成力量。大学生志愿者参与生物多样性保护教育活动，一方面可以根据大学生的内在需要，实现其服务社会与自我教育的有机结合，帮助大学生较好地将理论知识运用于实践，实践志愿精神，传播科学文化；另一方面大学生志愿者专业素质较高，经过适当培训，可以成为课题和学校教师的好帮手，既适应当代大学生的特点，又帮助课题在学校的顺利执行，有利于课题的推广宣传。课题在执行过程中，和中国—欧盟生物多样性项目、野生动植物保护国际（FFI）合作，整合重庆市生物多样性保护宣传和教育资源，在十余所大专院校选拔上百名优秀学生，帮助他们参加相应的培训，提高其能力，并让受过培训的大学生志愿者和社团进入中、小学以及社区开展生物多样性保护的宣传教育活动。

　　大学生志愿者培训的主要内容包括：生物多样性保护基本知识和技能；中国、重庆生物多样性保护面临的威胁；目前的保护法律法规和体系；环境宣传教育基本概念、方法、手段和案例；学生环保社团组织管理和项目申请管理；观察、沟通、团队合作等能力建设。培训中介绍目前不同环保组织开展的活动、保护理念和手段、发展趋势，介绍不同的活动形式；同时注重学生社团的实际操作，通过活动来更好地消化吸收室内教学内容。学习形式包括上大课（讲座）、分组讨论学习、个人学习、动手实践等多种形式。

　　经过培训，学生能够顺利进入中小学校帮助参与项目的教师开展活动，全面推动生物多样性保护教育活动的开展。

## 案例九　大学生志愿者培训

| 活动名称 | 大学生志愿者培训 |
|---|---|
| 活动策划 | 张颖溢　郑建　向春　洪兆春 |
| 参加群体 | 参与项目全体大学生志愿者 |
| 执行教师 | 中国—欧盟生物多样性项目重庆示范项目办　张颖溢<br>重庆市青年环保协会　向春<br>重庆市巴渝公益事业发展中心　郑建 |
| 活动形式 | 培训学习与实践相结合 |
| 合作馆校及部门 | 西南大学、重庆大学、四川外语学院、重庆交通大学、重庆邮电大学、重庆自然博物馆、同兴小学、朝阳小学、西师附中等 |
| 案例供稿 | 重庆自然博物馆　洪兆春<br>重庆市巴渝公益事业发展中心　郑建 |

【活动地点】重庆市五所高校（西南大学、重庆大学、四川外语学院、重庆交通大学、重庆邮电大学）及项目执行中小学

【活动时间】2009 年 9 月 1 日—2010 年 1 月 31 日

【活动内容】

（1）开展三次集中的项目培训，为大学生志愿者提供生物多样性方面的基础知识培训。

（2）分学校开展多次实地培训，在具体工作中培养对生物多样性的兴趣。

（3）编辑项目指导手册，通过指导手册引导团队开展项目。

（4）学生团队进入学校加入教师团队工作实习。

（5）组织专家顾问团队对项目过程进行指导。

【活动形式】培训学习与实践相结合。

【活动参加群体】全体参与活动的大学生志愿者。

【前期准备】

（1）与各所大学学生社团联系招募活动志愿者。

（2）选择培训专家。

（3）编写学生指导手册。

（4）确定培训机构及大学生社团联络机构。

【活动过程】

（1）由中国—欧盟生物多样性项目重庆示范项目办、重庆市青年环保协会、重庆济溪环境咨询中心联络各大学青年环保社团招募志愿者。

（2）中国—欧盟生物多样性项目重庆示范项目办与重庆市青年环保协会、重庆济溪环境咨询中心策划培训项目的实施。

（3）组织实施培训。

1）第一次培训以生物多样性基础知识培训为主，由济溪组织协调，各大学社团安排3～5名成员参加。

| 培训内容 | 发言人/协调人 |
|---|---|
| 生物多样性概况 | 徐洪辉 |
| 生态摄影技巧培训 | 唐 飞 |
| 各类生物野外调查方法（样方制作） | 徐洪辉 |
| 植物识别技巧 | 徐洪辉 |
| 环境解说概况 | 王西敏 |
| 植物学基础 | 赵兴峰 |
| 户外装备介绍 | 邵 阳 |
| 缙云山实践活动 | FFI |

2）第二次主要培训如何在户外做生物多样性保护教育活动，由欧盟生物多样性项目重庆示范项目办主持，西南大学可持续发展教育中心和缙云山协助完成。

| 培训内容 | 发言人/协调人 |
|---|---|
| 讲座《森林生态学和现场调查项目》 | 加拿大达尔豪斯大学　Martin Willson |
| 讲座《缙云山植物多样性》 | 重庆自然博物馆　陈锋 |
| 《如何在户外做生物多样性保护教育》 | 西南大学　李清 |
| 缙云山现场培训如何在户外做生物多样性保护教育 | 李清 |
| 缙云山生物多样性快速调查选山地、半山、山下（或者针叶林、阔叶林、竹林）三个点，用样线调查和样方调查 | Martin Willson，陈锋，重庆大学资环学院王强 |

3）第三次主要通过培训介绍整个欧盟重庆项目、介绍 CQECBP 宣教项目基本情况和目标、环境调查方法、环境纪录片拍摄与制作、重庆生物多样性保护管理体系、重庆生物多样性基本情况及基本知识。

| 自然观察 | 郜璐莉 | 达尔问自然求知社协调人 |
|---|---|---|
| 环境调研的科学逻辑与方法 | 沈 尤 | 成都观鸟会理事长 |
| 环境报道与写作方法 | 冯永峰 | 光明日报记者 |
| 学生环境调研项目分享与诊断 | 冯永峰 | 光明日报记者 |
| 专家提问与解答 | 郜璐莉 | 达尔问自然求知社 |
| | 王 潇 | SEE 基金会代表 |
| | 沈 尤 | 成都观鸟会理事长 |
| | 郑 建 | 重庆市巴渝公益事业发展中心 |
| | 向 春 | 重庆青年环保协会负责人 |
| 陈述征集纪录片活动的立意 | 张献民 北京电影学院教授 | |
| 纪录片的价值与意义，为什么要用纪录片反映环境问题 | | |
| 老师与学生问答时间 | | |
| 放映作品《瓦全》 | | |
| 针对作品提问与讨论 | | |
| 纪录片讲座：前提调研、拍摄、后期、思想、艺术创作 | 张献民 北京电影学院教授 | |
| 介绍整个欧盟重庆项目 | 陈盛樑 重庆市环保局自然生态处处长 | |
| 介绍 CQECBP 宣教项目基本情况和目标 | 张颖溢 CQECBP 项目成果协调人 | |
| 重庆生物多样性保护管理体系及政府政策 | 陈盛樑 重庆市环保局自然生态处处长 | |
| 重庆生物多样性基本情况及学校活动基本知识介绍 | 洪兆春 重庆自然博物馆 | |

## 【活动效果】

　　大学生志愿者培训，帮助高校学生了解了身边的生物多样性现状，提高他们观察自然、义务讲解导赏、资料记录、物种鉴别等生物多样性相关保护能力，为他们进入中小学协助教师开展生物多样性保护教育活动奠定了基础。该系列培训共培训了二百余名大学生志愿者，其中部分大学生志愿者较好完成了进入中小学协助教师开展活动的任务，在帮助中小学识别入侵植物、保护本地物种、外出参观导赏、开展户外探究活动及游戏等方面发挥了积极的作用。

参加学习的大学生志愿者

"给大学生志愿者到中小学活动颁发证书"

# 第二章 探究学习 注重能力培养 关爱留守儿童

## ——"美丽缙云我的家"系列活动

探究学习是青少年生物多样性保护教育实践活动主要开展方式，通过组织参与活动的师生开展野外调查、记录收集资料、综合处理信息等方式发现问题；通过上网查询资料，学习交流等方式提出解决方案；通过开展实验操作，保护宣传等方式实施保护行动。

探究学习是以一种积极的学习过程带领师生获得生物多样性保护知识、保护技能，发现生物多样性保护中的问题，提高对生物多样性的关注程度。围绕本次实践活动的重点区域——重庆缙云山国家级自然保护区，我们组织设计开展了"美丽缙云我的家"系列生物多样性保护教育活动。

重庆缙云山国家级自然保护区位于东经 106°22′，北纬 29°49′，重庆市北碚区、沙坪坝区、璧山县境内，面积 7 600 hm²，海拔 200～952.5 m。2001 年 6 月，国务院批准缙云山自然保护区为国家级自然保护区。缙云山自然保护区属典型的亚热带季风湿润性气候，年平均气温 13.6℃，极端最高气温 36.2℃，极端最低温-4.6℃，相对湿度约 87%，雨量充沛，年均降水量 1 611.8 mm。保护区属亚热带常绿阔叶林，区内生物资源十分丰富，据调查，缙云山保护区现有植物 246 科、992 属、1 966 种，其中有国家级保护珍稀植物珙桐、银杉、红豆杉、桫椤等 51 种，有模式植物 38 种，如缙云四照花、缙云槭、北碚榕等；有动物 1 071种，其中有草鸮、红腹锦鸡、雕鸮等国家级保护珍稀动物 13 种；缙云山国家级自然保护区珍稀濒危物种众多，是长江中上游地区重要的生物物种基因库，具有较高的保护价值和科学研究价值。

围绕缙云山生物多样性的保护开展的"美丽缙云我的家"系列活动，特别关注了居住在缙云山国家级自然保护区的部分留守儿童，他们是在今后的几十年里对缙云山产生影响的人，是缙云山真正的主人。通过参与项目的专家、教师共同努力，在指导孩子们参与生物多样性保护教育活动的同时，关注孩子们的心灵成长，将生物多样性保护思想传播与人文关怀紧密结合在一起，用对家乡对大自然对生命的热爱滋养孩子们的人生。活动在中小学开展，普及了生物多样性保护知识，提高了教师学生参与保护的能力，并由此辐射影响到家长和社会，对加强缙云山国家级自然保护区生物多样性保护有积极的意义和长远的影响。

缙云山自然保护区有蕨类植物 38 科 74 属 149 种 4 变种，其中有国家一级保护珍稀植物荷叶铁线蕨 Adiantum reniforme L.var. sinense Y.X.Lin，缙云山模式植物假渐尖毛蕨 Cyclosorus subacnuminatus Ching ex Shing et J.F.Cheng、狭基毛蕨 Cyclosorus cuneatus Ching ex Shing、缙云溪边蕨 Stegnogramma diplazioides Ching ex Y.X.Lin 等。蕨类植物是山区孩子最容易见到的植物，山野小径边、溪谷小桥旁、学校石梯的夹缝里，还有孩子们家里常吃的野菜里都有蕨类植物。

开展活动的学校地处缙云山麓，有了解缙云山蕨类植物的"地利"条件，针对学生的年龄结构层次组织学生对缙云山蕨类植物进行调查研究，让学生初步认识外形特征及物种的多样性，了解蕨类植物的生活环境，能识别常见蕨类植物；通过帮助学生自己编制蕨类植物检索表，并使用检索表对缙云山蕨类植物多样性开展研究，调查蕨类植物在缙云山群落演替中的地位、面临的环境胁迫因素，加强学生对生物多样性的了解，帮助学生掌握收集、分析、处理信息的方法，学习野外实习调查的一般技术。活动目的主要是提高学生参与保护生物多样性的能力，增进学生热爱家乡的情感；也使学生在与自然的交流当中感受到自然的美妙，从而唤起他们热爱自然、保护生物多样性、保护环境的意识。

## 案例一 生生不息，"蕨"不放弃

| 活动名称 | 生生不息，"蕨"不放弃 |
|---|---|
| 活动策划 | 洪兆春 张万琼 黄仕友 |
| 参加群体 | 初中二年级学生 |
| 执行教师 | 西南大学附属中学 谭娟 |
| 教育（活动）形式 | 校本课程教育活动 |
| 合作馆校及部门 | 中国—欧盟生物多样性项目重庆示范项目办、重庆市环保局自然生态处、重庆市生态学会、缙云山国家级自然保护区管理局、重庆自然博物馆、西南大学附属中学 |
| 案例供稿 | 西南大学附属中学 谭娟<br>重庆自然博物馆 洪兆春 |

【教育（活动）形式】

（1）在课堂教学中完成《生物学》教科书七年级上册《藻类、苔藓和蕨类植物》教学内容。

（2）在校本课程教学实践中帮助学生学习蕨类植物检索表的编制方法。

（3）组建兴趣小组，到缙云山使用检索表实地探究蕨类植物。

【资源条件】

（1）重庆自然博物馆、学校图书馆、网络资源。

（2）缙云山国家级自然保护区植物园。

（3）中国—欧盟生物多样性重庆示范项目相关专家指导。

【前期准备】

（1）教师在专家帮助下，实地考察缙云山蕨类植物。

（2）组建学生兴趣小组。

（3）准备必要的野外工作设备、标本采集工具等。

【活动过程】

（1）完成《生物学》教科书七年级上册《藻类、苔藓和蕨类植物》及校本课程《生生不息，"蕨"不放弃》教学内容，帮助学生了解蕨类植物基本知识。

（2）组织兴趣小组，带领学生在校园寻找蕨类植物，让学生能够辨认出蕨类的基本形态特征。

（3）组织学生学习检索表概念、了解检索表就是有关的学者将自然界某个范围内已知的各种生物，根据其固有的特征进行归纳分类后，用比较鉴别的原理、人为的方法，按一定形式结构编制出一种对照显明特征，能够查找（检索）欲知某物种名称归属的表。检索表的种类依编写的形式可分为定距和平行两种，定距检索表包括缩写检索表、锯式检索表，平行检索表包括齐头检索表或并列检索表。

（4）到博物馆对照植物标本，学习工具书检索表使用方法。

（5）带领学生到缙云山开展系列探究学习活动。

活动一：蕨类植物识别

活动二：蕨类植物采集

活动三：蕨类植物标本制作

活动四：蕨类植物绘图

（6）根据采集的标本和绘制的图片，学生在老师带领下完成标本基本的分类特征比较分析，将其归属到纲，再到科，最后再到种，学生自己制作出检索表，并使用自己的检索表到野外辨识蕨类植物。

（7）动员学校更多学生使用检索表，并开展蕨类植物识别大赛、蕨类植物绘画大赛等活动。

【活动效果】

通过该系列活动，学生在知识方面能够概述缙云山自然保护区蕨类植物的形态特征和生活环境；说出蕨类植物对生物圈的作用和与人类的关系，并关注这些植物的生存状况。能力方面学生学会观蕨类藓植物编制检索表的方法，培养了学生的观察能力和分析、归纳问题的能力。通过上述探究学习，学生了解了蕨类植物与缙云山自然保护区环境相适应的形态结构特点，使学生树立生物与环境相适应的观点。

学生与教师讨论检索表制作　　　　　　学生使用蕨类植物检索表到户外认识植物

马尾松（Pinus massoniana Lamb）是缙云山亚热带常绿针叶林的主要组成树种，隶属于松科（Pinacene）　松属（Pinus），属常绿乔木，高可达 45 m，胸径可达 1 m，马尾松是居住在缙云山的孩子们最常见、接触最频繁的森林植物。山村里盖房子、做家具、当燃料、取松香、土药方治病都会用到马尾松的根、茎、叶、皮。马尾松是我国主要用材树种，具有较高的经济价值，林区有偷伐马尾松的现象存在。马尾松目前为缙云山的优势树种之一，但因人为乱砍滥伐破坏加之没有对幼苗再生进行保护，马尾松林逐渐衰老萎缩，这将会严重影响整个缙云山的生态平衡。

活动开展学校澄江小学、希望小学地处缙云山，学生多为居住在缙云山里的乡村留守儿童。利用缙云山丰富的松树资源，组织探究学习，开展认识松树、画松树的活动，帮助孩子热爱松树、关心周边松树的生存状况，理解保护生物多样性，保护林区物种的重要性，丰富留守儿童的学习生活，培养学生关爱家乡的感情。

## 案例二　马尾松林的生命力——缙云山松树考察活动

| 活动名称 | 马尾松林的生命力——缙云山松树考察活动 |
|---|---|
| 活动策划 | 洪兆春　易文华 |
| 参加群体 | 小学三年级到五年级学生 |
| 执行教师 | 北碚区澄江镇小学　陈亮　殷华春 |
| 教育（活动）形式 | 形成兴趣小组，开展探究性学习活动 |
| 合作馆校及部门 | 中国—欧盟生物多样性项目重庆示范项目办、重庆市环保局自然生态处、重庆市生态学会、缙云山国家级自然保护区管理局、重庆自然博物馆、重庆市北碚区澄江镇小学 |
| 案例供稿 | 北碚区澄江小学　陈亮　殷华春　李吉金<br>重庆自然博物馆　洪兆春 |

【资源条件】

（1）参加了重庆缙云山国家级自然保护区周边公众教育课题，并邀请了专家协助活动开展。课题给予了学校活动专项经费资助。

（2）澄江小学毗邻缙云山学校和学生家庭周边有丰富的松树资源。

【活动过程】

（1）"看一看"：带学生进入森林，看看马尾松林主要分布在哪些区域，观察松针、松果、松树皮的现状、颜色；教学生制作松树皮拓片，观察松树生活的环境，看看周围有什么植物和小动物。

（2）"听一听"：在树林中开阔地带，让学生坐下来，闭上眼睛，听松涛的声音，闻松林的香气，闻树下泥土的气味，比较和其他地方的泥土的气味有什么不一样的地方触摸地上铺得厚厚软软的松针，让孩子们交流分享自己的感受。

（3）"找一找"：在松林中和松林边缘分别划定一个 10 m$^2$ 的样方，让孩子们在样方中寻找小松树苗，比较林缘和林中小松苗数量的多少，分析林缘比林中树苗多的原因，记录样方中小树苗的高度、径围、冠幅等指标。对记录过的小树进行标记，带领学生进行持续观察记录。

（4）"议一议"：组织参与活动的学生一起整理野外记录的数据，讨论一棵松树的生命力和一片森林的生命力，从小松苗生长状况分析马尾松林的生命力，总结维护马尾松林持续生命力的方法：林中大松树严禁盗砍盗伐，林缘小松苗保护它们的生长，还可以人工种植小松树，同时防止松林病虫害的发生。

（5）"做一做"：鼓励学生回家后统计自己家院子周围的小松苗有多少，寻找保护小松树成长的方法。

【活动效果】

（1）通过探究活动学生了解了马尾松在缙云山的分布情况，知道了保持缙云山马尾松林的生命力需要做出哪些努力，增长了知识。培养了观察、探究以及记录整理的能力。

（2）开展了绘画比赛，丰富了学生的学习生活，培养了他们热爱大自然，发现美创造美的能力。

观察林缘松树掉落的松果

记录林中松树

学生作品《我身边的松树》

学生对缙云山松树的调查材料

　　生物多样性保护的一项重要任务就是保护珍稀濒危物种，桫椤为我国二级珍稀濒危保护植物，被称为植物中的活化石。近年来由于人为的干扰，森林的砍伐，原生境的破坏，桫椤的分布区域逐步缩小，已面临濒危灭绝。缙云山现有桫椤科 Cyatheaceae 的桫椤 Alsophila spinulosa（Wall. ex Hook.）Tryon、齿叶黑桫椤 Gymnosphaera denticulata（Baker）Copel、华南黑桫椤 Gymnosphaera metteniana（Hance）Tagawa 三种国家二级保护植物。主要分布在珍稀濒危植物园内外、板子沟和大叉沟的水沟两侧约 20 m 范围内，分布区小，数量少。因此对桫椤的保护显得尤为迫切。本活动通过组织野外考察活动，引导学生认识桫椤，辨别桫椤，了解桫椤的生长环境与价值，从而宣传它，让更多的人认识它、保护它。在考察过程中，培养学生动手操作、查阅资料和合作能力，逐步提高学生保护生物多样性的自觉性。

## 案例三　识桫椤，辨桫椤——缙云山桫椤群考察活动

| 活动名称 | 识桫椤，辨桫椤——缙云山桫椤群考察活动 |
| --- | --- |
| 活动策划 | 洪兆春 |
| 参加群体 | 小学五、六年级学生 |
| 执行教师 | 重庆市北碚区梅花山小学　刘霜 |
| 教育（活动）形式 | 课外探究活动 |
| 合作馆校及部门 | 中国—欧盟生物多样性项目重庆示范项目办、重庆市环保局自然生态处、重庆市生态学会、缙云山国家级自然保护区管理局、重庆自然博物馆、重庆市北碚区梅花山小学 |
| 案例供稿 | 重庆市北碚区梅花山小学　刘霜<br>重庆自然博物馆　洪兆春 |

【教育（活动）内容】
　　（1）实地观察桫椤的基本特征以及生长环境，测量植株的高度、胸径等。
　　（2）了解桫椤的种类、数量、繁殖及相关知识。
　　（3）正确识别桫椤，画桫椤的样子。
【资源条件】
　　（1）缙云山自然保护区桫椤群。
　　（2）重庆自然博物馆老师。
　　（3）西南大学的校外辅导员。
【前期准备】
　　（1）与自然博物馆专家、西南大学校外辅导员进行联系，安排好活动时间。
　　（2）对参加学生进行野外考察的基本方法及相关知识培训。
　　（3）在实地考察前做好学生的思想教育及安全教育工作，教育学生遵守纪律，不能随意乱跑，特别是不能毁坏林木。
　　（4）器材：卷尺、铁铲、照相机、电脑、湿度计等。

【活动过程】

**一、准备阶段**

对参加活动的学生进行分组，展出桫椤的相关图片让学生观察，请自然博物馆专家讲与桫椤同一时期出现的恐龙的故事，从而对桫椤考察活动产生兴趣。

**二、考察阶段**

（1）实地考察、采访专家，了解缙云山桫椤的名称、数量、生长情况；认识基本特征，正确识别不同类的桫椤。

（2）实地测量植株的高度、胸径，并作好记录。

（3）对桫椤群生长地的土壤、湿度进行测量，分析桫椤群的生长环境。

（4）上网查阅资料，了解桫椤的价值，并作好记录，让学生充分认识到桫椤在科学研究、医药、园艺等方面的作用，认识到桫椤的重要性。

（5）请专家讲桫椤的繁殖，与环境的关系，从而认识到生态环境对保护生物多样性的重要作用。在专家的引导下，分析桫椤濒危的原因。

**三、交流、整理阶段**

（1）指导学生对考察的结果、数据进行分析和整理，撰写调查报告。

（2）根据自己对不同桫椤特征的掌握，画出各类桫椤。

**四、展示阶段**

（1）将活动中桫椤拍摄和绘制的照片、图片在校园中进行展示，向其他同学介绍识别桫椤的方法，让更多人认识桫椤。

（2）向缙云山风管局提出建议，更好地保护桫椤，保护生物的多样性：

1）将缙云山的所有桫椤进行彻底调查，摸清情况，对桫椤分布区实行严格的封禁保护，可派专人保护。

2）大力呼吁保护森林植被和水资源，创造一个良好的生长环境。

3）大力宣传有关桫椤方面的知识以及保护生态环境的重要性。

4）开展桫椤种群致濒因素、群落演替、遗传多样性等方面的研究，促其茂盛繁育；注意森林植被的修复，调节和改善桫椤的生态环境。

【活动效果】

这次考察活动中，学生学会了怎样考察植物分布、特征、生长环境的方法，而且在观察、测量过程中培养了动手能力和思维能力，也培养了良好的科学态度和科学方法，同时，尝到了调查工作的艰辛与快乐，增强了对生物多样性保护的意识，提高了关注身边环境、爱护生存环境的自觉性。

附件

<h2 style="text-align:center">缙云山桫椤基本情况记录表</h2>

| 属 | 种 | 数量 | 植株年龄结构 | | |
| --- | --- | --- | --- | --- | --- |
| | | | 幼年 | 成年 | 老年 |
| 桫椤属 | 桫椤 | 11 | 0 | 9 | 2 |
| 黑桫椤属 | 华南黑桫椤 | 70 | 6 | 54 | 10 |
| | 齿叶黑桫椤 | 25 | 2 | 18 | 5 |
| 分布地点 | 缙云山珍稀濒危植物园内外、板子沟和大叉沟 | | | | |
| 生长环境 | 山沟溪流，环境荫蔽、潮湿 | | | | |
| 植被类型 | 针阔杂木林 | | | | |
| 土壤 | 腐殖质沙土，土壤 pH4～4.5 | | | | |
| 海拔 | 360～500 m | | | | |
| 交通状况 | 大路能够到达 | | | | |
| 保护状况 | 缙云山国家级自然保护区管理局进行保护 | | | | |

寻找森林中的桫椤

调查桫椤生存环境

测量桫椤胸径

缙云山，山青水秀，景色宜人，植被茂盛，尤以大片的楠竹林著名，构成了一道独特的风景——白云竹海。竹类是缙云山自然保护区森林的重要组成部分，但在普通民众心中并没有把竹看做需要保护的物种，我们在带领学生开展生物多样性保护教育活动中，发现本地人喜食竹笋，还有人到保护区偷挖竹笋，部分竹林因为得不到新竹补充，加之连年蝗虫灾害，竹林已开始老化稀疏，青黄不接。缙云山的竹林里究竟有哪些竹呢？它们的生长情况如何？我们的传统的生活习惯会不会对它有影响？学校成立了综合实践活动小组，带领学生对此做了探究调查，记录竹笋的生长，调查农家乐对竹林的影响，通过学生习以为常的生活为探究点，引导学生关注生物多样性保护，逐步改变他们生活习惯中不利于生物多样性保护的传统意识。

## 案例四　白云竹海竹生长情况的调查研究

| 活动名称 | 白云竹海竹生长情况的调查研究 |
|---|---|
| 活动策划 | 洪兆春 |
| 参加群体 | 小学五、六年级学生 |
| 执行教师 | 重庆市北碚区梅花山小学　刘霜 |
| 教育（活动）形式 | 课外探究活动 |
| 合作馆校及部门 | 中国—欧盟生物多样性项目重庆示范项目办、重庆市环保局自然生态处、重庆市生态学会、缙云山国家级自然保护区管理局、重庆自然博物馆、重庆市北碚区梅花山小学 |
| 案例供稿 | 重庆市北碚区梅花山小学　刘霜<br>重庆自然博物馆　洪兆春 |

【教育（活动）内容】

（1）实地考察，采访白云村主任及村民了解竹的生长情况。

（2）查资料，了解竹类的生长特点。

（3）采访专家，了解环境对竹类生长的影响。

【资源条件】

梅花山小学位于缙云山下，与西南大学毗邻，活动充分利用缙云山这一重庆市青少年科技活动基地与西南大学专家优势资源，借用相关的仪器、书籍等，对缙云山白云竹海的竹进行探究。

【前期准备】

（1）器材：卷尺、剪刀、标本夹、照相机、电脑等。

（2）教育：在实地考察前做好学生的思想教育工作，教育学生遵守纪律，不能随意乱跑，特别是不能毁坏林木。把学生进行分组，小组长负责本组成员纪律，有情况及时向带队教师汇报，及时解决。

【活动过程】

**第一阶段　准备阶段**

将参加活动的学生进行分组，并推选出组长带领小组活动。

**第二阶段　调查、观察、制作阶段**

（1）实地采访当地村民，了解白云竹海竹的种类、数量。

（2）多次到缙云山进行实地考察，观察竹海中各类竹的特征和生长环境，采集叶片夹在标本夹里进行压制，并作好采集记录，为后期制作标本做好充分准备。同时培养学生细心观察、不怕苦、不怕累的好习惯。

（3）3—4月，实地观察毛竹的生长情况，对此作详细记录；并对毛竹的出笋情况进行分析（表1、表2）。

表1　不同出笋期的出笋数统计

（在100 m² 幼林出笋期的观察）

| 出笋期 | 17—21日（3月） | 22—26日（3月） | 27—31日（3月） | 1—5日（4月） | 6—10日（4月） | 11—15日（4月） | 合计 |
|---|---|---|---|---|---|---|---|
| 出笋数/株 | 23 | 36 | 50 | 27 | 20 | 8 | 164 |
| 占出笋总数的百分比/% | 13.4 | 21.9 | 30.4 | 16.4 | 12.1 | 4.8 | 100 |

表2　不同出笋期竹笋成竹数统计比较

（在100 m² 幼林成竹的观察统计）

| 出笋期 | 各出笋期的出笋数/株 | 成竹数 | | 不成竹数 | |
|---|---|---|---|---|---|
| | | 株数 | 占该期出笋数的百分比/% | 株数 | 占该期出笋数的百分比/% |
| 前期（3月17—21日） | 23 | 7 | 30.5 | 16 | 69.5 |
| 盛期（3月22日—4月5日） | 113 | 79 | 70.0 | 34 | 30.0 |
| 末期（4月6—15日） | 28 | 8 | 28.6 | 20 | 71.4 |
| 合计 | 164 | 94 | 57.0 | 71 | 43.0 |

（4）访问当地村民，了解毛竹的砍伐及用途。

（5）各组将观察、收集到的资料初步归类整理。

**第三阶段　整理、汇总、交流、总结阶段**

（1）咨询环保专家，对观察数据进行分析，了解环境对竹类生长的影响，并进一步分析白云竹海中的农家乐对竹类生长的影响（表3、表4）。

表3　幼竹高生长过程　　　　　　　　　　　单位：cm

| 日期　　生长量 | 26日（3月） | 31日（3月） | 5日（4月） | 10日（4月） | 15日（4月） | 20日（4月） | 25日（4月） |
|---|---|---|---|---|---|---|---|
| 总生长量 | | 7.0 | 21.9 | 140.9 | 329.5 | 529.3 | 604.3 |
| 连日生长量 | | 1.4 | 3.0 | 23.8 | 37.7 | 40.0 | 15.0 |
| 平均生长 | | 1.4 | 2.2 | 9.3 | 16.5 | 20.8 | 20.1 |

表4　受环境影响后幼竹的生长过程　　　　　　　单位：cm

| 生长量　日期 | 26日（3月） | 31日（3月） | 5日（4月） | 10日（4月） | 15日（4月） | 20日（4月） | 25日（4月） |
|---|---|---|---|---|---|---|---|
| 总生长量 | | 6.5 | 19.2 | 130.0 | 306.5 | 495.9 | 570.6 |
| 连日生长量 | | 1.3 | 2.5 | 22.2 | 35.3 | 37.9 | 14.9 |
| 平均生长 | | 1.3 | 1.9 | 8.7 | 15.3 | 20.8 | 19.0 |

（2）每组将资料进行整理，统计调查、采集、制作、收集到的竹的种类、特点，提出问题研究。

（3）写出收获、建议，向有关部门及社会群众宣传。

【活动效果】

通过研究，使同学们进一步了解缙云山的竹类；明白只有注意保护竹类的生存环境，合理开发利用竹类，让白云竹海继续焕发迷人的绿色风采，为 AAAA 的国家级自然风景区增光添彩。通过活动，同学们学会了科学采集植物植株，科学制作植物标本的方法；培养了孩子们科学求实的精神，养成了从小学科学、爱科学、用科学的良好习惯；增强了孩子们的环保意识，提高了孩子关注身边环境、爱护生存环境的自觉性。

学生在竹林中观察

学生记录新长出的竹笋

缙云山竹类资源十分丰富,蝗虫是缙云山主要的竹类害虫。近年虫害面积不断扩大,灾情逐年加重,最严重时发生面积达 $1\,066\ hm^2$,严重危害成灾面积达 $260\ hm^2$。蝗虫不但为害竹子,同时也为害水稻、玉米、高粱、棕榈及其他禾本科的植物,对红薯、瓜类、豆类等也略有取食。学生在区林业局专家及本校专业教师的指导下,理论联系实际,运用科学的方法探讨蝗灾成因,研究落实对策,特别是学生通过探究学习,充分理解了生态链的作用,提出了"蝗虫要留,蝗灾须灭"的防治蝗虫的措施,表明活动明显提高了青少年参与生物多样性保护的能力,培养了他们解决实际问题的能力,进而拓宽研究性学习领域,激发了学生的护林责任感。

## 案例五 缙云山竹林灭蝗记

| 活动名称 | 缙云山竹林灭蝗记 |
|---|---|
| 活动策划 | 洪兆春 张万琼 黄仕友 |
| 参加群体 | 高二学生 |
| 执行教师 | 西南大学附属中学 李辉 |
| 教育（活动）形式 | 调查,讨论,查资料,阅读,探究学习 |
| 合作馆校及部门 | 中国—欧盟生物多样性项目重庆示范项目办、重庆市环保局自然生态处、重庆市生态学会、缙云山国家级自然保护区管理局、重庆自然博物馆、北碚区林业局、西南大学附属中学 |
| 案例供稿 | 西南大学附属中学 李辉 |

【教育（活动）设计思路】

充分利用缙云山竹林蝗灾的现实资源,激发学生的护林责任感,引导学生在区林业局专家及本校专业教师的指导下,理论联系实际,运用科学的方法探讨蝗灾成因,研究落实对策,培养他们解决实际问题的能力,进而拓宽研究性学习领域,丰富研究性教学形式,活化研究性学习的实效。

【教育（活动）形式】

（1）课堂介绍蝗虫专业理论知识及蝗灾现实。

（2）组建兴趣小组,开展实地探究性学习活动。

【资源条件】

（1）图书馆、博物馆、网络资源。

（2）西南大学生命科学学院及北碚区林业局的专家指导。

（3）西南师大附属中学生物组教师。

【前期准备】

（1）教师依据课程教材及缙云山蝗灾现实激发引导学生,提供研究方向参考。

（2）学生自发组建研究兴趣小组,制订可行性研究方案和步骤,做好职责分工。

（3）做好活动开展过程中的安全防范。

（4）联系相关合作单位和部门,争取支持,保障合作方式。

（5）做好研究资料收集整理及研究成果汇总安排,加强研究的可操作性、实效性。

【活动过程】

　　缙云山作为国家级风景区，森林植被丰富，生物物种多样。但部分林区近年却遭受了蝗灾，眼见一片狼藉的林区，学生们自发组织了"缙云山竹林蝗灾"研究小组，利用周末和节假日实地勘察，走访民众，拜访专家，一探究竟。具体做法：

　　（1）小组成员通过查阅资料对蝗虫、蝗灾有一定的认识，国内蝗灾形成的原因主要表现在以下四方面：一是全球气候干旱少雨，适合蝗虫大量繁殖；二是人为过度放牧，造成草场退化；三是农药使用不当，使得生物多样性降低，蝗虫的天敌也随之减少；四是蝗虫的自我调节能力极强。四者综合，就形成了"蝗灾—退化、沙化—蝗灾加剧"的缙云山蝗灾原因是否和全国蝗灾形成原因一样呢？小组成员决定开展调查。

　　（2）小组成员到缙云山进行实地考察，采集样本，对缙云山蝗灾有了更深入的认识。

**野外调查蝗虫危害**

　　（3）小组成员对缙云山居民进行采访，了解到缙云山蝗灾历史以及他们所采取的灭蝗措施，发现当地老百姓对蝗虫的一些基本常识比较缺乏，如：对蝗虫的了解程度，基本上不了解；哪个时期最好消灭，不清楚；蝗灾发生前期以及蝗灾发生期周围环境的变化，不清楚；蝗灾产生的原因不清楚。只知道该地的蝗虫一直存在，今年特别严重。队员们对此忧心忡忡，决定对该地区相关责任部门走访调查。

**走访调查当地老百姓**

　　（4）小组成员对缙云山防虫办公室主任及相关工作人员进行采访，了解到缙云山蝗灾更多的信息以及他们所采取的措施；通过走访缙云山防蝗办公室主任、队员们得知：侵害缙云山竹林的蝗虫类别为黄脊竹蝗，他们采取的应急措施为：调查，监测，同林业局采取联防打药。取得初步成效，但后期的预防任重而道远。

走访调查当地行政主管部门和地方政府

（5）小组成员对资料进行汇总，初步得出缙云山特大虫灾的原因：去年天旱，暖冬，适合蝗虫产卵；今年六七月防治时期雨水多，导致药物流失。

（6）小组成员根据已有的资料提出了更多的灭蝗措施，主要是农业防治和生物防治两个方面。具体地说，农业防治包括：减少蝗虫的食物来源；减少蝗虫的生存地 ；减少蝗虫的产卵地。具体环节是挖蛹—打幼虫（包括液剂、粉剂）—用尿液和敌百虫混合诱杀成虫；生物防治包括：保护和利用当地蝗虫的天敌控制蝗虫；采用生物农药防治蝗虫；牧鸡和牧鸭防治蝗虫。学生们还根据蝗虫的身体结构提出了一些新的对蝗虫的开发和利用的一些意见：食品，药物，指示景观、指示生态环境、指示古气候、指示植被、指示矿藏等；依据蝗虫体内大量的糖、脂肪、蛋白质可以分解产生能量，作为生物电池；依据蝗虫的翅膀和外壳中含有丰富的纤维素来造纸等。小组成员的奇思妙想得到了指导专家的充分认可。

（7）小组成员通过探究得出的结论：蝗虫要留，蝗灾须灭。一方面蝗虫一旦消失了，其天敌会因此失去食物来源，生物链将遭到严重破坏。可见蝗虫不能被灭光，我们仍然需要它。另一方面我们要保护竹林，就必须控制它的数量，保证其"不起飞、不成灾"，也就是说我们必须消灭蝗灾，做到"早预测、早报道、早防治"，将蝗灾扼杀在摇篮中。

（8）学生们将结论反馈到防虫办公室，得到了相关部门的肯定。

（9）根据当地老百姓防虫意识较弱的状况，学生们积极开展了宣传活动，印发宣传资料，到村民家中走访，宣传科学防虫措施，帮助村民防蝗护林。

【活动效果】

第三方评估：北碚区林业局的相关专家，特别是防蝗办公室负责人充分肯定了学生们的护林意识，对学生们严谨的研究态度、专业的研究方式、科学的研究方法赞不绝口；今后他们也要自觉学习相关知识，防患于未然。

老师评价：生物教师认为学生通过这次活动，极大地激发了学生的学科学习兴趣，学生的表达能力、组织能力、研究能力、合作能力有了大幅度的提升。

学生家长反映：孩子们的环保意识极大增强，而且有效将课堂学习与社会实践紧密结合，孩子思考能力、动手能力等都有了明显提升。

学生反馈：通过兴趣小组的活动，对蝗虫有了全方位的认识，拓宽了视野，增强了自己实践的能力，明白了研究性学习的真谛。

**附：学生活动心得**

　　蝗虫尽管是世界毁灭性的农业大害虫，但是它作为维护生态平衡的一名成员，食物链中的一个重要分子，它的位置是不能替代的。因为一旦将蝗虫消灭殆尽将会引起一系列的连锁反应。我们可以设想一下，蝗虫如果在地球上消失了，那么其赖以为食的芦苇、茅草等植物将肆无忌惮地遍地横生，不久就侵占周围农田，直接与农作物竞争生存环境，到那时人们就会缅怀这位伟大的蝗虫了。由此可见，蝗虫不能被灭光，为了维护生态平衡、保护生物多样性，我们仍然需要它。

　　蝗虫固然要留，但是我们一定要控制它的生存数量，保证其"不起飞、不成灾"，也就是说我们必须消灭蝗灾。虽然蝗灾与水灾、旱灾并称为三大自然灾害，但是人类在对付蝗灾的预知性方面有着其他两个灾害无与伦比的优越性。水灾和旱灾属于气候性灾害，自然控制因素占到很大的比例，对人类而言，其可控性大大不如人类对蝗灾的控制。蝗灾属于生物性灾害，人类在实验室内就可以研究其特性，在野外对其跟踪监测就能预知它的发生动态。尤其是随着科学技术的进步，人类对蝗虫的一举一动更是摸得越来越清，结合现代的地理信息系统、全球定位系统以及雷达监测系统等高科技信息技术，我们就能提前对蝗灾的发生进行预测预报，做到"早预测、早报道、早防治"，将蝗灾扼杀在摇篮中。

　　蝗灾看起来很可怕但只要治理及时，人们还是可以在很大程度上控制蝗灾的。但是如果人类继续进行破坏环境的活动，继续对地球资源进行过度开采和利用，那么全球性的气候将会变得更加异常、旱涝灾害的发生会更为频繁，最终导致改造适宜蝗虫滋生繁衍的栖息地在短期内难以完成，势必造成蝗灾在部分地区还会长期存在。因此面对这些可怕的灾荒，我们每个人该做点什么了。

　　生态学告诉我们，人类不是地球上一切生命的中心。地球上的一切生命，包括人类在内都是地球"身体"的组成部分。因此我们要尊重地球就像尊重我们自己一样。我们关心自己也应关心一切生命的形式。大自然是大方慷慨的，她给了人类种种生存与发展的条件；大自然也是威严残酷的，她对无节制的索取必然给予无情的报复。让我们每个人都行动起来、共同努力、呼吁全人类停止破坏地球环境和生态平衡的活动，停止过度放牧和不适宜地利用土地资源等活动来热爱我们的大自然，保护我们的大自然，为我们每个人营造一个更加美丽、更加安宁、更加祥和的家园。相信不久的将来三大自然灾害的话题会令我们感到越来越生疏，它们所带来的惨重损失与恐怖景象也会离我们越来越遥远！

缙云山的上山公路两边,是郁郁苍苍的参天大树,这些树木中有人工种植的桉树、香樟树、银杏树,也有成片的楠竹林,天然生长的古木,其中不乏珍稀植物。

学校组织学生参与生物多样性保护教育活动,但苦于找不到一个可持续的教育活动项目。通过中国—欧盟生物多样性重庆示范项目办专家帮助,发现缙云山的这条绿荫走廊是青少年学生开展生物多样性保护教育的良好场地。公路两边植物资源丰富,但由于人为因素,不时有树木被破坏,案例执行学校与缙云山自然保护区合作,建立教育实践基地,在每届学生中都开展调查公路干道两旁树木特别是古树的活动,根据自己所测量的资料建立数据库,制作树牌,在树牌中标上该树的径围、冠幅等生物指标。并将调查数据制作为数据库提供给下一届学生使用。通过该活动不仅为树木建立一个保护档案,让孩子们看到大树的成长,同时也建立学校开展生物多样性保护教育活动的长效机制,为学校学生提供了持续参与生物多样性保护的机会。

## 案例六 我为缙云山行道古树建数据库

| | |
|---|---|
| 活动名称 | 我为缙云山行道古树建数据库 |
| 活动策划 | 洪兆春 胡长江 |
| 参加群体 | 王朴中学生物组全体学生 |
| 执行教师 | 重庆市北碚区王朴中学 陈渝德 周祖文 |
| 教育(活动)形式 | 野外调查记录、数据库建立,探究学习 |
| 合作馆校及部门 | 中国—欧盟生物多样性项目重庆示范项目办、重庆市环保局自然生态处、重庆市生态学会、缙云山国家级自然保护区管理局、重庆自然博物馆、重庆市植物园、西南大学生命科学院、重庆市北碚区王朴中学 |
| 案例供稿 | 重庆市北碚区王朴中学 陈渝德 周祖文<br>重庆自然博物馆 洪兆春 |

【资源条件】

(1)缙云山自然保护区管理局与植物园提供场地与环境。

(2)西南大学生命科学院生态学硕士导师及硕士生提供技术指导。

【前期准备】

(1)教师先到缙云山实地考察,并与缙云山国家自然风景管理局联系,商定考察线路,并由他们派出相关专家,进行指导。

(2)教师与西南大学联系,请他们在学生实地考察时派出硕士生,对各组学生分别指导。

(3)制订工作计划,购买测量、标牌所需的望远镜、皮尺、塑料薄膜等各种器材。

(4)请大学的硕士导师对参加活动的师生进行植物测量技能培训。

(5)由活动负责人对参加活动师生进行编组,并进行安全教育,提出组织纪律要求,交代学生野外考察注意事项。

【活动过程】

(1)考察前,由教师制订活动计划,用两个周末的时间,完成实地考察及挂牌活动。

（2）组建缙云山植物资源实地考察活动组。并将所有参加活动学生分为两个大组，每个大组又分为六个小组，每个小组由五人组成。在小组中五人分工如下：由两人测量，一人记录，一人观察指挥，一人摄影。

（3）在实地考察前进行相关培训。培训内容为：

1）请大学的硕士导师对参加活动的师生进行植物测量技能培训。

2）由活动负责人对参加活动师生进行编组，并进行安全教育，提出组织纪律要求。

（4）第一次实地考察。

1）考察路线。参加活动的学生分成两组，分别从缙云山大门到狮子峰两条旅游干线，由下至上地进行考察。

2）考察内容。调查内容主要是每棵树的 1 m 高处的径围、树冠面积等生物学指标，并对所调查的每棵树都进行分类和编号。

3）采集植物样本。选择特殊植物，采集样本，为制作标本做好准备。

4）人员分工。每组成员如下：一名缙云山科技工作者，一名科技教师，两名西南大学的硕士生，30 名学生。

（5）回校后，将调查所得的资料输入电脑，建立缙云山主核心区珍稀植物、古树及干道两旁树木数据库。

（6）利用采集的植物样本制作缙云山植物标本；根据所测得的数据，设计制作树牌。

（7）第二次实地考察。学生首先参观缙云山标本馆，然后仍按上次的编排，分成两组。每组按照自己的考察路线，根据编号，将制作好的树木标牌，一一对应地挂在树上。

【活动效果】

（1）建立了缙云山主核心区珍稀植物、古树及干道两旁树木数据库。数据库分为珍稀植物、古树及行道树三个类别。

本数据库在每年的考察活动中不断地补充和完善，并供学校师生长期使用。

（2）学生反馈。

学生赞同和喜欢在大自然中学习与探究，认为通过这类活动，学到很多课堂上学不到的东西，认识了许多珍稀植物。

（3）教师评价。

参加活动的学生，动手能力增强了，对生物学习也更感兴趣，学习成绩也有所提高。

（4）第三方评价。

管理局认为通过给道路边古树挂牌，有助于增加游客的保护意识，对普及生物多样性保护知识有积极意义。

测量古树树围

测量记录树木冠幅

为珍稀树木挂牌

　　每当我们听到"采蘑菇的小姑娘"这首童谣时，就会对山村孩子采蘑菇的快乐生活产生联想，到山上采蘑菇是山区孩子经常进行的活动，每每提到这些菇的时候，孩子们第一反应想到的是它们的美味，而忽视了毒蘑菇的存在。缙云山大型真菌较为丰富，目前调查共有153种，隶属43科98属。其中食用菌69种，药用菌53种，毒菌31种。有毒菌占到了19%，当地经常有误食毒菌的事件发生，特别是一些留守儿童，家中缺乏父母的照顾，发生危险的可能更大一些。

　　针对孩子们的现状，项目专家与学校在中国—欧盟生物多样性重庆示范教育项目办的支持下，合作开发校本课程编写校本教材，开展了寻找缙云山菌类的探究学习活动，让教师与孩子们通过探究学习认识常见菌类，识别部分有毒菌类，学习简单自救方法。同时让教师参与学习野生灵芝的人工栽培试验，了解菌类是林下资源产品，生长周期短，再生能力强，科学采摘将可永续利用，经济潜力大，菌类是未来食品工业、林业、制药工业、饲料工业、农业中最重要的研究和开发利用对象，是森林生物多样性中的宝贵财富。整个活动在培养保护意识、科学学习的基础上提高师生保护技能，同时让孩子们快乐、安全地走进大自然。

## 案例七　找蘑菇，辨毒菌
### ——寻找认识缙云山中常见菌类

| 活动名称 | 找蘑菇，辨毒菌——寻找认识缙云山中常见菌类 |
| --- | --- |
| 活动策划 | 洪兆春　易文华 |
| 参加群体 | 澄江小学、希望小学四年级学生 |
| 指导教师 | 北碚区澄江小学　唐廷波　殷华春 |
| 教育（活动）形式 | 形成兴趣小组，开展探究性学习活动 |
| 合作馆校及部门 | 中国—欧盟生物多样性项目重庆示范项目办、重庆市环保局自然生态处、重庆市生态学会、缙云山国家级自然保护区管理局、重庆自然博物馆、重庆市北碚区澄江小学 |
| 案例供稿 | 北碚区澄江小学　唐廷波　殷华春　李吉金<br>重庆自然博物馆　洪兆春 |

【教育（活动）内容】
　　（1）学习菌类分类知识。
　　（2）到缙云山探究寻找野生菌类。
　　（3）学习常见菌类识别方法、毒菌识别方法、自救方法。
　　（4）选定一种菌，观察它的生长，尝试人工栽培。

【资源条件】
　　（1）北碚区澄江小学、希望小学就在缙云山脚下，学生大多为缙云山本地居民后代。
　　（2）参加了重庆缙云山国家级自然保护区周边公众教育项目，课题给予了学校活动专项经费资助，编写了校本教材，教材中有专门的章节讲菌类植物。
　　（3）家中长辈对缙云山上的常见食用菌较熟悉，有食用野生菌类的习惯。

## 【前期准备】

（1）邀请专家，准备菌类识别手册。

（2）教师提前到山上寻找观察菌类的线路和地点，准备记录表格。

（3）准备放大镜、采集箱、培养皿等工具。

（4）做好学生外出探究前安全教育，邀请家长、校医参加活动。

## 【活动过程】

### 第一步　学校学习阶段

（1）编写校本课程，开发校本教材，在课堂讲述缙云山菌类分类知识，了解菌类的价值，理解菌类在生物多样性保护中的重要性。

（2）学习常见菌类识别方法、毒菌识别方法：

1）学会使用图鉴分辨菌类，强调不食用不熟悉的菌类。

2）毒菌识别方法："四看一闻一鉴别"。

一看生长地带。可食用的无毒菌类多生长在清洁的草地或松树、栎树上，有毒菌往往生长在阴暗、潮湿的肮脏地带。二看颜色。有毒菌菌盖颜色鲜艳，有红、绿、墨黑、青紫等颜色，特别是紫色的往往有剧毒。有毒菌采摘后一般很快变色。三看形状。无毒菌菌盖较平，伞面平滑，菌面上无轮，下部无菌托。有毒菌菌盖中央一般呈凸状，形状怪异，菌面厚实板硬，菌秆上一般有菌轮，菌托秆细长或粗长，易折断。四看分泌物。将采摘的新鲜野菌撕断菌秆，无毒菌的分泌物清亮如水（个别为白色），菌面撕断不变色；有毒菌的分泌物稠浓，一般呈赤褐色，撕断后在空气中易变色。五闻气味。无毒菌有特殊香味，无异味。有毒菌有怪异味，如辛辣、酸涩、恶腥等味。六是化学鉴别。取采集或买回的可疑菌，将其汁液取出，用纸浸湿后，立即在上面加一滴稀盐酸或白醋，若纸变成红色或蓝色的则有毒[①]。

3）学习自救方法。

食用菌类后如出现恶心、头晕、呕吐、看东西不明或幻视、幻听症状，应立即采取以下措施：一是立即拨打急救电话。二是及时前往正规医院治疗，万一来不及就医，应立即采用简易的方法进行催吐、洗胃、导泻处理，可大量饮用温开水或稀盐水，然后用汤勺等硬质东西刺激喉部，尽快排出体内尚未被吸收的残菌或减缓有毒物质的吸收，减轻中毒程度，防止病情加重。

### 第二步　学生组成兴趣小组，到缙云山开展探究学习

（1）确定小组长，带好相关记录和观察工具。

（2）邀请专家和家长参加野外观察探究活动。

（3）分小组确定观察点，对照工具书识别种类，观察菌类的生活环境，了解菌类不管

① 工作参考了以下文献 [1] 巩江，倪士峰，刘晓宇，吴一飞，仝瑛，张宁. 国产蘑菇科毒蕈药学研究概况[J]. 辽宁中医药大学学报，2009（09） [2] 杜秀菊，杜秀云. 毒蕈毒素及其应用[J]. 安徽农业科学，2010（13） [3] 卯晓岚. 中国毒菌物种多样性及其毒素[J]. 菌物学报，2006（03） [4] 黄红英，骆军，卞杰松，黄玉兰. 致幻蘑菇及其毒素[J]. 湘南学院学报，2006（05） [5] 朱元珍，张辉仁，祝英，蒲凌奎，蒲训. 古今毒蘑菇识别方法评价[J]. 甘肃科学学报，2008（04）[6] 邓旺秋，李泰辉，宋斌，何洁仪，毛新武. 广东已知毒蘑菇种类[J]. 菌物研究，2005（01） [7] 陈作红，张志光. 蘑菇毒素及其中毒治疗（Ⅰ）——鹅膏肽类毒素[J]. 实用预防医学，2003（02） [8] 黄红英，陈作红. 蘑菇毒素及中毒治疗（Ⅲ）——裸盖菇素[J]. 实用预防医学，2003（04） [9] 张富丽，宁红，张敏. 毒蕈的毒素及毒蕈的开发利用[J]. 云南农业大学学报，2004（03） [10] 菌类的辨别、食用常识及中毒自救方法[J]. 农家之友，2013，07：44.

有毒还是无毒，在大自然中都是必不可少地存在，学习欣赏菌类多样性的美丽。

（4）使用课堂学习知识"四看一闻一鉴别"，初步判断野外观察到的是食用菌还是毒菌，教师特别提醒学生注意，看到菌类植物时，未经许可不能乱动。

（5）在教师或家长的帮助下，选择一株食用菌跟踪观察菌的生长，并把观察到的现象记录下来。

### 缙云山常见菌类观察表

| 名称 | | | | | 观察者 | | |
|------|------|------|------|------|------|------|------|
| 时间 | 1 周 | 2 周 | 3 周 | 4 周 | 5 周 | 6 周 | … |
| 菌盖 | | | | | | | |
| 菌柄 | | | | | | | |
| 菌环/菌托 | | | | | | | |
| 我的发现 | | | | | | | |

（6）小组成员间相互讨论，增加对菌类植物的了解。

**第三步　教师参观学习缙云山野生灵芝栽培试验，学习野生菌类栽培技术，为下一步带领学生开展活动奠定基础**

【活动效果】

通过该系列活动，培养了学生们的思考能力和动手能力，教师和学生的生物多样性保护意识得到了加强，保护技能得到了提高，通过编写校本教材，也让活动得以持续开展，让关怀留守儿童活动落到了实处。

在枯树上找到了云芝

老师教孩子识别野生菌类

　　观鸟活动起源于西方国家，已经有上百年的历史，该活动趣味性强，行为高雅，有益于身心健康，现在已经发展成为一种世界性的时尚户外活动。缙云山被国际观鸟界公认为中国亚热带鸣禽的最佳观赏地，也是许多鸟类迁徙过境地。带领学生开展观鸟活动，了解常见鸟类的名称，熟悉常见鸟类的鸣叫声，观察鸟类的形态及取食、栖息、繁殖、迁徙等行为，了解鸟类与环境的关系，可以获得相关鸟类保护的知识，培养学生健康的课余生活方式。户外观鸟活动可以帮助学生学习野外调查记录的一般方法和户外活动的基本要求。通过走进大自然聆听鸟鸣、拍摄鸟类照片等观鸟活动的亲身情感体验，感受自然的美妙，潜移默化地熏陶学生关爱生命、关注生物多样性保护，保护生物多样性、保护环境的意识。为更好地推进生物多样性保护教育发挥积极的作用。

## 案例八　聆听鸟儿的歌唱
### ——户外观鸟活动

| | |
|---|---|
| 活动名称 | 聆听鸟儿的歌唱——户外观鸟活动 |
| 活动策划 | 洪兆春　张万琼　黄仕友 |
| 参加群体 | 初中一、二年级学生 |
| 执行教师 | 西南大学附属中学　马特 |
| 教育（活动）形式 | 校本课程教育活动、户外探究学习 |
| 合作馆校及部门 | 中国—欧盟生物多样性项目重庆示范项目办、重庆市环保局自然生态处、重庆市生态学会、缙云山国家级自然保护区管理局、重庆自然博物馆、西南大学附属中学 |
| 案例供稿 | 重庆自然博物馆　李小英<br>西南大学附属中学　马特 |

【教育（活动）内容】
　　（1）在校本课程教学实践中帮助学生学习户外观鸟的基本方法和要求。
　　（2）组建兴趣小组，到缙云山户外观鸟，聆听鸟鸣。
【资源条件】
　　（1）重庆自然博物馆有丰富的鸟类标本，可以帮助学生识别常见鸟类；
　　（2）缙云山国家级自然保护区可以看到不同环境的鸟类，听到鸟类丰富的鸣叫声；
　　（3）中国—欧盟生物多样性重庆示范项目相关专家指导和经费支持。
【前期准备】
　　（1）教师在专家帮助下，实地考察缙云山鸟类资源。
　　（2）组建学生兴趣小组。
　　（3）准备必要的野外工作设备如望远镜、变焦照相机、录音笔、记录本等。
【活动过程】
　　（1）完成校本课程鸟类相关教学内容帮助学生了解户外观鸟基本知识（包括户外活动安全常识）。
　　（2）学校成立了研究性学习小组，带领学生在校园寻找鸟类，让学生能够辨认出常见鸟类。
　　（3）到博物馆对照鸟类标本，学习用鸟类图鉴认识鸟类。

（4）带领学生到缙云山开展系列探究学习活动。

活动一：邀请户外观鸟专家参加活动，培训教师，实地勘察，确定带学生上缙云山观鸟线路。

活动二：沿前期勘探好的线路带领学生以 1～3 km/h 的速度行走，在不惊扰鸟类的距离范围内观察记录。

鸟类野外观察记录表

| 时间 | 地点 | 环境 | 观察目标名称 | 观察目标基本形态（文字描述、绘图、照片） | 观察目标发出的鸣叫声（文字描述、录音资料） |
|---|---|---|---|---|---|
|  |  |  |  |  |  |

活动三："聆听鸟儿表演的森林音乐会"，带领学生进入森林，静静聆听林中鸟儿的歌唱和其他来自大自然的声音，同学间互相交流分享。

活动四：根据野外调查的数据（拍摄的照片、录制的鸟鸣、绘制的图片、文字记录的特征等），参考网络和工具书资料，制作电子书，放到学校网站供全校师生观看学习。

活动五：动员学校更多学生参与户外观鸟，组织鸟类摄影比赛。

【活动效果】

通过该系列活动，学生在知识方面能够概述缙云山自然保护区常见鸟类的形态特征；了解了鸟类与缙云山自然保护区环境相适应的形态结构特点，树立了生物与环境相适应的观点；能力方面学生学会野外观鸟的基本方法，学会使用鸟类图鉴识别部分常见鸟类，学会了使用望远镜、长焦数码相机、录音笔等设备，特别是学习了野外记录方法，培养了学生的观察能力和分析、归纳问题的能力；情感方面通过上述活动，学生对走入大自然的探究学习产生了浓厚兴趣，培养了学生热爱大自然、关心生物多样性保护的感情，观鸟从兴趣小组活动逐步扩大影响到全校师生以及学生的家长，对宣传生物多样性保护起到了积极的作用。

学校组织鸟类摄影展

参加活动师生合影

两栖爬行动物是缙云山国家级自然保护区动物多样性的重要组成部分，调查缙云山两栖爬行动物，开展生物多样性评价，是生物多样性保护与管理的基础和重要手段。

西南大学附属中学结合青少年创新人才培养雏鹰计划、环境与可持续发展教育、生物教研活动、研究性学习等工作，建立了两栖爬行动物学研究团体——重庆市蛇蛙记研究会，以高中生为主体，也有其他中小学师生，还有部分高校研究生、本科生，围绕缙云山两栖爬行动物多样性调查及种群现状评价方面开展工作，对缙云山国家级自然保护区的两栖爬行动物多样性及种群现状（含贸易调查、外来物种入侵）作出评价。加深学生对生物多样性、种群、群落、生态系统、生态环境的保护、外来生物入侵等知识的理解和巩固，掌握样方法（生境植物）、样线法和标志重捕法（两栖爬行类）等调查种群密度和物种丰度。培养观察、访问、摄影、采集、制作、数据处理、分析评价、写作等实践能力，养成自主探究的习惯。培养团队合作精神，以及根据课题收集信息、整理资料的能力。强化学生环保意识。

## 案例九  缙云山两栖爬行动物调查

| | |
|---|---|
| 活动名称 | 缙云山两栖爬行动物调查 |
| 活动策划 | 洪兆春  张万琼  黄仕友 |
| 参加群体 | 西南大学附属中学、重庆市清华中学校等中学初高中师生，西南大学、重庆大学、重庆师范大学等高校大学生及研究生，重庆缙云山、金佛山、阴条岭等国家级自然保护区工作人员 |
| 执行教师 | 西南大学附属中学  罗键 |
| 教育（活动）形式 | 形成学生社团，开展研究性学习活动 |
| 合作馆校及部门 | 中国—欧盟生物多样性项目重庆示范项目办、重庆市环境保护局、重庆市林业局、重庆市动物学会、重庆市生态学会、重庆缙云山国家级自然保护区管理局、重庆自然博物馆、重庆两江志愿服务发展中心、重庆市青少年创新学院、西南大学重庆市三峡库区生态环境与生物资源国家重点实验室培育基地 |
| 案例供稿 | 西南大学附属中学  罗键 |

【教育（活动）内容】

（1）学习两栖爬行动物分类知识。

（2）学习常见两栖爬行动物识别方法、毒蛇识别方法和蛇伤处置方法。

（3）到缙云山调查两栖爬行动物。

（4）整理缙云山两栖爬行动物资料，编制缙云山两栖爬行动物初步名录，撰写缙云山两栖爬行动物调查报告。

【资源条件】

（1）西南大学附属中学位于缙云山（巴山）麓、嘉陵江（渝水）畔，不少学生为当地居民后代。

（2）参加了洪兆春老师主持的中国欧盟生物多样性重庆示范教育项目，项目给予了学校活动专项经费资助，编写了校本教材，校本课程中有两栖爬行动物专题讲座。

（3）执行教师罗键主持中国欧盟生物多样性重庆示范项目办两栖爬行动物专项调查，主持重庆两栖爬行动物多样性研究和中国蛇类名录修订。

【前期准备】

（1）邀请专家，准备两栖爬行动物鉴别资料。

（2）提前到山上寻找两栖爬行动物的调查线路和地点，准备记录表格。

（3）准备蛙袋、蛇袋、采集棍、采集网、相机、GPS、酒精等。

（4）做好外出调查前安全教育。

【活动过程】

**第一步　学校学习阶段**

（1）编写校本教材，开发校本课程，在课堂讲述缙云山两栖爬行动物分类知识，了解两栖爬行动物的价值，认识两栖爬行动物在生物多样性保护中的重要性；

（2）学习常见两栖爬行动物识别方法、毒蛇识别方法和蛇伤处置方法。

**第二步　学生组成学生社团重庆市蛇蛙记研究会，到缙云山开展探究学习**

（1）确定小组长，带好相关记录和观察工具。

（2）邀请专家和保护区工作人员参加野外调查。

（3）分小组确定调查样线，对照工具书识别种类，观察两栖爬行动物生活环境，了解两栖爬行动物不管有毒无毒，都是大自然中不可或缺的物种，学会鉴赏两栖爬行动物。

（4）调查方法。两栖类和爬行类资源调查同时进行。由于两栖爬行类生境和活动时间的特殊性，及活动的季节性，因此，调查时应针对其代表性生境和时间段。调查方法主要采用样线法进行。由于缙云山地形比较复杂，只能在调查区域可到达的地区设计样线。样线单侧宽度为 10 m，步行调查，平均速度控制在 2 km/h 左右。在样线范围内，采取目视遇测法（Visual encounter surveys），运用感官在调查区域内搜索两栖爬行类信息，包括动物实体（活体和尸体）、痕迹（蛇蜕、粪便、洞穴、卵）；并对每条样线的不同时段重复调查两次。同时，也通过观察、采集样本来记录两栖爬行类的数量和种类，并详细记录样线内的生境类型等。调查过程中，分别对护林员、有经验的当地居民及进山游客进行访问，以"非诱导"的方式，而后凭咨询导师、查阅资料和实地考察确定访问到的物种。

调查前，先查阅相关文献资料和地形图，大致了解保护区内自然条件和自然资源现状，根据保护区的海拔、植被、生境、动物的生态习性、季节的特点，确定多条长度不等的具有代表性、随机性和可行性的调查样线。调查以样线法为主，辅以访问调查法等。在两栖爬行动物活动的高峰期进行外出观察和采集标本，调查时间包括白天及晚上（白天 9：00～12：00，下午 14：00～17：00，晚上 20：00～23：00），夜间调查采用照明工具（头灯、强光电筒）寻找，调查路线包括林间小路、公路及湿地，特别留意路线两旁的枯叶堆、石块下、倒木下、树皮下、树洞、石洞、水体等两栖爬行动物喜欢躲藏的小生境；调查过程特别留意无尾类的鸣声，以物种的独特鸣声进行辨认，或根据鸣声寻找实体鉴定。发现两栖爬行动物后，在野外直接鉴别，并拍下活体照片作记录，亦尽量对每一物种，特别是未能在野外鉴定的物种采集少量标本，用 75%酒精保存。做好缙云山两栖爬行类记录（表）。

### 缙云山两栖爬行类记录表

| | | | | | |
|---|---|---|---|---|---|
| 观察（采集、访问）数量 | | | 日期 | | |
| 观察（采集、访问）地点 | | | | | |
| 海拔 | | 湿度 | | 酸碱度 | |
| 气温 | | 水温 | | | |
| 生境类型 | | | | | |
| 生活习性及特征 | | | | | |
| 学名 | | ♂ | | ♀ | |
| 地方名 | | 亚成体 | | 幼体 | |
| 附记 | | | | | |
| 观察（采集、访问）记录人 | | | | | |

（5）小组成员间相互讨论，合作整理资料，增加对两栖爬行动物的了解。

**第三步**　在实验室通过比对形态、测量数据等开展两栖爬行动物鉴定，编制缙云山两栖爬行动物初步名录，为下一步撰写缙云山两栖爬行动物调查报告奠定基础

### 缙云山两栖爬行动物初步名录

| 序号 | 中文名 | 拉丁学名 | 备注 |
|---|---|---|---|
| | | 两栖纲 | |
| 1 | 中华蟾蜍华西亚种 | *Bufo gargarizans andrewsi*（Schmidt，1925） | 有毒 |
| 2 | 中华蟾蜍指名亚种 | *Bufo gargarizans gargarizans*（Cantor，1842） | 有毒 |
| 3 | 斑腿泛树蛙 | *Polypedates megacephalus*（Hallowell，1860） | |
| 4 | 粗皮姬蛙 | *Microhyla butleri*（Boulenger，1900） | |
| 5 | 饰纹姬蛙 | *Microhyla ornata*（Duméril and Bibron，1841） | |
| 6 | 峨眉林蛙 | *Rana omeimontis*（Ye and Fei，1993） | |
| 7 | 中国林蛙 | *Rana chensinensis*（David，1875） | |
| 8 | 湖北侧褶蛙 | *Pelophylax hubeiensis*（Fei and Ye，1982） | |
| 9 | 黑斑侧褶蛙 | *Pelophylax nigromaculatus*（Hallowell，1860） | |
| 10 | 沼水蛙 | *Hylarana guentheri*（Boulenger，1882） | |
| 11 | 绿臭蛙 | *Odorrana margaretae*（Liu，1950） | |
| 12 | 花臭蛙 | *Odorrana schmackeri*（Boettger，1892） | |
| 13 | 泽陆蛙 | *Fejervarya multistriata*（Hallowell，1860） | |

| 序号 | 中文名 | 拉丁学名 | 备注 |
|---|---|---|---|
| | | 爬行纲 | |
| 1 | 鳖 | *Pelodiscus sinensis*（Wiegmann，1834） | |
| 2 | 蹼趾壁虎 | *Gekko subpalmatus*（Günther，1864） | |
| 3 | 北草蜥 | *Takydromus septentrionalis*（Günther，1864） | |
| 4 | 蓝尾石龙子 | *Eumeces elegans*（Boulenger，1887） | |
| 5 | 铜蜓蜥 | *Sphenomorphus indicus*（Gray，1853） | |
| 6 | 黑脊蛇 | *Achalinus spinalis*（Peters，1869） | |
| 7 | 锈链腹链蛇 | *Amphiesma craspedogaster*（Boulenger，1899） | |
| 8 | 绞花林蛇 | *Boiga kraepelini*（Stejneger，1902） | 有毒 |
| 9 | 翠青蛇 | *Cyclophiops major*（Günther，1858） | |
| 10 | 赤链蛇 | *Dinodon rufozonatum*（Cantor，1842） | |
| 11 | 王锦蛇 | *Elaphe carinata*（Günther，1864） | |
| 12 | 玉斑锦蛇 | *Elaphe mandarina*（Cantor，1842） | |
| 13 | 紫灰锦蛇 | *Elaphe porphyracea*（Cantor，1839） | |
| 14 | 黑眉锦蛇 | *Elaphe taeniura*（Cope，1861） | |
| 15 | 黑背白环蛇 | *Lycodon ruhstrati*（Fischer，1886） | |
| 16 | 虎斑颈槽蛇 | *Rhabdophis tigrinus*（Boie，1826） | 有毒 |
| 17 | 黑头剑蛇 | *Sibynophis chinensis*（Günther，1889） | |
| 18 | 华游蛇 | *Sinonatrix percarinata*（Boulenger，1899） | |
| 19 | 乌梢蛇 | *Zaocys dhumnades*（Cantor，1842） | |
| 20 | 福建丽纹蛇 | *Calliophis kelloggi*（Pope，1928） | 有毒 |
| 21 | 短尾蝮 | *Gloydius brevicaudus*（Stejneger，1907） | 有毒 |
| 22 | 原矛头蝮 | *Protobothrops mucrosquamatus*（Cantor，1839） | 有毒 |

注：本名录分类系统依据《中国动物志》。

【活动效果】

通过该活动，提高了学生们的观察能力、思考能力和动手能力，增强了师生的生物多样性保护意识和技能，编写校本教材则让活动得以持续开展，并在活动过程中探究发现缙云山新的未知物种。

学生沿缙云山保护区公路观察两栖爬行动物

学生跟随专家夜晚野外调查两栖爬行动物

　　观赏植物是城市园林重要组成部分。一般通过引进外来适生植物和开发利用乡土植物来获取。乡土植物具有适应性强、资源广、易栽培，能够反映地域植被特征和文化传承的优势。缙云山自然保护区植物资源十分丰富，有许多物种都可以作为园林植物配置的苗选。随着城市化进程加快，对园林植物的需求量增加，有些不法商人雇人到自然保护区大量盗挖野生植物，对自然保护区生物多样性的保护造成影响。

　　学校师生在缙云山管理局专家和西南大学教授的指导下，选择缙云山的乔灌木植物，根据其观赏类型不同（观树形类、观叶类、观花类和观果类）进行了分类调查，并选择蔷薇科的部分植物进行了人工繁育对比试验，并进行园林化栽培。通过野生植物人工繁育，可以提供种苗满足市场需要，减少对自然保护区野生植物的挖掘行为，保存种质资源，是乡土物种保护的有效方法，也是对青少年进行生物多样性保护技能教育的有效途径。

## 案例十　野生植物的人工园林化栽培

| | |
|---|---|
| 活动名称 | 野生植物的人工园林化栽培 |
| 活动策划 | 洪兆春　胡长江 |
| 参加群体 | 高、初中各班选派 2～5 名学生参与 |
| 执行教师 | 重庆市北碚区王朴中学　余学平　陈渝德　蒋丽等 |
| 教育（活动）形式 | 探究学习、实验种植 |
| 合作馆校及部门 | 中国—欧盟生物多样性项目重庆示范项目办、重庆市环保局自然生态处、重庆市生态学会、缙云山国家级自然保护区管理局、重庆自然博物馆、西南大学生命科学学院、王朴中学 |
| 案例供稿 | 重庆市北碚区王朴中学　余学平　谢文华<br>重庆自然博物馆　洪兆春 |

【教育（活动）内容】

　　（1）在缙云山管理局专家帮助下通过文献资料检索和野外调查的方法对缙云山乔灌木植物分类整理。

　　（2）组建兴趣小组，在学校开展野生植物园林栽培试验。

【资源条件】

　　（1）学校地处重庆花木之乡，学校学生家庭基本家家种园林花木，学生有一定基础。

　　（2）缙云山国家级自然保护区有丰富的植物资源。

　　（3）西南大学、中国—欧盟生物多样性重庆示范项目相关专家指导和经费支持。

【前期准备】

　　（1）教师在专家帮助下整理资料。

　　（2）组建学生兴趣小组。

　　（3）在学校开辟一块地用于栽培试验，将试验所需土壤做成长宽为 200 cm×70 cm 的长方形插床，使插床高出地面 20 cm，床与床之间留出宽为 30 cm 的浅沟，插前暴晒一周。

　　（4）准备好实验所需的锄头、圆木棍、透明的塑料薄膜；量筒、玻璃槽、生根粉、甲基托布津可湿性粉剂、高锰酸钾、氧化乐果等。

生根液：国光牌生根粉按一定浓度加水配制，用于浸泡插穗。

高锰酸钾溶液：高锰酸钾按一定浓度加水配制用于试验地消毒。

甲基托布津悬浊液：甲基托布津可湿性粉剂按一定比例加水配制用于插穗灭菌消毒及插床管理。

（5）野外采集一年生到二年生的蔷薇科植物健壮、无病虫害枝条与种子。将采集来的枝条运到试验地旁于荫凉处进行修剪，分为嫩枝（主枝及侧枝顶部嫩梢）和硬枝（主枝中下部健壮枝），截取长度 10～20 cm，把插穗下部枝叶以及腋芽剪去，下切口为斜面，上切口平面，切口平滑。将修剪好的插穗立即用托布津液灭菌消毒。按硬枝、主枝嫩枝、侧枝嫩枝分开打捆，每捆 30 株。

【活动过程】

（1）学校成立了研究性学习小组，带领学生到图书馆、大学博物馆查阅野生植物园林栽培文献；

（2）对缙云山可用于园林栽培的植物分类整理[1]。

表 1　对缙云山可用于园林栽培的植物分类表

| 园林栽培目的 | 选择标准 | 植物名称 | 园林用途 |
|---|---|---|---|
| 观树形类 | 树形雄伟壮丽、树冠整齐、树体端庄、形状美观者。以生长快、适应性强的树种为好 | 楠木、银木、厚朴、夜香木兰、鹅掌楸、四川含笑、四川厚皮香、四川大头菜、红豆树、四川山矾、灯台树等 | 此类植物多用于行道树、庭荫树和孤植树 |
| 观叶类 | 具有优美叶形或叶色植物 | 锦鸡儿、台湾相思、枫杨、七叶树、鹅掌柴、鹅掌楸、三角枫、枫香树、十大功劳、香椿、臭椿、山杜英、山麻杆、山乌桕、枫香树、连香树、白栎、盐肤木、无患子、野漆树 | 此类植物在园林绿化中应用极为广泛，特别是具有叶色变化的树种，可以极大地丰富园林景观的观赏性 |
| 观花类 | 具有亮丽花形和花色的植物 | （1）红、粉色花：龙牙花、红山茶、七姊妹、日本晚樱、钟花樱、湖北海棠、紫荆、杜鹃花、红翅槭、鸦头梨等<br>（2）黄色花：石海椒、锦鸡儿、连翘、迎春花、忍冬、金钟花、黄花夹竹桃<br>（3）蓝、紫色花：蓝花楹、绣球、木槿、大叶醉鱼草、紫穗槐等<br>（4）白色花：梓树、木曼陀罗、厚朴、金樱子、木瓜红、白辛树 | 观花树木在园林中具有多种用途，除可用做孤植树、庭荫树、行道树外，也可作花篱或风景林用，还可依其特征布置为专类园 |
| 观果类 | 植物有鲜艳的果色或奇特的果形 | （1）红色果：火棘、樱桃、绒毛红果树、接骨木、枸杞、山桐子、栒子等<br>（2）黄色果：薄果猴欢喜、枇杷、柑橘等<br>（3）蓝、紫色果：紫珠、火炭母、过路黄等 | 园林中配置植物，盆景类植物 |

---

① 学生科普活动参考了以下文献：

[1]何定萍，王红娟. 重庆乡土植物资源及园林应用初探[J]. 园林科技信息，2005（4）：9-11.

[2]重庆市植物园. 重庆缙云山植物志[M]. 重庆：西南师范大学出版社，2005.

[3]艾乔，张平. 缙云山观赏植物资源及在园林绿化中的应用[J]. 中国园艺文摘，2013（5）：85-87.

（3）到缙云山管理局和西南大学参观野生植物人工栽培试验地，学习人工栽培方法；

（4）在专家帮助下，选定蔷薇科的部分野生植物进行人工繁育试验，扦插前试验地用高锰酸钾液杀菌消毒，土壤均匀喷水；插穗按不同浓度浸泡处理。为了让学生真正掌握繁育栽培技术，采用对比试验的方法，首先将同种植物分成两大组，一组用种子繁育，一组用扦插的方法繁育；扦插的一组又根据生根液浓度（0—M1，2 500—M2，5 000—M3，7 500—M4，10 000—M5）、插穗类型（主枝嫩枝—Z1，硬枝—Z2，侧枝嫩枝—Z3）、土壤基质（沙土—T1，紫色土—T2，腐殖土—T3），分组对比试验。

1）不同基质上不同浓度对照。

表 2　不同基质上不同浓度对照　　　　　　　　　　　　插穗类型：Z2

| | 0 | 2 500 | 5 000 | 7 500 | 10 000 |
|---|---|---|---|---|---|
| 沙土 | T1 M1 | T1 M2 | T1 M3 | T1 M4 | T1 M5 |
| 紫色土 | T2 M1 | T2 M2 | T2 M3 | T2 M4 | T2 M5 |
| 腐殖土 | T3 M1 | T3 M2 | T3 M3 | T3 M4 | T3 M5 |

2）同一基质上不同插穗对照。

表 3　同一基质上不同插穗对照　　　　　　　　　　　　土壤基质：T2

| | 主枝嫩枝 | 硬枝 | 侧枝嫩枝 |
|---|---|---|---|
| 2500 | Z M2 | Z2 M2 | Z3 M2 |
| 5000 | Z1 M3 | Z2 M3 | Z3 M3 |

（5）管理。在生物教师、科技教师的协调下，将生物课外活动小组的成员按 5 人一组共分成 6 组。分别轮流对试验地进行管理，扦插和种植后注意浇透水，插床用竹、木搭成 1 m 高的拱棚，并覆盖透明的塑料薄膜。注意保温保湿，防病防虫，隔日对插穗喷雾水，每隔 7 天用托布津液喷雾灭菌，并注意防止地下害虫，若有红蜘蛛等可用氧化乐果液喷雾杀虫。随时根除杂草，待幼苗长成移入学校花园栽培，1 年生扦插苗冠幅达 20 cm×30 cm。

（6）生态指标的测定。学生分组中两组负责观察测定种子繁育试验中的各种生态指标，另外四组负责观察测定扦插繁育试验中的各种生态指标，每周观察测定两次并进行记录。

（7）活动结果。蔷薇科植物引种后，在师生的共同努力下，生长健壮，适应性强，观花赏果，枝形奇特，极具观赏性；通过对比试验，发现蔷薇科植物扦插、种子繁殖成活率都较高。在扦插繁育中，植物对土壤基质的要求不严；生根液浓度以 5 000～10 000 处理为宜；枝条选择以硬枝为好；扦插季节以冬季较佳。在种子繁育中，沙土发芽率最高。

【活动效果】

专家评估：西南大学生命科学学院的专家及相关的科研人员，对王朴中学野生植物人工引种繁育试点基地实施的蔷薇科植物人工引种繁育试验进行了全程跟踪，认为整个实验科学严谨，学生的科研氛围浓厚，科研能力较强，采集的试验数据真实可信。

学生反馈：通过对学生的访谈，同学们赞同这种学用结合的教育活动方式。一方面可将所学的生物多样性理论知识运用于实践，另一方面，在实践探究活动中更容易巩固基础，掌握技术。学习有成功感，科研有成就感，摒弃了枯燥无味的学习，调动了学生学习积极性，学习探究的兴趣更浓厚。

老师评价：通过该系列活动，学生在知识方面了解了缙云山自然保护区植物的多样性，了解了植物与其生活环境的关系；从技能方面学习了野生植物人工栽培的方法，基本掌握了扦插和播种繁育植物技术；通过对比试验，学生掌握了探究学习的方法，分析、解决问题的能力提高，整个活动过程中学生从野外采枝采果到培育成功幼苗、看到幼苗长大，学生学习了知识，收获了探究试验的喜悦，关心自然保护区生物多样性的感情油然而生。

插穗浸泡生根液处理

记录分析扦插生长数据

　　北碚区蔡家场小学原来位于乡村，但随着学校周边两江新区开发建设工作的加速，城市化进程的加快，乡村环境快速变化，不可避免地影响到当地植被，特别是一些古树。经调查，北碚区有名木古树 631 株，其中保护等级一级 5 株，保护等级二级 32 株，保护等级三级 564 株，名木 30 株。学校教师通过参加重庆缙云山国家级自然保护区周边公众教育课题，学习了解了保护生物多样性的重要意义，在课题专家及经费支持下，教师们带领学生对学校周边开发区的古树木进行了调查记录，并向当地政府部门提出保护古树建议，向古树周边居民发出保护古树倡议书，通过拯救古树的行动，培养学生关注生物多样性保护、热爱大自然的情感，提高其保护生物多样性的能力。

## 案例十一　拯救古树快行动
### ——开发地区古树调查及保护宣传活动

| 活动名称 | 拯救古树快行动——开发地区古树调查及保护宣传活动 |
|---|---|
| 活动策划 | 洪兆春　龙海潮　庹有敏　王启洪 |
| 参加群体 | 蔡家场小学学生兴趣活动小组 |
| 执行教师 | 重庆市北碚区蔡家教管中心　陈伟　龙海潮　张德虹　龙明伟 |
| 教育活动形式 | 形成课外科学兴趣小组，开展探究性学习和实地调查活动 |
| 合作馆校及部门 | 中国—欧盟生物多样性项目重庆示范项目办、重庆市环保局、重庆自然博物馆、北碚区蔡家岗镇政府（重庆市西里蚕种场 陈家举人大院 原 119 中学等）、重庆市北碚区蔡家教管中心 |
| 案例供稿 | 重庆市北碚区蔡家教管中心　陈伟<br>重庆自然博物馆　洪兆春 |

【教育（活动）内容】
　　（1）对学生进行培训，了解什么是古树及保护古树的知识。
　　（2）走访古树旁居住的老人，了解古树年轮、生长和保护情况。
　　（3）实地调查了解当地古树保护现状，对古树进行胸径、直径、高度、经纬度等的测量。
　　（4）向当地政府部门提出保护古树建议，向人们发出保护古树倡议书。
【资源条件】
　　（1）学校教师参加了"重庆缙云山国家级自然保护区周边公众教育项目"培训，得到了项目专家和经费支持，成立了课题团队。
　　（2）随着城市开发进程的加快，学校周边有大批亟待保护的古树资源。
　　（3）重庆市北碚区蔡家场小学科学组课题教师团队，教师们积极参与保护活动。
【前期准备】
　　（1）组建实践调查活动指导教师队伍，落实参与实践调查活动的四个兴趣小组。
　　（2）学生参与活动之前，对此项活动涉及的教育者，包括博物馆的专家、科研人员、科技教师以及活动的组织者进行课程活动设计与组织的相关培训。
　　（3）设计此项调查活动的问卷、活动主题标语、人员的分组分工和安全等事宜。
　　（4）准备实地调查活动需要的工具：卷尺、相机、标本夹、剪刀、纸、笔、标杆、GPS定位仪、古树调查日志单。
　　（5）对学生进行古树野外测量基本方法及记录的培训，同时开展外出调查安全教育。

【活动过程】

**第一阶段 学习与考察活动**（2010 年 9 月 11 日、12 日）

（1）组织参与活动的学生，到博物馆参观，在专家的带领下，观看各种植物标本，认识各种植物。

（2）带领学生对学校周边古树进行测量及记录。

1）胸径测量：组织学生先用排队手拉手的方式对古树的胸径大小进行初步估测，用这种形象、具体、有趣的方法感知古树的大小；再用准备的皮尺工具进行古树胸径实际大小的测量，并做好测量数据的记录。

2）直径计算：根据测量的胸径实际数据，利用 $C = \pi d$ 这一公式，计算出古树的直径长度。

3）高度测量：先采用目测法，估测古树的高度；再组织学生采用影子比例测量法对古树高度进行测量，即把标杆和古树并行排列，量出标杆和标杆影子长度，再用比例的方法计算出古树的高度。

4）GPS 定位：在教师的帮助下，对古树进行生长位置的 GPS 定位，记录下古树的经纬度。

我们的考察记录单：

古树记录单

时间： 第 小组

| 类别 | 考察数据记录 | 备注 |
|---|---|---|
| 胸径 | | |
| 直径 | | |
| 高度 | | |
| GPS 定位 | | |

（3）留存古树样本活动。

1）古树叶的采样：让学生找来古树掉落的叶子进行观察，先认识叶的特征，再把叶形以画画的方式记录下来。

2）拓印古树纹理：组织学生拿出准备好的白纸和蜡笔，贴在古树表皮进行古树表皮纹路的拓印，观察拓印纹路特点，从表皮纹路上了解古树生长特征。

3）找寻古树果实：组织学生在古树周围的草丛中找寻它的果实，观察果实的特征及结构。进行画图记录。

（4）留存古树身影。

在教师的指导下，让学生对给古树拍照，留下它们亮丽而独特的身影。

**第二阶段 整理开发前后古树数据，将对比数据上报政府部门，联系相关部门开展保护活动**（2010 年 9 月中下旬）

（1）组织学生交流、整理实地调查资料，讨论、分析古树的作用。

走访、请教古树旁居住的老人，了解古树栽种历史和保护情况。

（2）查询资料，了解开发前后古树受保护情况。

经过到园林、林业部门查询，了解到蔡家岗镇登记在册的古树有近百棵，然而，随着这几年新城镇开发，有近 20 来棵古树受到移栽或破坏。

（3）古树的保护宣传。

将我们实地考察古树数据和保护古树倡议书交相关政府部门，建议开展古树保护活动；与开发办、开发商交流，倡议开发不忘保护古树；在古树周边开展宣传活动的，发放宣传资料，动员大家重视古树保护和积极参加古树保护拯救行动。

【活动效果】

通过该系列活动，学生在知识方面能够概述古树、名木的基本概念，能够在户外寻找到古树名木，能识别学校周边的古树名称，清楚了古树的价值；能力方面，学生学会留存古树样本、学会了调查记录方法——填写古树调查日志，特别是学会用标杆按比例测算树高、使用 GPS 定位古树位置等户外工作方法。活动培养了学生的观察能力和分析、归纳问题的能力；情感方面通过上述活动，学生对保护古树、保护生物多样性、保护生态环境产生了浓厚兴趣，培养了学生热爱大自然，关心家乡物种保护的感情。

学校开发了古树保护校本课程和教材，让一届届的学生能够持续得到保护知识教育；学生在家里完成的实践作业、所画的古树图画及所制工艺品、所写的感想、发出的倡议书、宣传资料等将古树保护宣传活动，从学生逐步延伸扩大影响到全校师生以及学生的家长、政府相关部门及开发商，对宣传生物多样性保护起到了积极的作用。

户外调查古树

测量古树名木　　　　　　　古树名木保护校本教材

# 第三章 精彩课堂，带领学生理解"生物多样性"

    开展青少年生物多样性保护实践活动，科学概念的传播与行动同样重要。生物多样性是指地球上生物圈中所有的生物，即动物、植物、微生物，以及它们所拥有的基因和生存环境，多样性包含三个层次：物种多样性、遗传多样性、生态系统多样性。青少年学习理解生物多样性概念，课堂是最好的科学传播环境，从知识、能力、情感、态度和价值观全面培养学生生物多样性保护素养，把握好课堂教学环节是关键。

    生物多样性保护在小学科学、初中、高中生物课程中都有章节讲述。让学生深入理解生物多样性保护概念，不仅需要科学、生物课有良好的课堂教学氛围、素质全面的教师、学生在教学中的良好状态、科学、合理的教学内容、恰当的教学模式、方法和手段，还需要整合语文、数学、美术等多学科教育力量，在多学科中进行渗透教育，提高课堂教育中学生的参与度，营造宽松和谐自然的课堂氛围，延展学生的课堂视野，引领学生关注生物多样性保护，关注社会生活中生物多样性保护存在的问题，积极行动加入生物多样性保护的队伍。

在对儿童的生命科学教育中，生物多样性教育具有重要意义。生物多样性基本概念一般分为物种的多样性、生态系统的多样性和遗传（或基因）的多样性。其中遗传（或基因）的多样性因"身"处微观世界，较为"隐蔽"，儿童学习理解较为困难，所以教学可以通过直观观察、统计分析等方法引导儿童理解遗传多样性的"显性"表现形式，包括指纹、手指的活动能力、五官特征等。同时也可以通过模拟的方式，分析理解那些遗传多样性相对"隐性"的科学概念，如对遗传中的血型由来、性别由来等。再通过运用我们的感觉器官，理解生物器官对人（生物体）的重要意义，促进儿童对遗传多样性，乃至对生命体的关注，激发他们探究生命科学的兴趣。

## 案例一　生命的独特与精彩
### ——遗传多样性的学习与理解

| | |
|---|---|
| 案例名称 | 生命的独特与精彩——遗传多样性的学习与理解 |
| 活动策划 | 洪兆春　陈维礼　李雨霖 |
| 参加群体 | 小学中高年级学生 |
| 执行教师 | 重庆市北碚区朝阳小学　李健 |
| 教育（活动）形式 | 课堂教学 |
| 合作馆校及部门 | 中国—欧盟生物多样性项目重庆示范项目办、重庆市环保局、重庆市生态学会、重庆自然博物馆、重庆市北碚区朝阳小学 |
| 案例供稿 | 重庆市北碚区朝阳小学　李健 |

### （一）奇妙的指纹

【教学目标】

**过程与方法**

（1）通过学生的亲身体验和调查，分析人体的指纹特点，并能够为指纹分类；

（2）用统计的思想来分析问题，学会用简单的方法进行统计。

**知识与技能**

（1）知道每个手指的指纹是不相同的，每个人的指纹也不相同，指纹有许多用途；

（2）通过观察，了解指纹的特点；学会用自己的标准对指纹分类；

（3）通过对指纹的统计，学会统计的研究方法。

**情感、态度与价值观**

（1）让学生初步体会到世界上每一个人都是不同的；

（2）认识指纹在科学和生活中有重要的应用。

**教学过程设计**

**1. 创设情境，引入研究**

（1）课件演示：香港特别行政区的身份证上，在输入个人的资料同时还加上了个人的指纹资料；山东省在高考考生的准考证上也加印了指纹；介绍指纹锁。

（2）播放一段录像：公安机关根据指纹破获案件。

（3）谈话：我们每个人都有指纹，你们了解指纹吗？你想研究关于指纹的什么问题呢？

（4）让学生提出有关问题，把问题写在黑板上，引导学生分析哪些问题可以在课堂上解决，该怎样解决。

**2．研究指纹**

（1）观察指纹。

1）问题：你的指纹是什么样的？你用什么方法来看清自己的指纹？

①眼睛看；

②用放大镜看；

③用粉笔灰拓印；

④用铅笔或水彩笔拓印；

⑤用印泥拓印。

2）介绍用铅笔拓印的方法：

①用铅笔反复在纸上涂抹；

②把手指放在铅笔印上摩擦；

③用透明胶带纸覆盖在有铅笔印的手指上；

④把胶带纸揭下来贴在干净的白纸上。

（2）自由选择问题研究。

1）让学生自主选择研究问题，以小组为单位进行研究。

谈话：我们小组选择研究哪个问题？（每组选择一至两个简单问题，教师可进行指导）如：你的各个手指的指纹一样吗？指纹的大小一样吗？你和同学的指纹一样吗？脚趾有指纹吗？

2）小组讨论、商量、确定研究的方法。

3）综合问题一进行观察研究，边研究边记录。

4）汇报小组研究的成果。

（3）引导统一研究指纹的分类。

1）谈话：大家对指纹都进行了研究，你看到的指纹都是什么样子的？你能描述出来吗？

2）提问：你们组的指纹可以分为几类？按什么分的？每类的特点是什么？你们能试着给取个名称吗？

3）谈话：每个人的指纹都各不相同，每个手指的指纹也都不一样，能不能根据指纹的大体形状给它分类呢？

4）学生分组活动，可选择自己组喜欢的方式进行记录。

5）教师提供记录的参考表格。进行汇报交流，展示记录情况，汇报分类结果；进行讨论，选择一种大家认为比较合理的分类方案。

（4）按照分类，统计小组内同学的指纹。

1）谈话：指纹虽各不相同，但是按照大体形状我们已经分了类，你们小组分了哪几类指纹？把你们小组的指纹按类别进行记录，每类有多少个，这叫做统计。下面就请你们对自己小组的指纹按分类进行统计。

2）指导学生设计统计表格，并提出：怎样才能做到又快又准，不重复统计也不遗漏哪一个？

　　3）学生活动。

　　4）展示和交流，分享他人的统计成果，体会统计的方法，并认识指纹的分布规律。

　　3．拓展活动

　　（1）对课内没研究的问题，大家可以在课后继续研究，并把你们的研究成果写出来。

例如：

　　①你的指纹是更像你的爸爸，还是更像你的妈妈？

　　②人长大了，指纹会变吗？

　　③双胞胎的指纹一样吗？

　　（2）人们是如何利用指纹的特点来解决问题的？

　　鼓励学生课后进一步了解指纹的用途。

　　**（二）不同的五指**

【教学目标】

　　（1）通过体验操作，学生继续了解手这个器官的特征。

　　（2）在活动中感受到每个人身体器官的不同。

　　（3）激发对身体中手这个器官了解的兴趣。

【教学活动过程】

　　1．**引入**

　　师：同学们，我们每个人身体上都有两个宝，你知道是什么吗？

　　师：朗诵儿歌：人有两个宝，双手和大脑，双手能做工，大脑会思考，动手又动脑，才能有创造。

　　师：双手就是我们两个宝之一，你对自己的双手了解多少呢，今天我们通过几个小活动来认识自己的手。

　　2．**活动体验一**

　　师：手有五个指，可以去掉一两个吗？让我们试一试：将拇指控制住不动，然后用手去取身边的物品，如拿笔、打开文具盒。

　　生：体验将手指的拇指控制不动，然后去拿身边的物品。

　　交流自己的感受。

　　师：如果五个手指都被控制或者合为一体，会是怎样的一种情况呢？教师提供给学生透明胶带，然后完成一些手工操作。

　　生：操作并交流自己的感受和认识。

　　3．**活动体验二**

　　师：请同学跟老师一起来感受手的特别：张开五指，闭合五指。然后从拇指到小指依次分开，再从小指到拇指也试试。感受一下哪些操作你是可以的，哪些做起来很困难。

　　生：跟着老师一起体验手指分开的活动。

　　生：讨论小组成员完成操作情况。思考是怎么回事？

　　师：展示老师的操作，告诉学生，老师可能也会遇到的困难或完不成的操作，原因不是谁能干与否，这是父母亲就决定了你的动作。

**4．再体验**

师：操作两个手相互交叉的习惯，看看大家是一样的吗？

生：体验，观察。

**5．拓展**

我们的运动都有哪些特别之处，自己可以多试试，找出来，更充分地认识自己的双手。回家和父母玩玩这些动作，看看你们会有一样的动作吗？

**（三）我们的五官**

**【教学目标】**

（1）过程与方法。

观察自己与身边的伙伴的五官，发现相同与不同。

（2）知识与技能。

通过观察或体验了解与周围伙伴五官上的异同，知道人的五官具有多种特征。

（3）情感、态度与价值观。

让学生初步体会到世界上每一个人都是不同的，人的五官也是多种多样的。

**【教学过程设计】**

**1．创设情境，引入研究**

师：出示两个同学的照片。认识他们吗？

生：说出同学的名字。

师：为什么大家知道是这两个同学。谁是他们的好朋友，你如何向你的家长介绍你的好朋友。

老师出示一些明星的照片，说说你认识这些人吗，他是谁？为什么你准确地认出了他们。揭示课题：我们的五官。

**2．观察五官**

（1）观察眼皮。

师：我们的眼睛都有个保护"装置"——眼皮。你听说过眼皮有哪些特征？

生：分为单双眼皮。

师：看看小组内伙伴的眼皮，统计下你们小组成员的眼皮是哪一种。

生：互相观察，进行记录。

师：全班汇总。说说你对眼皮的看法。

（2）观察耳垂。

师：在我们的生活中有种说法叫"大耳朵有福"，虽然这个说法没有依据，但是我们从中了解到人的耳朵是有大小之分的。耳朵还有什么特点呢？看看小组伙伴的耳朵，你能给他的耳朵画张轮廓图吗？特别注意他的耳垂大小。

生：观察同伴的耳朵，画轮廓图。

师：展示大家的图，并请绘画人介绍观察对你的耳朵特征。

生：介绍自己的同伴。

师：整理有无耳垂的数据。

（3）特殊的表情。

1）舌头的运动。

师：舌头可以帮助我们说话，可以帮助我们在口腔内搅拌食物，但是你知道每个人的舌头还有什么特别之处吗？

师：让我们来体验一个，做一个有趣的运动：示范卷舌头，朝上，朝下，朝左，朝右。

生：体验卷舌头。

2）面部运动，特殊的表情。

### 3．讨论

你从今天的五官观察活动中收获了什么？你对人的五官有了什么认识？你觉得世界上有第二个你吗？

### （四）有趣的变化

【教学目标】

（1）过程与方法。

混合两种颜色，观察其变化情况。听老师讲解理解血型的奥秘。

（2）知识与技能。

通过对颜色混合变化的认识，理解血型多样的特征。

（3）情感态度目标。

体验色彩混合的变化，激发了解人体内血液奥秘的兴趣。

【教学活动过程】

### 1．引入

师：老师今天来上一节特殊的美术课。我带来了三种颜料，请你混合其中两种，看看会呈现什么特征。

### 2．混合颜料活动

师：请一位同学来领取一张白纸，用笔蘸取两种颜色的颜料进行混合然后展示给大家。记得给下一位同学洗干净笔哟。

生：领取器材，随意选择两种进行混合。然后站到讲台上展示给大家观看。

师：对选择颜料进行分类统计，同样色彩颜料的同学进行集中展示，看看他们的色彩是一样的吗，有较大差别的吗？小结：有的混合只是较小的改变，还是这种颜色，有的混合就发生了较大的改变，出现新的颜色了。

### 3．理解血型的奥秘

师：其实我们每个人的血型也有一些类似的特征。我们的血型主要分为 A、B、AB 和 O 型。

师：图示讲解。A、B 两种血型的爸爸妈妈生的宝宝就可能是 A 型的，也可能有 B 型的，还可能有 AB 型的。看看，是不是跟我们的颜料变化有些类似。

（其他特殊血型的简介）

师：了解血型的一些奥秘，人们就可以使用这些奥秘解决人类健康的一些问题。例如，大家知道有的病人因为大量失血，就需要输血，这时候血型就是很重要了，要适合的血才能输入病人的体内。简介输血时血型的选择。

**4．拓展**

了解家人的血型都有哪些。

**（五）为什么我是男孩或女孩**

（1）过程与方法。

以乒乓球建立模型，促进学生理解随机选择两种事物的概率，从而理解父母染色体是如何决定人的性别。

（2）知识与技能。

理解随机选择两种事物的概率关系，从而理解父母染色体是如何决定人的性别。

（3）情感、态度与价值观。

正确看待人的性别；激发对人生命的好奇心。

**1．引入**

师：在我们班上有多少男生，多少女生？

生：汇报。

师：同学们知道为什么你是男生或是女生吗，在妈妈的体内怎么决定了你的性别？让我们能通过小游戏来揭示这个秘密。

**2．体验游戏**

师：展示游戏的材料，一个袋子里是两个黄色的乒乓球，一个袋子里是一个黄色乒乓球和一个白色乒乓球。规则是：请同学们依次抓取两个乒乓球，但是一个袋子里取一个，看看我们得到什么样的答案。也请一个同学把结果记录在表里。

生：排队参加抓取乒乓球的活动。并记录下每一个同学抓得的结果。

师：整理所有的数据：看看呈现两个黄色乒乓球的有多少个同学，呈现一黄一白的有多少个同学。

**3．我们的性别来历**

师：其实今天这个简单而有趣的活动就揭示了我们性别的奥秘。我们每个人的身体中都有一种特殊的东西叫染色体，其中男性的身体里有一对是 XY 来表示，而女性是 XX 来表示，这对染色体就决定着我们的性别。与今天这个游戏一样，如果爸爸的染色体中 X 与妈妈染色体中的 X 在一起，组成的染色体是 XX，所以妈妈生下的就是女孩，也就是我们的女同学了。如果是爸爸染色体中的 Y 与妈妈染色体中的 X 在一起，组成的染色体就是 XY，也就是男同学了。

一个有趣的问题：以前的人都靠体力生活，所以喜欢男孩。没有生男孩的时候一家人就可能埋怨妈妈。通过今天的学习，你知道决定生男生女应该是谁？

生：爸爸。

同时我们也看到，生男孩子和生女孩子的机会是非常接近的。所以每一个人的性别是自然决定的，都是一样的。

**4．拓展**

向你的家人介绍今天的秘密，特别告诉还有重男轻女的家长应该知道男孩女孩都一样，是自然规律。

（六）五官游乐场

**1．教学目标**

（1）让学生充分体验各种感官的功能和局限性。感悟综合运用各种感官进行观察的重要性。

（2）让学生在一个开放、自主、充满矛盾的环境中发现问题、提出问题。

（3）培养学生的规则意识。

**2．教学重点**

体验各种感官的功能和局限性。

【教学难点】

让学生按游戏规则进行活动。

**1．教学用品准备**

（1）手区：在纸箱上剪一个洞（只可以把胳膊伸进去），箱内有：柚子、带叶子的菠萝、玻璃瓶（里面可以装一些温水）。

（2）眼区：苹果（有不同颜色）、桃酥饼（有香味，好吃的食品）、小摩托车（会动的东西）。

（3）耳区：小鼓、琴、空瓶子（能发出不同的声音）。

（4）鼻区：梨汁、醋、酒精、酱油（有不同的气味）。

（5）口区：麻辣片、山楂片、有花生味的点心、洋葱（有不同的味道，有各自香味的东西）。

**2．教学过程设计**

（1）引导活动。

今天，我们来到阶梯教室上科学课。大家先观察一下阶梯教室。然后说一说你观察到了什么？在回答这个问题的时候，要说出：我叫＿＿＿＿＿＿，我在阶梯教室里观察到＿＿＿＿＿＿，我是通过（感官）观察到的。只要没人发言你就可以站起来发言，如果有同学发言大家要认真听这个同学发言。

通过第一单元的学习，大家都知道了我们可以通过各种感官来观察世界。今天，我们在一个非常有趣的地方——"五官兄弟"游乐场进行游玩，（出示课件："五官兄弟"游乐场）在这里进一步体验五种感官的作用。

（2）学习游乐场的规则。

既然是游乐场就有游乐场的规则，我们先来看一看游乐场有什么规则。（出示：游乐场的规则）

游乐场活动规则：

1）每个小组必须顺着游乐路线行走，不能逆行。

眼睛区、手区、耳区、鼻区、舌区。

2）游乐场内要轻声细语，互相合作，互相帮助。

3）每个游乐区活动时间为 5 min。

4）游乐时必须及时把自己的收获、提出问题填到记录表上。

在游乐场的五个游乐区也有各自的游乐规则，请大家认真阅读规则、理解规则，这样才能在活动过程中遵守规则。

眼睛游乐区规则：

只能用眼睛进行观察，只记录用眼睛观察到的所有内容。

鼻子游乐区规则：

只能用鼻子嗅瓶口散出的气味，猜测瓶子里面是什么物体。

手游乐区规则：

手区在箱子里面。只能把手伸进箱子里观察。偷看箱子里的东西就会减少游戏的乐趣。

耳朵游乐区规则：

①组员蒙上眼睛。

②组长用不同的物体发出声音，组员猜猜是什么物体？发音的物体在哪里？

舌游乐区规则：

①组员蒙上眼睛，捏住鼻子。组长拿出食品让组员尝一尝，让组员说出食品的味道，猜一猜是什么？

②再让组员松开鼻子尝尝东西的味道，比较和捏鼻子时的感觉有什么不同。

（3）学生进行五官游乐活动。

布置入场：下面，各组分开活动。第一组从眼区开始，第二组从手区开始，第三组从耳区开始，第四组从鼻区开始，第五组从舌区开始，各组长到讲台上来领记录表。

学生在游乐区活动时，指名一个学生掌握时间，提醒学生交换场地。教师要巡回指导，解决学生活动中发生的问题，提醒学生遵守活动规则，提醒学生及时记录收获和问题。

（4）讨论和整理。

好，刚才大家到五官游乐场进行游玩，体验了五官的作用。各组讨论一下你们在游乐场中有什么收获，产生了什么问题。把活动中的感受整理一下。指名学生发言，教师及时对学生的发言进行评价。

【活动效果】

儿童拥有与生俱来对自己身体的好奇心及其探究欲望，例如：我为什么是男孩（或女孩）。《生命的独特与精彩》遗传多样性主题系列教育活动满足了儿童的这种好奇心和探究兴趣，提供了可以观察的五官，可以亲身体验的手指活动以及能够理解的趣味模型游戏等主题活动。他们通过经历有趣的观察及实践活动，感受了生命体的独特及生命遗传过程中的有趣现象。当学习活动结束时，他们会高兴或深有感触地同同伴或老师交流：我要看看手指分开的样子是像爸爸还是妈妈；我想知道我们一家人都是哪些血型；原来生孩子的妈妈不能决定孩子是男的还是女的……这些活动促进了学生对遗传多样性相关科学概念的理解，激发了他们关注并继续探究生命科学的热情。

　　地球是所有生物共同的家园，不同的地区都生存着不同的生物，它们使地球生机勃勃。不同的生物有不同的策略适应环境，使自己能够顺利生存繁衍。"红蛙"易捉"青蛙"难捕这个探究活动提供给学生丰富的生物与环境的事例，让学生在理智上了解不同生物采取不同的自我保护的策略，在情感上喜爱这些"聪明"的生物。这有益于学生理解与建构生物与生物、生物与环境相互影响、相互制约的关系，有益于学生增强生物多样性保护的积极性。学生会了解到动物和植物都不是所在生存空间的"逆来顺受"者，而是积极的适应者，感受到"物竟天择，适者生存"的道理，进而为学生逐步构建"进化论"这一生命科学领域的基础概念提供丰富的事实例证和前概念元素。

　　本活动主要的探究方法为模拟实验，它是科学实验研究中重要且基本的一种方法，能够在现实条件有限的情况下帮助研究者理解并发现科学规律。在本活动前，不少学生已经从电视、书籍等途径了解到不少生物保护自己避免被天敌捕捉的方法，但是，这些方法真的有效果吗？具有质疑精神的学生会存有疑问。通过这个活动对青蛙体色保护效果的模拟研究，学生了解到一种解决心中疑问，检验书本知识的方法。这种方法是一扇窗，具有探索精神的学生，通过本次的研究，有机会想出更多检验动物保护自己方法的模拟实验并进行探究，这也是本活动设计的意义之一，这次活动为学生提供了这样一个机会和一种思路。

　　通过参与《"红蛙"易捉"青蛙"难捕》这一活动。学生在理解"生态平衡"这一概念时，认识更为全面，他们不会片面地认为动物和植物都是上一层级猎食者送上口中的猎物，他们会更容易明白为什么在捕食者众多的险恶环境中生物能够顺利生存繁衍下去，他们更容易明白"生态平衡"是一种动态的平衡，"生态失衡"在很多情况下，只要我们人类努力，也是可以恢复"平衡"的。同时，他们对"生物多样性"的经验也会更为丰富，他们会惊叹于大自然神奇而巧妙的构造。

## 案例二　　"红蛙"易捉"青蛙"难捕
### ——探究"生物怎样保护自己"

| 活动名称 | "红蛙"易捉"青蛙"难捕<br>——探究"生物怎样保护自己" |
| --- | --- |
| 活动策划 | 洪兆春　陈维礼　李雨霖 |
| 参加群体 | 小学五年级学生 |
| 执行教师 | 重庆市北碚区朝阳小学　张艳红 |
| 教育（活动）形式 | 课堂教学，模拟实验，讨论，阅读 |
| 合作馆校及部门 | 中国—欧盟生物多样性项目重庆示范项目办、重庆市环保局、重庆市生态学会、重庆自然博物馆、重庆市北碚区朝阳小学 |
| 案例供稿 | 重庆市北碚区朝阳小学　张艳红 |

　　自然界中，动植物间存在着复杂的食物关系。如何保护自己，避免被天敌捕食，从而维系种群的繁衍呢？这是摆在每个生物面前的难题。不同的生物各有怎样的应对策略呢？大家一起来研究一下吧。

【教育（活动）内容】

小学五年级科学课上的活动。先通过模拟捕蛙人捕捉不同体色的蛙来感受保护色能够有效地保护动物免遭捕食。然后通过观看短片和阅读短文的方式进一步了解自然界各种生物的自我保护本领。

【资源条件】

（1）网络资源《植物的防身术》、《动物的护身术》（书籍、网络资源、师资、大学、科研院所资源等）。

（2）学校在该活动中积累了丰富的经验，可以自制模拟实验材料。

【前期准备】

（1）工具和仪器准备。

每组：青蛙颜色作用模拟实验记录表，1 张 500 cm×60 cm 的绿色皱纹纸，20 个绿点（绿纸搓成），20 个红点，秒表。

每人：其他动物保护自己的方法记录表。

（2）知识准备。

青蛙颜色作用模拟实验方法指导，阅读材料。

（3）相应资源的准备。

网络资源《植物的防身术》、《动物的护身术》。

【活动过程】

1. 情境引入，了解想法

师：同学们，我们以前学习了食物链和食物网，我们知道了生物和生物之间有复杂的食物关系。可是，被捕食者肯定不愿意被自己的天敌吃掉，它们必须想办法保护自己，避免被它的天敌捕捉到，才能够生存下来。为了生存，动物有哪些办法保护自己呢？

生：在记录表上写下自己所知道的。说说自己知道的动物自我保护方法，如变色龙改变体色、壁虎断尾自救等。

2. 模拟研究

（1）观察图片，发现问题。

师：下面我们就要来具体研究一种动物保护自己的方法。请同学们看大屏幕，这是好几幅图片，我问你们，第一眼看到的是什么？

生 4：荷叶。

师：你呢？

生 5：荷花。

生 6：中间左边那幅图片是池塘里的水。

师：我们第一眼看到的是荷花、荷叶和水。刚才很多同学仔细看，发现了一种动物，它是什么？大家一起说。

生齐说：青蛙。

师：对。是我们仔细看了之后才发现的。这里每一幅图片里都有青蛙，可是它没有荷花荷叶那么醒目，那么青蛙是用什么办法来保护自己的呢？

生 7：利用自己身体的颜色。

（2）模拟实验，检验想法。

师：它利用这种方法真的能保护自己不被天敌发现吗？我看到不少同学和老师一样有点疑问，今天我们来做一个模拟实验，看一看青蛙身体的颜色到底能不能对他的生存有帮助。（出示实验指导）

我们用这张绿色皱纹纸代表青青的池塘，每个小组领 20 个红点代表红色蛙，还有 20 个绿点代表青蛙，先把绿点均匀撒在皱纹纸上，一个同学扮演捕蛙人，一次只能捕捉一只蛙，直到 20 只蛙都捕捉完，另外一个同学在旁边记录他捕捉 20 只青蛙一共用了多长时间；捉完之后呢，再把代表红蛙的红色点均匀撒在"池塘"上，同样一只一只捉起来，这时和捕捉"青蛙"的是同一个人，同样要记录时间，比较同一个同学捕捉"青蛙"和捕捉"红蛙"所用时间到底有什么差别呢？这个实验我们要重复三次，由三个不同的同学来各承担一次，还有一个同学计时。如果你们实验很快的话也可以重复四次。听明白没有？想一想，我们的实验还有哪些地方不清楚？

生：阅读大屏幕指导方法并思考。

师：老师都已经把秒表调到能够直接使用的位置了，你只要按右边的键开始和停止计时，按左边的键清零就行了。再强调一下要点，第一，"捕蛙人"一次只能捉一只蛙；第二，我们比较的时候是同一位同学比较他捉"青蛙"和捉"红蛙"的时间差别。这是实验的两个关键点。清楚了吗？

生：清楚了。

师：好。依次请各小组材料员到前边领取实验材料和记录单。领到材料后四人小组就可以开始行动了。

生：依次有序领取材料并实验。

师：巡视指导。

### 3．证据呈现及讨论

（1）青蛙的保护色。

师：请同学们做两件事情，一是收拾并归还材料，二是（出示提示性讨论问题），这是讨论问题，请你们思考，讨论后把你们的实验结果和结论写在小组实验记录单上。现在开始行动。

提示性问题：

①捡拾红点和绿点的时间相比，哪个更短？

②在捡拾过程中，你感觉哪种颜色的圆点更容易被认出来？

③如果让你到池塘边捉红蛙和青蛙，你认为哪种蛙更容易被捉到？

④青蛙颜色作用的模拟实验说明了什么？

⑤你知道还有哪些动物利用青蛙的这种方法保护自己吗？

生：归还材料并讨论。

师：我们小组内可能还有一些争论，不要紧，我们全班一起讨论来解决我们这些问题。首先，捡红点和捡绿点哪个用的时间更短？这样，请捡了红点比绿点时间用的更短的同学举手，我们一起来数一下，1、2、3…28，一共 28 个同学。请捡绿点比捡红点用的时间短的同学举手，1、2、3…14。请放下手。根据全班的结果来看，你有什么发现？

生 9：我们小组发现，除少数外，捡绿点比捡红点慢。因为实际情况下不是每一个人的视力都是一样的。他捕蛙的速度和绿色还是红色相关，他分辨的能力不一样。

师：哦，你还分析了一下可能的原因，我们为什么有的同学捡绿点比捡红点快，非常好。就是说我们班多数同学，二比一的比例哟，捡红点更快，是吧？那么呢，总的来说，你认为青蛙更容易捕捉呢还是红蛙更容易捕捉？

生齐说：红蛙。

师：那就是说青蛙的颜色对它还是有些保护作用的啊。那么，做完这个实验之后，根据全班的结果，你有什么结论？你有什么看法？

生10：我觉得青蛙的体色还是有一点效果的。

生1：我认为青蛙是用自己的颜色来伪装自己，来保护自己。

（2）有保护色的动物。

师：经过我们全班的实验和讨论，我们认为青蛙还是比较难以捕捉的。像青蛙这样具有和生活环境相似的身体颜色，叫做保护色。大家想一想，我们生活环境中，我们所知道的，还有哪些动物也是依靠保护色来保护自己的？

生15：枯叶蝶是因为枯叶是那种深色的和周围颜色很像，来保护自己。

生16：竹节虫的身子是绿色的，它趴在竹子上会不容易被敌人察觉。

生17：变色龙也是这样。它可以随着环境颜色的变化而跟着更改自身的颜色。

生8：就是还有斑马。斑马有一种不同，它们要成群的跑动，会出现那种很不一样的混淆的颜色，让狮子等食肉动物不敢靠近。

师：哦，原来它是更高层次的保护色。

（3）了解更多的动物护身术。

师：刚才同学们也提到了，动物有多种方法来保护自己，不单是保护色这一种。现在我们再来集体了解一下动物还有哪些保护自己的方法。我们一起来看一个短片。请大家看短片的时候也同样把你的笔拿起来，如果你看到新的知识呢，把它记在你自己的《动物保护自己方法记录表》上。（播放《奇妙的护身术》）

生：观看短片并记录。

### 4. 结论及共识

师：下面请四人小组简单地交流一下你们的收获。

生：四人小组交流并总结。

### 5. 拓展和挑战

师：刚才我们一直在研究动物保护自己的本领。植物也是生物，植物它不会跑又不会动，它是不是就是"逆来顺受"的受害者呢？植物有什么办法保护自己呢？现在张老师请同学们阅读一篇短文，《植物的防身术》，请大家认真阅读，如果你认为哪儿有收获的话，用笔画一画。

生：分发《植物的防身术》并阅读。

【活动效果】

在模拟活动前，只有部分学生从课外阅读中知道个别种类的动物具有自我保护的本领。经过模拟实验，学生真实感受到了保护色可以有效地帮助青蛙隐藏自己，通过阅读，学生进一步了解了动植物多种防身本领。他们明白了动植物之间存在着捕食与反捕食的关系，各种各样的生物之间相互制约，相互制衡，共同生活。学生在活动中对生态平衡，生物多样性的意义了解得更加深刻。学生的科学概念从片面零散扩展为系统丰富。

学生反馈：同学们表示赞同和喜爱这节课的活动，认为通过学习，对不同的生物保护自己的方法有了了解，对生物多样性有了新的认识。

老师评价：生物教师感觉到 5 年级 5 班课外知识丰富，动手能力强，思维活跃。

活跃的课堂

红蛙绿蛙游戏

七年级的学生对大自然中的生物并不陌生，从小学的自然课，中学的思想品德课、生物课等科目的学习中，他们对生物多样性有了一定程度的认识。一方面，他们意识到地球上多种多样生命的存在，但另一方面，他们缺乏对生命价值的探索和思考。对生物多样性的保护，必须使学生认识到生命平等原则，正如每一个人都有生存的权利一样，每一种生物都应拥有这个最基本的权利。结合中学思想品德课，开展相关主题教育，了解生存是每一种生物的基本权利。让学生懂得珍爱自然界的一切生命，培养和树立人与自然界的所有生命相互依存，和谐共处的生态道德观。

## 案例三　生命金字塔

| 活动名称 | 生命金字塔 |
|---|---|
| 活动策划 | 洪兆春　孔林 |
| 执行教师 | 重庆第二十四中学　牟阳 |
| 参加群体 | 初中二年级学生 |
| 教育（活动）形式 | 课堂教学、开展探究性学习和活动、辩论会、倡议活动 |
| 合作馆校及部门 | 中国—欧盟生物多样性项目重庆示范项目办、重庆市环保局、重庆市生态学会、重庆自然博物馆、重庆第二十四中学 |
| 案例供稿 | 重庆第二十四中学　牟阳<br>重庆自然博物馆　洪兆春 |

【教育内容】

（1）老师利用思想品德课，让学生了解自然界中的多种生命现象，并利用图片找出他们各自的生命特征。

（2）辩论会："人类生命的价值是否高于其他生命？"学生得出结论并从中认识到生物生存是自然赋予的权利。

（3）通过制作生命金字塔，让学生了解每一种生物都对生态系统的平衡与稳定发挥着自己特有的重要作用。

（4）指导学生讨论，在日常生活中，我们应该怎么保护生物的多样性？向学生发出倡议。

【资源条件】

（1）重庆第二十四中学校园是抗日战争时期国民政府军需学校旧址，学校内古树参天，山岗池塘交错，有丰富的动植物资源。

（2）学校参加了ECBP重庆缙云山国家级自然保护区周边公众教育科研课题，学校教师接受了生物多样性保护知识培训，组织了"生物多样性全校行"活动，学生能在老师的引导下，从自己身边的小事做起，认真地参与活动。

【前期准备】

（1）准备相应工具：思想品德教科书、笔、"生命的金字塔"卡片。

（2）准备相应知识：尊重生命和保护生命的教学知识点，什么是生物多样性，倡议书。

（3）辩论活动准备：设想学生正反双方的论点，引导学生正确思维。

**【活动过程】**

**1. 探究发现——自然界的生命现象**

以小组为单位，开展课前调查与收集相关的信息，在初一思想品德课上，组织学生看教科书第2～3页的"观察与感受"中的五张照片（沙漠中的植物、孕育中的婴孩、显微镜下的细胞组织、草原上的雄狮、大海中的鱼类）。思考照片所反映的自然景象或生命现象。

学生小组讨论他们的生命表现有什么不同？每张照片中的生命都有什么样的特征？

（1）沙漠中植物——代表着顽强的生命。

（2）孕育中的婴孩——代表着需要特别呵护的生命。

（3）显微镜下的细胞组织——代表着微小而古老的生命。

（4）草原上的雄狮——代表着凶猛、强悍的生命。

（5）大海中的鱼类——代表着水下多彩、美丽的生命。

学生展示课前收集的图片信息，说明自然界里生命的表现形式是多种多样的，它们起源于几亿年前，从微小的单细胞动物发展到庞大的脊椎动物，从低等植物到高等植物，从单一的为数不多的物种发展到今天的成千上万种多姿多彩的神奇的生命世界。其中有许多物种已经消失。保护生物多样性，珍惜每一个生命，保护好他们的生存环境是大家的责任。

**2. 小小辩论会——认识自然界中各种生命拥有平等的生存权利**

辩题："人类生命的价值是否高于其他生命？"

全班同学分为两个大组，一组为正方：人类生命的价值高于其他生命；另一组为反方：人类生命的价值与其他生命是平等的。

在辩论中让学生加深对生命独特性的理解，懂得每种生命都有其存在的价值，要尊重地球上的一切生命；懂得各种生命都有平等的生存权利，各种生命息息相关，相互联系；引入对人和其他生命价值的思考，懂得善待其他生命。

**3. 自己动手做一做"生命的金字塔"**

地球是我们美丽的家园，各种各样的生物，在这个家园中都扮演着不同的角色，它们相互依存，相互作用，相互影响。教师向学生讲述生态系统、生态平衡、食物链等知识，分析多种多样的生物在地球上的作用和价值。

让学生自己动手制作"生命的金字塔"。让学生清楚了解生物多样性与人类息息相关。如果没有生物多样性，人类难以感受到树林的绿意，还可能失去空气、食物和水。如果没有多姿多彩的其他生命形式，不仅生活会变得索然无味，而且人类可能也无法继续生存。为了保护生物多样性，应该积极行动。

**4. 行为指导——把生物多样性保护理念深入到我们的实际生活中**

组织学生讨论，生物生存是自然赋予的权利，而不是人类赋予的权利。每一种生物都对生态系统的平衡与稳定发挥着自己特有的重要作用。人类是生物大家族中的一员，我们理应平等对待家族中的每一个成员。保护生物多样性就要保护它们生活的环境。

在日常生活中，我们应该怎么保护我们生物的多样性？

学生讨论后，提出如下日常行为准则：

支持自然保护区建设；倡导低碳生活，降低能源消耗，以减少气候变暖对生物多样性的压力；减少一次性筷子、一次性塑料袋的使用，减轻森林和污染压力；不食用、不购买、不采集野生、珍稀濒危动植物及其产品（包括服装、家具、装饰品、化妆品等），特别是我国特有的物种，减低生物资源的消费；不引进没有经过风险评估的外来物种，防治生物入侵；遇到非法捕猎、食用珍稀濒危植物的事件，要勇于举报；进行垃圾分类，减轻环境污染；在旅游、野外活动时注意保护森林，保护草地，保护河流，从而保护生态系统；积极宣传保护生物多样性。

**5. 情感调动，产生共鸣——生物多样性保护倡议书**

教师借用珠海市 2010 年 5 月 22 日"国际生物多样性日"的一封全民倡议书来倡议学生

**生物多样性就是生命，生物多样性就是我们的生命**

尊敬的各位同学：

　　生物多样性指的是地球上生物圈中所有的生物，即动物、植物、微生物，以及它们所拥有的基因和生存环境。它包含三个层级：遗传多样性、物种多样性和生态系统多样性。生物多样性提供了地球生命的基础，是人类一切社会活动的物质基础，没有生物我们就无法生存。但是，随着人类生产力的发展和科学技术的进步，生物资源却遭到了过度的开发和利用。目前，生物多样性正遭受全球范围内的破坏，生物物种正以前所未有的速度减少，环境污染、气候变暖、大气臭氧层变化等生态灾难离我们并不遥远。据预测，到 2050 年，地球上的物种将有四分之一陷入灭绝的境地。生物链一旦断裂，将直接威胁到人类自身的生存与发展。警钟已经响起，保护生物多样性的工作刻不容缓。为此，在 2010 年 5 月 22 日又一个"国际生物多样性日"到来之际，我们向你们发起如下倡议：

　　1. 行动起来，传播理念，从我做起。关注生物多样性，学习生物多样性知识，传播生物多样性知识，传播绿色理念，追求绿色时尚，积极参与环保宣传和环保实践，从自身做起，关注生态环境，提倡绿色生活，保护湿地，保护森林，保护生物多样性。

　　2. 走进自然，保护自然，深入宣传。带领亲友，走进大自然，参加爱鸟护鸟活动，制止并劝阻猎杀野生动物等不文明行为。积极参加文明生态游、生物科普考察、噪声监测、植树、护林等各种有益的生态保护活动，用自己所熟悉的技能，去探索和实施符合科学发展的生物多样性保护举措，发动亲友和身边的人参与保护生物多样性的活动，让更多的人知道生物多样性与人类的关系。

　　3. 注重实践，争当义工，带动周边。发动身边的亲友和同学积极投身生态和环保事业，呼吁人们绿色消费，拒绝食用野生动物，倡导健康、平衡和对环境友善的生活方式，积极进行植树造林、垃圾分类回收、环保义卖、义务服务等多方面力所能及的工作。

　　各位同学，保护生物多样性，实现和谐发展，既是一项惠及子孙万代的宏伟大业，也是一项需要全社会积极参与、复杂而又庞大的系统工程，需要您的大力支持和积极参与。生物多样性就是生命，生物多样性就是我们的生命。让我们携起手来，为保护生态系统，保护多样丰富的物种，保障美好家园的生态安全，让我们从身边的点滴小事做起。

**【活动效果】**本次教学活动中，通过各组课前调查与收集相关的信息，课堂上的展评，增加了学生的信息量。课堂上，学生能根据已有的知识和生活经验，以教材知识模块为根本，从多角度、多层次对生物多样性保护与生命的价值进行探讨，开展动手制作生命金字塔，有效地激发出了学生的求知欲和研究热情，让学生获得了自己动手参与并分享知识的快乐，使课堂提前进入一种和谐的氛围。通过辩论赛，激发了每一个学生的参与热情，成功地调动了全体学生的积极主动性。通过日常行为指导和发倡议书，将科学知识与人文精神紧密结合在一起，提高了学生保护生物多样性的公民意识。

总结生物多样性就是生命

学生自己制作的"生命金字塔"

　　"种群密度和生物多样性"属于高二生物教材中的教学内容。校内外生物种群密度和多样性的调查活动，与高中生物课程紧密结合，可以很好地将课堂上所激发起的学生对生物多样性的学习兴趣有效地延伸到课外。

　　在课堂学习的基础上，课后以学习小组为活动单位，充分利用自己身边的资源，小组协作，通过自然博物馆、网络、书籍等多种途径认识身边所分布的生物，如校园、街道、小区，并开展生物种群密度和多样性的调查活动。以学生为主体的小组调查活动，可以充分激发高中学生了解和保护生物多样性的主动性。通过调查某些生物的种群密度，尝试分析影响其密度的原因，或者调查某区域内植物、动物的种类，尝试找出同区域内不同生物之间的联系，可以使学生较为深入地理解生物多样性和保护生物多样性的意义。在查找资料的过程中可以开拓学生视野，发现生物多样性受威胁的程度、应该采取的相应措施等。活动的同时，也掌握了一些研究生物多样性的途径和方法，对即将选择大学专业和跨入社会的高二学生很有影响。

　　最后，在学校或者社区中将学习小组的活动成果，如校内外生物种群密度的调查报告、生物多样性的简报、图片等进行展示，从而引发更多人对生物多样性的兴趣，提高对保护生物多样性的关注度。

## 案例四　多样的生物就在你我身边
### ——生物种群密度和多样性的课堂教学及调查活动

| | |
|---|---|
| 活动名称 | 多样的生物就在你我身边<br>——生物种群密度和多样性的课堂教学及调查活动 |
| 活动策划 | 洪兆春　谭兴云 |
| 参加群体 | 高二全年级学生，16～17 岁 |
| 执行教师 | 重庆第四十八中学　龙玖洪　张克玉 |
| 教育（活动）形式 | 1. 课堂教学<br>2. 学习小组课外调查活动<br>3. 活动成果展示 |
| 合作馆校及部门 | 中国—欧盟生物多样性项目重庆示范项目办、重庆市环保局、重庆市生态学会、西南大学、重庆自然博物馆、重庆第四十八中学 |
| 案例供稿 | 重庆第四十八中学　龙玖洪　张克玉 |

【教育内容】

　　（1）"种群密度和生物多样性"的课堂教学。

　　（2）学习小组课外开展校内外生物种群密度和多样性的调查活动。

　　（3）展示各学习小组的活动成果，如校内外生物种群密度的调查报告，生物多样性的简报、图片，学生制作的标本等。

　　（4）汇总活动资料，形成生物多样性的学习资源库。

【资源条件】

　　（1）重庆市自然博物馆标本。

（2）西南大学生命科学院。

（3）校内外栽培植物和野生植物。

（4）生物多样性相关的书籍和网站。

【前期准备】

（1）"种群密度和生物多样性"的教学课件。

（2）与生物多样性相关的书籍、网站等学习资源。

（3）教师实地考察自然博物馆，聘请活动指导教师，拟订参观计划。

（4）确定学习小组成员。

【活动过程】

**1. 课堂教学**

（1）问卷调查学生对生物多样性的了解情况。

（2）学习教材内容：了解种群、种群密度的概念。

（3）通过 PPT 展示校园内的绿化区和本地常见的植物、昆虫图片，让学生识别和讨论如何测定它们种群密度？

（4）学习种群密度的调查方法以及生物多样性的教材内容。

（5）布置学习小组课外活动内容：校内外植物种群密度和多样性的调查。

**2. 学习小组课外调查活动**

（1）年级集体参观自然博物馆：在执行老师的带领下，观看生物标本，认识生物的多样性。

（2）各小组确定调查范围和目标：可以选择校园内、某个社区或者相邻几条街道的乔木、灌木；也可以选择校园一处绿化角或者校外一块野地中的草本植物或昆虫来调查。可以调查某些生物的种群密度，尝试分析影响其密度的原因；也可以调查该区域内植物、动物的种类，尝试找出同区域内不同生物之间的联系。调查的同时，感兴趣的同学还可以采集和制作一些生物标本。

（3）根据目标，查阅资料，拟订小组活动方案，准备好相关工具：通过资料的查阅，了解调查的生物和调查的方法，制订活动的计划表，设计活动记录表格，准备好相关工具。

（4）实地调查：根据小组活动方案开展调查，注意调查结果的记录。对实践中出现的问题或新情况及时记载，可以根据实际情况对计划进行调整。

此过程中，还要强调安全性，并尽可能减少对所调查生物及其环境的破坏。

（5）完成调查报告，制作生物多样性的简报、图片。

**3. 活动成果展示**

（1）在校园文化周展示本活动的调查报告，制作的标本，有关生物多样性的宣传简报。

（2）利用学校网站展示、宣传。

（3）与社区联系，在社区展示和宣传，使更多的人了解和参与保护生物的多样性。

**4. 资源汇总，使活动持续发展**

将每届学生的调查活动作为学习生物多样性的资源集结成资源库，提供给以后的学生，使保护生物多样性的活动持续发展下去。

【活动效果】

　　校内外生物种群密度和多样性的调查活动，对资源条件的要求不高，普通学校都可以进行。与高中课程结合，不会给学生增加过多的课外负担。

　　通过调查活动，学生对生物多样性的认识和保护意识明显增强，也激发了学生对生物研究的兴趣，科学实践能力得到了提高。通过学习、调查活动的亲身实践，使学生成为了保护生物多样性的积极宣传者和执行者。

　　通过在校园和社区进行活动成果的展示，对保护生物多样性起到了很好的宣传作用。

附录一：

### 高中学生生物多样性相关知识调查问卷

亲爱的同学：

您了解哪些生物多样性的相关知识呢？您认为该如何保护生物多样性呢？

1. 您最了解以下哪一生物名词？（　　　）

A. 生态平衡　　　　　B. 物种灭绝　　　　　C. 生物多样性

2. 您认为生物多样性包括哪些内容？（　　　）

A. 物种多样性　　　　　　　　B. 遗传物质多样性

C. 生态系统多样性　　　　　　D. 以上都是

3. 您认为一个地区的物种越多它的生物多样性就越好吗？（　　　）

A. 是　　　　　　B. 不是　　　　　C. 不一定

4. 您认识的周围生物有多少种？（　　　）

A. 5～10 种　　　　　B. 11～20 种　　　　　C. 20 种以上　　　　　D. 不清楚

5. 您认为目前生物多样性面临的主要威胁有哪些？（　　　）

A. 人口过多，大量占用土地　　　　　B. 人类过度开发自然资源

C. 环境污染，生存环境被破坏　　　　D. 自然灾害　　　　　E. 以上都是

6. 您认为应该从哪些方面保护生物多样性？（　　　）

A. 保护物种，尤其是珍惜濒危物种　　　　　B. 保护生物的基因

C. 保护生态系统的稳定性　　　　　　　　　D. 以上都是

7. 您认为该如何确定一个物种是否濒临灭绝？（　　　）（多选）

A. 种群数量　　　　B. 种群密度　　　　C. 种群动态信息

8. 您认为该如何保护生物多样性？（　　　）（多选）

A. 建立自然保护区　　　　　　　　B. 濒危物种繁育中心

C. 植树造林　　　　　　　　　　　D. 引进外来物种

9. 保护生物多样性不是个人能做到的，必须通过全人类的努力，您认为该如何进行宣传呢？（　　　）（多选）

A. 创作和公映环保题材影片或短片　　　　　B. 制作简报等进行宣传

C. 在学校、社区、单位等推广生物多样性活动

D. 加强相关法律的制定和宣传　　　　　E. 其他

**附录二：**

**生物多样性的相关书籍**

1.《人类生存的基础：生物多样性》

作者：曾宗永著　　　　　　　　　　出版：上海科学技术出版社

出版地：上海　　　　　　　　　　　出版日期：2002

2.《海南岛热带林生物多样性维持机制》

作者：臧润国　　　　　　　　　　　出版：科学出版社

出版地：北京　　　　　　　　　　　出版日期：2004

3.《农业生物多样性可持续管理》

作者：鲁索、黎青松主编　　　　　　出版：社会科学文献出版社

出版地：北京　　　　　　　　　　　出版日期：2011

4.《生物资源与生物多样性战略研究报告 2010—2011》

作者：于建荣、娄志平主编　　　　　出版：科学出版社

出版地：北京　　　　　　　　　　　出版日期：2011

5.《中国的生物多样性：现状及其保护对策》

作者：陈灵芝主编　　　　　　　　　出版：科学出版社

出版地：北京　　　　　　　　　　　出版日期：1993

6.《生物多样性分析》

作者：宋博洲　　　　　　　　　　　出版：广西民族出版社

出版地：南宁　　　　　　　　　　　出版日期：2002

7.《中国生物多样性数据管理与信息网络化能力建设》

作者：国家环境保护总局编　　　　　出版：中国环境科学出版社

出版地：北京　　　　　　　　　　　出版日期：1999

8.《中国履行〈生物多样性公约〉第四次国家报告》

作者：中华人民共和国环境保护部编　出版：中国环境科学出版社

出版地：北京　　　　　　　　　　　出版日期：2009

9.《生物多样性法律问题研究》

作者：史学赢著　　　　　　　　　　出版：人民出版社

出版地：北京　　　　　　　　　　　出版日期：2007

10.《全国生物多样性保护与外来物种入侵学术研讨会论文集》

作者：李典谟等主编　　　　　　　　出版：中国农业科学技术出版社

出版地：北京　　　　　　　　　　　出版日期：2006

**附录三：**

**生物多样性的相关网站**

1. WCS 中国项目——国际野生生物保护学会：http：//www.chinabiodiversity.com/cn/

2. 中国生物多样性知识产权信息网：http：//www.biodiv-ip.gov.cn/

3. 中国生态学会：http：//www.esc.org.cn/zzjg.asp？tid=0&mkid=1&zmk=2

4. 中国自然保护区：http：//www.nre.cn/

5. 中国环境网：http：//www.cenews.com.cn/

在我们生活的地球上没有一种生物能够独立生存。每一种生物，包括我们人类都生活在一个由生物和非生物组成的群体中，这个群体被称为生态系统。生态系统里的生物是多种多样的，是相互联系的。到五年级，大多数学生对周围世界的复杂性以及环境中生物和非生物之间的关系越来越感到好奇。如何帮助学生理解生物及其与环境之间的相互作用，生命系统内部及生命系统之间的相互作用，建立科学的生态系统概念，科学教学需要作出探索。

建立一个生态圈活动旨在帮助学生理解各种生物之间及生物与环境之间相互联系的关系网。本活动主要的探究方法为建立模型，通过建造模型、对模型组成要素的长时间观察、讨论和阅读相关读物，对生物及其赖以生存的条件能够越来越敏感。建立模型是研究系统的重要手段和前提，是科学实验研究中重要且基本的一种方法，用来表征事物并获得对事物本身的理解，从而建立现实世界的模型。本活动中，学生将把一个陆生生态群和一个水生生态群连接起来，创造出一个生态系统模型，这个模型里有生物和非生物。在活动过程中，学生观察每种生物的变化，了解相互影响，理解生物之间及其环境之间的相互作用。

## 案例五　建立一个生态圈模型
### ——在实验中理解生物间的相互作用

| 活动名称 | 建立一个生态圈模型——在实验中理解生物间的相互作用 |
|---|---|
| 活动策划 | 洪兆春　陈维礼　李雨霖 |
| 参加群体 | 小学四年级学生 |
| 执行教师 | 重庆市北碚区朝阳小学　李健 |
| 教育（活动）形式 | 课堂教学 |
| 合作馆校及部门 | 中国—欧盟生物多样性项目重庆示范项目办、重庆市环保局、重庆市生态学会、重庆自然博物馆、重庆市北碚区朝阳小学 |
| 案例供稿 | 重庆市北碚区朝阳小学　李健 |

【教育（活动）内容】

建立并观察生态圈模型，观察、讨论和阅读相关生态系统的读物。

【教育（活动）形式】

课堂教学：建立模型、班级讨论、阅读。

【资源条件】

（1）建立生态圈模型的相关材料（根据活动设计者积累的经验从学校、市场和学生三方面结合实现材料准备）。

（2）相关阅读材料及视频（学校实施小学科学课程资源中收集）。

（3）生态系统参观场所（自然博物馆及市场水族馆等）和人员（科学家或专业人员）。

【前期准备】

（1）工具和材料准备。

（2）匹配的资料收集。

（3）场所及人员联系。

每组：

基本材料：3 个相同的 2L 及以上的饮料瓶、小刀或剪刀、滴管、放大镜、300 ml 塑料杯、10 cm² 的尼龙网、透明胶带。

生态系统材料：沙砾 1/4 瓶、混合土壤 1/4 瓶、草、苜蓿、芥菜种子各 15 粒、枯枝与枯叶适量、牙签 4 根、浮萍少量、伊乐藻 2 株、水蜗牛两只、孔雀鱼两条（雌雄）、潮虫 2 只、蟋蟀 2 只。

每人：活动记录册和相关阅读材料。

【活动过程】

**1. 准备活动**

（1）老师向学生介绍单元学习内容，帮助学生了解他们将在一个月的学习活动中研究两种不同类型的环境——陆生生态瓶和水生生态瓶，并探讨这些环境中生物之间的关系。

（2）头脑风暴：

1）关于生物的相互依存你知道什么？

学生记录下自己的想法。全班交流。

2）关于生物的相互依存你还想知道些什么？

学生记录下自己的问题。全班交流。

（3）全班集中对小组准备的三个饮料瓶进行处理，一个去底作为生态瓶、一个去瓶颈、一个去两端。如右图所示。

**2. 制造陆生生态瓶**

（1）老师带领学生观察校园环境，注意：环境中有哪些生物？植物为动物提供什么？动物对植物有所"贡献"吗？非生物对生物有什么作用？

（2）思考：你认为陆生生态瓶里应该有些什么？老师在学生讨论后提供建造指南，学生阅读了解建造方法及所需要材料。

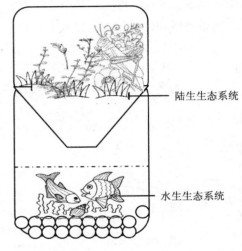

陆生生态系统

水生生态系统

生态瓶简图

（3）学生领取材料根据指南进行建造，老师巡视各小组操作，进行指导。

（4）清理场所，到教室向阳处摆放陆生生态瓶。

（5）教师提出管理建议（定时浇水，并注意计算每次的水量）。

（6）学生表述和绘画记录下建造的陆生生态瓶，并作出一周后的植物生长变化。

**3. 建造水生生态瓶**

（1）老师布置课前参观水生生态系统，如自然博物馆或花鸟市场。课堂引领学生探讨：水生生物需要什么？植物类需要什么？藻类需要什么？动物需要什么？并举一个例子？如果我们建造一个水生生态瓶，你如何满足我们讨论到的那些需要？

（2）学生阅读水生生态瓶的建造操作指南。

（3）老师巡视各小组建造情况，进行指导，提出管理建议。

（4）学生清理现场，将水生生态瓶与陆生生态瓶放到一起。

（5）讨论，为什么把伊乐藻和浮萍放入水生生态瓶？

（6）阅读老师提供的材料《它们为什么很重要》（关于水生植物对生态影响的相关资料）。

#### 4．给动物们安"家"

（1）课前布置学生观察周围世界里的小动物如何生活的，环境里都有什么？如小蚂蚁、蜗牛等。

（2）学生观察小组的水陆生态瓶。讨论：所有种子都发芽了吗？比较它们的颜色、长度、大小和根部。哪些植物发芽的速度较快？预测一周后的变化是怎样的？水生生态瓶里发生了什么变化吗？

（3）阅读放入动物的操作指南。讨论指南中值得注意的地方，以保证小动物安全进入我们为它们建造的"家园"。

（4）学生对引入的蟋蟀、潮虫、孔雀鱼和小动物进行观察交流，重点描述它们的身体结构、外形特征和运动情况。通过绘画记录下小动物的身体结构。

（5）阅读关于四种小动物的材料，丰富对它们的认识。

（6）思考讨论：

1）你认为这些动物的身体结构特征，在生物和环境的相互作用过程中起什么作用？

2）各种动物在环境中分别起什么作用？你如何在这两个环境中理解"相互依存"这个意思。

3）通过对两个生态瓶的建造和观察，你如何定义"生态系统"这个词。

#### 5．建造一个更完整的生态系统模型

（1）学生观察两个生态瓶里的新变化，讨论小组的发现。动物引入后水生生态瓶里有什么变化。动物引入后陆生生态瓶里有什么改变。是什么导致了这些变化。

（2）老师出示两张大白纸，分别写上"陆生生态系统"和"水生生态系统"。提示学生将讨论两个系统的相互依存关系。

1）请学生先分类罗列这里的所有"成员"，如下图：

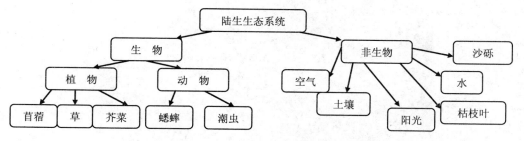

2）用单向（依赖关系）或双向（相互依存关系）箭头将这里的"成员"连接起来，形成一张网络图。

（3）就像陆地与池塘、河流一样，如果水生与陆生生态瓶在一起，会相互影响吗？会如何影响呢？老师引入生态圈的建造，出示操作指导，帮助学生连接两个生态瓶。

（4）学生利用准备的工具和去掉两端的饮料瓶连接两个生态瓶，形成一个更完整的生态系统模型。

（5）请联系实际生活，举例存在的陆生生态系统影响水生生态系统，或水生生态系统影响陆生生态系统的情况。

（6）持续观察连接的生态系统模型，预测一下陆生生态系统可能如何影响水生生态系统。

（7）整理并归还所有材料及工具。

（8）布置在家长带领下实地考察连在一起的陆生生态系统和水生生态系统，如池塘及岸边的生物与环境。

【活动效果】

通过活动的实施，学生建立了自己的"相互依存"和"生态系统"概念。他们从建造、观察、阅读、讨论和联系实际生活中获得了生态系统综合性的知识，能更深刻地对生态系统中生物与生物、生物与非生物的各种依赖、相互依存关系列举证据。他们对生物，特别是动物有了爱护之情（当部分孔雀鱼在低温时死去后，他们为这些死去的孔雀鱼举行了隆重的"葬礼"）。

到此，学生们已经逐步建立对生态系统这样的理解：有机体之间是紧密相连的，生物与它们的环境之间也是紧密相连的，这些组成了一个关系网。他们建立起对生态系统概念将有助于学生建立"生物多样性"这个相关的科学概念，形成重视生物多样性的人群之一。

学生反馈：在学生的自我评价中呈现很多类似如下的表述"我很高兴为孔雀鱼建立好一个适合它们的家""组装生态瓶很有趣""阅读让我增长了见识""我对科学的看法是放松、成功、愉快和豁然开朗"。

老师评价：五年级1班同学对生态系统的理解由散乱、不完整，甚至错误在学习进程中逐渐趋向更深刻、完整和正确的理解。而且课外知识得到丰富，动手能力得到培养，对生物及其环境产生了更浓厚的兴趣，他们是生物多样性保护的支持者。

学生管理生态圈情景

中国动物资源丰富，动物中有许多是中国特有种，如大熊猫、白鳍豚、麋鹿、藏羚羊等。但由于动物的肉可以食用，毛皮可以做衣物，还可以入药，历史上人类捕杀严重，动物目前正面临着过度利用、栖息地缩小和破碎、外来入侵物种、消灭捕食动物破坏了生态平衡、环境污染、气候变化等威胁，中国的野生动物无论是分布区域，还是种群数量均在急剧减缩之中。

动物是重要的自然资源，动物多样性的破坏直接影响到人类的生存、繁衍、发展。保护动物多样性刻不容缓。初中生物课有"动物资源的保护"相关章节，在课堂教学中，教师通过创设情境，帮助学生学习和理解生物多样性保护的概念，体验教学内容中的情感，激发学生学习的兴趣和求知欲。在教师的指导下，由学生围绕生物多样性的主题搜集整理关于珍稀濒危动物资料，并以学生为主体，开展课堂讨论，使学生更好地理解把握保护我国动物资源的重要性和迫切性。

## 案例六　拯救人类最亲密的朋友
### ——保护我国的动物资源

| 活动名称 | 拯救人类最亲密的朋友——保护我国的动物资源 |
|---|---|
| 活动策划 | 洪兆春　谭兴云　汪晓珍 |
| 参加群体 | 初中学生 |
| 执行教师 | 重庆市兼善中学　王艳秋 |
| 教育（活动）形式 | 课堂教学 |
| 合作馆校及部门 | 中国—欧盟生物多样性项目重庆示范项目办、重庆市环保局、重庆自然博物馆、重庆市兼善中学 |
| 案例供稿 | 重庆市兼善中学　王艳秋 |

【活动内容】

我国生物多样性面临的威胁和原因。我国目前现有的珍稀动物的分布、特征、生存现状及保护措施。

【活动形式】

师生互动开展讨论。

【资源条件】

利用互联网搜集关于生物多样性资料，初中生物教材、学校生物实验室相关资料及图片等。

【前期准备】

师：搜集关于生物种类减少和濒危灭绝动植物的资料、濒危动植物减少的原因以及保护生物多样性的资料。制作多媒体课件

生：搜集珍稀动植物的图片和资料；搜集熟悉的城市的生物面临威胁的资料。

【活动过程】

引言：生物的多样性让生命世界充满了生机，但是目前动物的生存正面临着巨大的威胁。很多同学热爱大自然、关心动物，他们收集了大量的资料，下面请同学们来介绍这些动物。

生 A：（展示大熊猫的图片）在中国青藏高原东部边缘，四川盆地西缘一带，生活着举世闻名的稀世珍宝——大熊猫。大熊猫是中国特有的野生动物，历来被誉为珍稀奇兽，是吉祥友谊的象征，是和平友好的使者。而今，作为国宝的大熊猫更被拥戴为全球野生生物保护的标志和旗帜。据调查，如今仅有不到 1 000 只大熊猫分布于秦岭南坡、岷山、邛崃山和大、小相岭及凉山 6 个山系，并且被分割成近二十个孤立的种群。由于森林不断采伐，从 50 年代到 90 年代，仅 40 年，大熊猫的栖息地被吞噬了 4/5。这对于大熊猫的生存构成了极大的威胁。

师：同学们想一想，大熊猫的生存现状主要是由什么原因造成的？

生 B：因为人类的乱砍滥伐，造成森林的减少，破坏了它们的生存环境。

生 C：大家知道现在世界上最大的两栖动物是什么吗？

生：大鲵。

生 C：提起大鲵，您也许陌生，但谈到娃娃鱼，您或许有所耳闻了。你可曾想到它的祖先是比我们人类更古老的地球居民。至今，在贯穿中国黔、湘、鄂、川、秦的狭长弓形地域及长江中下游部分地域的石灰岩山区，人迹罕至的山林溪流中，娃娃鱼依然以王者的姿态盘踞在水域生态食物链金字塔的顶端。它是从水生到陆生过渡的典型两栖动物，在生物进化史上有着划时代的意义，具有极高的研究价值。大鲵作为一种传统的名贵药用动物，历代多有记载。它也是一种食用价值极高的经济动物。大鲵肉蛋白含有 17 种氨基酸，其中包括 8 种人体必需氨基酸。氨基酸总量为 91.92%，其中必需氨基酸含量为 39.69%，其 EAAI 指数明显高于牛肉。也许，大鲵如此多的功用正是它不幸命运的开始。

师：是什么原因造成古老的王者今天的悲惨命运呢？

生：人类的滥捕滥杀。

生 D：（展示藏羚羊生活的图片）藏羚羊主要分布在中国青海、西藏、新疆三省区，现存种群数量为 7 万～10 万只。藏羚羊是中国青藏高原的特有动物、国家一级保护动物，也是列入《濒危野生动植物种国际贸易公约》（CITES）中严禁进行贸易活动的濒危动物。藏羚羊一般体长 135 cm，肩高 80 cm，体重达 45～60 kg。形体健壮，头形宽长，局部粗壮。雄性角长而直，乌黑发亮，雌性无角。鼻部宽阔略隆起，尾短，四肢强健而匀称。全身除脸颊、四肢下部以及尾外，其余各处被毛丰厚绒密，通体淡褐色。

生 E：（展示藏羚羊被屠杀的图片）藏羚羊生活在可可西里，可可西里，蒙古语"美丽的少女"，是我国最后一块保留着原始状态的自然之地、最大的无人区、野生动物的天堂。但现在一切都在改变，可可西里已经不再是美丽的少女，她在饱受人类欲望的蹂躏，她似乎已经变成了野生动物的屠场。如果再不采取得力措施，藏羚羊的灭绝就在眼前！藏羚羊悲惨命运正在得到世人的关注。

生：人类为了自身的利益捕杀野生动物，让美丽的可可西里，成为了藏羚羊等生物的地狱。

生 F：（展示白鳍豚的图片）我给大家展示的是海中的大熊猫——中华白鳍豚，是世界范围内最为濒危的一类淡水鲸类生物。中华白鳍豚以前在长江口以南至北部湾都有分布，20 世纪 60 年代在厦门港随时可见，水产研究单位曾考虑作为海洋生物资源开发，1961 年 1—7 月，在厦门西海域东渡，海员在港内捕捉了 34 只。但是，20 世纪 80 年代后，由于围垦和淤积，这一区域已没有白鳍豚存在了。香港海洋公园鲸豚保护基金联合会总监解斐生博士指出，近年来由于渔船捕捞，海上工程以及水质污染等原因，对白鳍豚的生存构成了严重的威胁，使白鳍豚每年死亡数目介于 9～11 条。所幸由于人们的努力，这一数字在 1998 年降为 6 条，而且政府渔农处最新研究报告披露，虽然多种因素对白暨豚存活不利，但海豚整体数量已比预期上升。

师：白鳍豚的生存又是受到了什么因素的影响呢？

生：人类的活动，如海上工程和污染。

师：刚才学生们介绍了不同环境中的几种珍稀动物，目前世界上很多的生物也面临着同样的境况。（展示 17 世纪以来鸟类和哺乳类灭绝的数量图）近年来，生物的多样性面临着严重的威胁，虽然物种的产生和灭绝是一个自然的现象，但人类的活动加速了物种灭绝的速度。物种一旦灭绝，就不可能再生。

师：因此，世界上的生物多样性，正面临着极大的威胁，我国生物多样性的现状不容乐观，下面是我国濒临灭绝生物的名单。

（展示我国一级保护动物、植物和部分二级保护生物的名单和图片）

师：使生物多样性面临威胁的因素有哪些呢？

生：①生存环境的改变和破坏。②人类的滥捕滥杀。③环境的污染。

师：对，人类的活动使生物的多样性受到了影响，我们人类也受到了大自然的惩罚，人类怎样才能挽回影响，让我们与生物一起和平共处地在地球上生存和繁衍下去。

生：禁止人们滥砍滥伐！开展动物多样性保护的宣传和教育。开展动物多样性的研究和保护。制定和执行保护生物多样性以及保护环境的一些相关的法律法规。

师：同学们说得都很好，人类现在也要进行不懈的努力，才能把生物从危险的状况中拯救出来。同学们讨论的都是保护生物多样性的方法，总的来说就是保护生物生活的环境，大家想一想，怎样才能让生物生活在它们适宜的环境中呢？

生：建立自然保护区。如果它的环境已经破坏得很严重，我们就要建立新的环境。

师：对，你们知道我国有哪些自然保护区？

生：卧龙自然保护区、青海湖鸟岛自然保护区……

（学生看书了解我国的自然保护区）

师：根据国家林业局提供的资料，截至 2003 年年底，我国的国家自然保护区共有 226 处。到 2003 年年底，加入联合国"人与生物圈保护网"的自然保护区有：武夷山、鼎湖山、梵净山、卧龙、长白山……除此之外，我国还相继颁布了《中华人民共和国野生动物保护法》《中国自然保护纲要》等法律文件来保护动物多样性。

教师总结：保护动物多样性是我们每位公民的责任和义务，每个人都应该提高保护动物多样性的自觉性，积极参加保护动物多样性的活动，只要我们共同努力，一定可以给生物提供更好的生存环境，保护生物的多样性。

【活动效果】

本次活动通过具体的事例，调动学生保护生物多样性的情感，指导以后的行为。活动开始让学生了解濒危动物的现状，可以迅速调动热爱生命的激情，然后通过分析，以及出示的有关资料，让学生体会到保护生物多样性的重要并探讨解决方法。通过这次活动充分调动了学生参与的积极性，提高了学生分析、思考问题的能力和语言表达能力。激发了学生关注生物多样性的热情，达到了很好的效果。

在五年级学生的眼中，污染就是严重的破坏现象，甚至是悲惨的死亡现象。这种片面和偏激的初始概念，对生物与环境问题的正确理解和正确处理是不合适的。生物多样性教育有必要和有责任促进儿童科学理解生活中的污染现象，本活动为之作出努力。

在我们生活的自然环境里，往往可以看到生态系统的平衡现象：植物生长繁茂，为其他生物提供充足的食物；水是很干净的，没有气味；动物生活得自由自在。但是某些自然事件也可能会影响系统里生物的多样性，扰乱那里的平衡现象：如植物减少而变得荒凉；某种动物的死亡引起腐烂的气味，并导致污染。实际上生态系统会随着一些因素的改变而不断发生变化。不幸的是，现在大多数破坏因素都是人为的。探究污染现象的教学活动正是为帮助学生深层理解污染现象、正确处理浸染问题和形成生物多样性保护意识而设计。

本活动主要的探究方法为模拟实验，通过对生态系统模型长时间污染及观察、阅读相关读物和联系实际问题的讨论，对自然生态系统中发生的污染实现正确的深度的理解，从而正确处理面对的真实的污染问题。模拟实验是科学实验研究中重要且基本的一种方法，通过人为的控制帮助学生对污染现象的观察。本活动为学生提供了三种污染物（酸雨、肥料和盐）对生物及环境进行污染，同时也为学生提供了三种污染物的阅读材料。最后针对自然环境中的一个真实污染现象进行分角色讨论，提出解决问题的合理办法，并识别解决污染问题中各自角色需要作出的妥协。

## 案例七　探讨一个严肃的生物与环境问题——污染现象

| 活动名称 | 探讨一个严肃的生物与环境问题——污染现象 |
|---|---|
| 活动策划 | 洪兆春　陈维礼　李雨霖 |
| 参加群体 | 小学五年级学生 |
| 执行教师 | 重庆市北碚区朝阳小学　李健 |
| 教育（活动）形式 | 课堂教学 |
| 合作馆校及部门 | 中国—欧盟生物多样性项目重庆示范项目办、重庆市环保局、重庆市生态学会、重庆自然博物馆、重庆市北碚区朝阳小学 |
| 案例供稿 | 重庆市北碚区朝阳小学　李健 |

【教育（活动）内容】
观察生态圈模型，观察、讨论和阅读相关生态系统的读物。
【教育（活动）形式】
课堂教学：建立模型、班级讨论、阅读。
【资源条件】
（1）对生态系统模型进行污染的相关材料（根据活动设计者积累的经验从学校实现材料准备）。
（2）相关阅读材料及视频（市自然博物馆、环保局和学校实施小学科学课程资源中收集）。
（3）生活实际的生态系统污染场所（嘉陵江北碚段流域）和人员（环保专家和嘉陵江

北碚段的居民）。

【前期准备】

（1）工具和材料准备。

（2）匹配的资料收集。

（3）场所及人员联系。

每组：建造的水陆生态系统 2 个、三种污染液、pH 试纸、放大镜、300 ml 塑料杯、滴管、尺子；

每人：活动记录册和相关阅读材料。

【活动过程】

### 1. 引入活动

（1）老师组织讨论自然生态系统被自然因素干扰的一些情况：如出生、死亡、突然增多或减少等灾害。

这些干扰来自哪些自然力量？讨论火山、地震、雷电、火灾等自然灾害。

老师介绍：自然灾害只是生态失衡的一部分原因。不幸的是，人类的生活、人类的行为是另一部分重要的原因：我们向生态系统中排放污染物，让一些生物无法生存。请学生列举出人类的一系列污染行为。

（2）老师介绍三种常见的人为污染行为：酸雨、肥料及盐。

（3）学生阅读各种污染的资料（资料主要包括：各种污染是怎样形成的、污染对周围生物及环境的影响、污染如何被科学测量和我们能够做些什么几个主要部分）。

（4）对学生进行分组：两个学习小组进行组合，形成一个联合小组。两个组的生态系统模型也进行组合，一个被视为实验组，一个被视为对照组。讨论这样做的意义。

### 2. 设计并污染生态系统

（1）各小组领取生态系统模型，观察两个生态系统当前的状况。主要描述记录下动植物的现状。

（2）思考并讨论：如何利用实验组与对照组生态系统开展污染实验？当实验组进行污染实验期间，如何管理和使用对照组。老师在讨论中帮助学生明确对照组的作用及意义。

（3）阅读污染实验操作说明，填写实验计划单，进一步明确实验操作方法及目的：

1）我们实验的污染物是（　　），制造方法是把（　　）和（　　）水混合。我们每次要往实验生态系统加入（　　）污染液，一周（　　）次。

2）我们要解决的问题是（　　　　　　　　）。

3）我们在实验中还要管理好对照组，两个组不能改变人条件有（　　　　　　　　　　）。

4）我们要坚持观察生态系统发生的变化，这些内容是我们必须注意的（　　　　　　　　　　）。

5）实验组的植物发生什么变化？我们预测（　　　　　　　　　　）。

6）对照组的植物发生什么变化？我们预测（　　　　　　　　）。

7）我们认为发生这些情况的原因是因为（　　　　　　　　　　）。

（4）老师利用实验记录单里的项目，指导各小组学生进行污染实验。

老师对 pH 值的测定进行重点介绍。主要帮助学生理解颜色公布表里的各种颜色代表不同的酸碱度，并示范给学生观察。

（5）学生开展污染实验，并填写实验记录单。

（6）结束实验，整理器材并归还到材料中心。老师组织讨论各组污染后情况，如三种污染对生态系统环境的 pH 值有什么影响？提示学生课后对生态系统持续地污染和观察。

### 3．分析并讨论污染实验

（1）老师提示本课活动主题：通过近两周的污染实验，各组的生态系统里发生了些什么情况呢？我们在对实验进行整理后开展一个分析讨论会。

（2）学生根据对污染的观察记录，填报实验分析结果记录单。

1）通过你的实验，要解决什么问题？

2）你在实验中注意到陆生生态系统的什么变化，先是怎样的，后来又是怎样的？什么时候观察到这些变化？

3）你在实验中注意到水生生态系统的什么变化，先是怎样的，后来又是怎样的？什么时候观察到这些变化？

4）陆生生态系统中的蟋蟀和潮虫现在是怎样的？水生生态系统里的孔雀鱼和水蜗牛呢？

5）了解另一个与你们实验内容相同的小组，他们的实验跟你们有什么异同？

6）你现在如何理解你们的污染实验？

（3）老师组织一次污染实验分析讨论会，各小组根据实验报告单汇报实验情况。老师在三张大的白纸上记录下学生对三种污染实验的主要观点，形成班级污染实验的结论。

### 4．分析一个真实的环境问题

（1）老师引入嘉陵江北碚段水域这个我们生活其中的生态系统。请学生描述所见的污染情况。

（2）老师向学生提供嘉陵江北碚段水域污染现状资料（文字和视频的），学生阅读材料和观看视频。注意阅读时带着以下问题：

1）嘉陵江北碚段水域的主要问题是什么？

2）这里的问题与你们组受污染的生态系统存在的问题有什么相似之处？

3）你能描述这里发生的情况吗？

4）生活在这里的人们是如何依赖这个水域的？又是如何破坏这个水域的？

（3）在对阅读材料的简单交流后，老师提示将开展一个嘉陵江北碚段水域居民的讨论会。各小组将代表这里不同的居民，如：渔民、船主、普通市民、房地产开发商、养殖场主等。这些居民针对这里的环境问题，为更好地保护和利用嘉陵江北碚段水域提出各自的观点。

1）各小组首先阅读代表自己角色的相关资料（材料包括人群现状、这类人群对水域的影响有哪些、从这类人群出发怎样保护好水域、从得与失分析协调平衡）。

2）填报发言材料：问题解决单。主要包括：我们代表（　　）的观点；我们在嘉陵江北碚段水域问题中的一引起行为（　　　　　　　　）；我们对自己不利行为提出的三种解决办法（　　　　　　　　　　）；我们的办法给水域带来的有利和对自身当前带来的不利；我们这样理解这些办法的协调平衡关系。

### 5．召开嘉陵江北碚段水域"居民"讨论会

（1）老师介绍或安排本次嘉陵江北碚段水域"居民"讨论会的组织形式。要求其他角色成员要认真、负责地听取不同小组对该水域的不同理解，形成关于这个问题的最佳解决办法。

（2）汇报内容围绕下列几方面进行。

1）说明本小组的哪些行为增加了水域污染问题的严重性。

2）针对本组代表的人群提出至少三个解决办法。

3）介绍每种办法对水域污染问题的有利影响和对本组代表的人群带来的不利影响，以及如何实现两方面的协调平衡。

（3）各小组成员代表不同的嘉陵江北碚段水域"居民"作汇报。

（4）整理我们的讨论，形成一份建议书，可以向媒体或区长致信，提出我们保护陵江北碚段水域的合理化建议书。

【活动效果】

通过本活动的污染实验和针对实际问题的讨论，学生也许不能形成一个完善的针对本地区环境污染问题的解决方案，但是学生接触到各种不同的观点和许多解决办法，他们相信生活在这里的人应该是一个合作且能干的群体。环境问题是复杂的，并不像学习前所认为的那样简单，也许是缓慢的不容易发现的，但是它却在真实地发生，不管是茂盛的植物还是活泼的动物都在污染中受到干扰。当污染变得严重时，生物将失去生命。各类人群提出的每一个解决办法也许有效，但是都要付出一定的代价，在这一情景下做出的协调平衡是不容易的。此时我们认为已经达到活动的初始目的：对这个年龄的学生而言，已经深度理解了污染现象，他们具有了将在未来处理真实污染问题的科学方法或意识，他们将是具有保护生物多样性意识的优秀居民。

学生进行污染实验并记录

　　自然科技类博物馆作为社会公共教育机构馆，是学校开展生物多样性保护教育的好去处，这些场馆一般会举办多种类型的生物多样性展览，包括植物、动物（脊椎、无脊椎动物、人类）以及专题昆虫展、古生物展、生物教学陈列展。这些展览采用主题单元的陈列方式，设计了反映动植物野外生活状况和习性的丰富多彩的生态景观。设计时强调以科普为中心，以观众的兴趣为重点，运用色彩丰富的图版和大量的动植物标本、实物、景观、模型等各种展品，以及现代声光电技术，使展览不但具有知识性、科学性、思想性，而且还具有可视性、娱乐性、可参与性，通过这些陈列展览，直观体现了生命世界的博大精深，同时结合生动的讲解，又将保护生物多样性、保护和拯救珍稀野生动植物的紧迫性、人类与大自然和谐相处等思想融入参观者的意识中，进而启迪人类更深刻地认识这些大自然的精灵给人类文明带来的启发和影响。自然科技类博物馆是进行生物多样性教育的立体教科书，对青少年学习生物多样性保护知识，提高生物多样性保护素养有积极的作用。

### 案例八　聆听恐龙的呼唤，树立物种保护理念
#### ——到科技馆展厅去上课

| | |
|---|---|
| 活动名称 | 聆听恐龙的呼唤，树立物种保护理念<br>——到科技馆展厅去上课 |
| 活动策划 | 洪兆春　龙海潮　王启洪　庹有敏 |
| 参加群体 | 小学三年级到六年级学生 |
| 案例执行 | 北碚区蔡家教管中心　陈伟　王启洪　张德虹　龙明伟 |
| 教育（活动）形式 | 形成课外科学兴趣小组，到科技馆开展教育活动 |
| 合作馆校及部门 | 中国—欧盟生物多样性项目重庆示范项目办、重庆市环保局、重庆自然博物馆、重庆科技馆、重庆市北碚区蔡家场小学 |
| 案例供稿 | 北碚区蔡家教管中心　陈伟　王启洪　张德虹　龙明伟<br>重庆自然博物馆　洪兆春 |

【教育（活动）设计思路】

　　恐龙是远古已经灭绝的生物，从恐龙的兴衰可以了解地球生物的演化，学校加入中国—欧盟生物多样性保护重庆教育示范项目后，为了加强学生的生物多样性保护意识，增强学生物种保护理念，我们把生物多样性保护教育课开在科技馆的"聆听恐龙的呼唤"展览现场，让学生通过在展厅现场学习，感悟生物多样性保护的重要性，培养学生关爱生物、热爱大自然的情感，提高其保护生物多样性的自觉性。

【教育（活动）内容】

　　（1）到重庆科技馆开设生物多样性保护教育课，让学生在展览现场学习体验恐龙及物种保护相关知识。

　　（2）在学习活动中培养学生关爱生物、热爱大自然的情感，提高其保护生物多样性的自觉性和必要性。

　　（3）活动延伸——组织学生积极参加"聆听恐龙的呼唤"主题征文、绘画活动。

【资源条件】

（1）学校得到重庆缙云山国家级自然保护区周边公众教育课题支持，资助学校师生到科技馆展厅去上课。

（2）重庆科技馆馆藏，包括布展的恐龙古生物标本、陈列及相关展示资料；重庆科技馆的专家及恐龙知识解说人员。

（3）重庆市北碚区蔡家场小学科学组教师团队。

【前期准备】

（1）与重庆科技馆进行联系，落实上课的时间、人数及日程安排。

（2）组建参与此活动的对生物多样性感兴趣的科技小组（28人）和组织团队教师9人。

（3）参与活动之前，对此项活动涉及到的人员进行活动要求的相关培训。

（4）设计此项活动主题标语、服装和胸卡、人员的分组分工等事宜。

（5）确定活动路线，联系租用好安全的、有营运资质的车辆。

活动过程

第一阶段 前期准备激发兴趣（2010年4月下旬）

（1）由博物馆的专家组织一次有关恐龙知识的专题讲座，激发学生的探究兴趣。

（2）组织学生分组上网或到图书馆查找与恐龙有关的资料，初步了解恐龙的信息。

（3）教师与科技馆人员沟通设计课程学习单。

第二阶段 拿着学习单到展览厅上课，体验恐龙的现场震撼，学习生物多样性保护知识（2010年5月9日）

（1）到达恐龙展厅，给学生发学习单吗，交代课程要求。

（2）在展厅完成课程内容，并请解说员协助讲解介绍。

1）穿梭时空隧道：带领学生观察物种起源及其进化过程。

2）走近恐龙时代：恐龙化石大厅里，在解说员的精彩讲解下，学生认识了庞大身躯的食草恐龙化石（剑龙、梁龙、三角龙，还有在重庆合川出土的庞大的马门溪龙）；感受了凶残的食肉恐龙化石（暴龙、霸王龙……）。同学们畏惧于一具具仿真的恐龙模型；带着好奇心也亲手触摸了恐龙蛋化石，对它们的庞然感到惊叹；同时对它们突然从地球上消失产生深层次的思索，学生通过讨论分组完成学习单要求。

第三阶段 整理资料画恐龙（2010年5月中、下旬）

（1）进行展厅上课的活动过程性资料（文字、图片）的收集与整理，写出体会。

（2）写出此次活动的简讯并上传到校园网、区进修学院网站进行宣传。

（3）组织学生积极参加"聆听恐龙的呼唤"主题征文、绘画活动。

1）让学生将自己的参观感悟和收集的恐龙资料结合起来，以"聆听恐龙的呼唤"为主题，写征文。

2）让学生将自己的愿望以绘画的方式表现出来，参加绘画比赛活动。

【活动效果】

（1）有四、五、六年级学生（28人）参与到活动，通过在展厅现场上课，增强了教育的直观性、趣味性，学生知识吸收量远大于普通课堂教学，提高了学生对生物多样性保护的认识，认识到我们生活的环境与物种的紧密联系，树立起生物多样性保护理念。

（2）教师也积累了在展厅上课的经验，整理出"聆听恐龙的呼唤"的教学PPT。

（3）组织学生积极参与"聆听恐龙的呼唤"主题征文、绘画活动中，上交征文 17 篇，绘画作品 12 幅。其中，陈伟老师指导张玉芳的征文《沉睡　呼唤》获市级三等奖，张中梅老师指导蒋浩文的征文《我的恐龙宠物》发表在《少年先锋报》上，陈伟老师指导李均杰的绘画《快乐家园》荣获市级二等奖，张德虹老师指导蒋嘉豪的绘画《幸福与死亡》荣获市级二等奖，李晓莉老师指导何雨橙的绘画《拯救恐龙》荣获市级三等奖。

（4）学生在家里完成的资料、图片的收集整理，影响了其家人、朋友，让社会上更多的人认识到保护生物多样性的重要性，使更多的人加入到我们的队伍中来。

学生反馈：孩子们十分赞同和喜爱在展厅上课的方式，认为恐龙展馆内的科普资源丰富，现场上课、学习生动活泼，气氛轻松愉快，调动了学习积极性，收获非常大。

科技馆展厅上课

在课堂进行生物多样性保护教育知识渗透，就是把生物多样性保护知识融入中小学各科课堂教学，以润物细无声的方式来提高学生的生物多样性保护意识和能力。课堂是青少年学生获取知识最快捷、组织教育传播最有效的场所。在课堂上充分渗透生物多样性保护教育知识，对生物多样性保护教育思想的传播起着至关重要的作用。

生物多样性保护教育渗透课题教育的工作步骤首先是项目组专家教师将各科教材和课标进行分析，结合本地生物多样性特点，寻找渗透教育切入点；同时对教师进行知识框架及技能培训学习，帮助教师知识结构的提升与转型，提高教师把握知识能力；执行中推荐优秀教师举办专题讲座和观摩课，组织教师相互学习渗透教学方法策略，精心设计案例，科学灵活进行知识迁移。

进行具体的教学组织时，在课堂目标方面要求兼顾常规教学认知目标和生物多样性保护教育目标；在渗透方式上通过教师的引导作用，让学生充分领悟知识点；在课堂环境创设方面尽量发挥学生主体作用；在生物多样性保护教育渗透空间方面，把学科实践、校本教研与课堂教学相结合，注重学科及学术资源、社会教育资源整合，把握课堂教育关键点，将生物多样性保护教育知识充分渗透到中小学各科教育中。

渗透教育的途径一方面是充分挖掘学科教材内容中的生物多样性保护教育知识点；另一方面是配合青少年科技创新大赛、小小发明家大赛等学校科技实践活动将生物多样性保护知识融入各学科教学活动；还有就是根据学校校本课程开发需要，结合本地生物多样性特色，在有条件的学校开发校本课程，编写校本教材，将生物多样性保护教育充分渗透入学校教育。

生物多样性保护教育课堂渗透主要实践模式：

1. 以游戏为导向的课堂渗透

生物多样性知识具有实践性、多维性，在课堂渗透教育特别是在面对小学生时，单纯由老师讲解，容易使学生产生"学完忘，听过还给老师"等感觉，为此在渗透教学中采取以学生为主体的游戏探究模式，学生在教师引导下通过参加课堂游戏活动，在趣味盎然的活动中建立生物多样性保护概念，逐步加深保护意识。

2. 以鉴赏为导向的课堂渗透

采用以鉴赏为导向的形式，通过参观、阅读、课堂多媒体网络资源欣赏、班级活动等学生喜闻乐见的教育方式，让学生理解生物多样性的价值与美，增加学生对生物多样性的感性认识，调动学生自己独立的思考能力和判断能力，学会欣赏生命世界的美好，关注大自然，分析生活中的生物多样性保护问题，让生物多样性渗透教育起到潜移默化的作用。

3. 以探究为导向的课堂渗透

通过教师对教材的分析，寻找相应课程知识点，让学生选择自己感兴趣的生物多样性知识进行资料收集、考察调查、设计研究等，让学生在主动参与、亲身实践、独立思考和合作探究中加深对生物多样性的认识。在这过程中，学生带着需要解决的问题去查阅文献、资料，由被动的听老师讲授知识转化为自主的获取信息，一方面增加学生的学习热情，另一方面也锻炼了他们的保护参与能力，激发学生的社会责任感。

4. 以角色扮演、小戏剧表演为导向的课堂渗透

角色扮演法是指课堂渗透教学中根据教学的需要，在教师的组织下由学生依据生物多样性相关主题内容，扮演特定的角色，在扮演过程中开展学习的活动。生物多样性保护渗

透教育中有一些概念和原理较抽象，学生对其缺乏感性知识，如果只采用传统的教学法去讲解容易显得枯燥，现代青少年学生有较强的表现欲望，通过角色扮演、诗歌朗诵、歌舞戏剧表演可以激发学生的求知欲和学习兴趣。通过角色扮演可以将物种多样性、生态系统多样性、遗传多样性等基本概念及外来入侵物种、生物多样性价值、生物多样性保护发展过程及其内在联系动态地展示在学生眼前，将抽象问题形象化，通过情感化教育，把枯燥的文字叙述变得生动有趣，同时拓宽学生的文化视野，培养学生的人文情怀，最大限度地给予学生体验性学习的快乐。

## 案例九　生物多样性保护教育知识的多学科课堂渗透教育

| 活动名称 | 生物多样性保护教育知识的多学科课堂渗透教育 |
|---|---|
| 活动策划 | 洪兆春　张万琼　黄仕友 |
| 参加群体 | 参与项目专家及各科教师 |
| 执行学校 | 西南大学附属中学 |
| 教育（活动）形式 | 课堂教学，制作，讨论，查资料，阅读 |
| 合作馆校及部门 | 中国—欧盟生物多样性项目重庆示范项目办、重庆市环保局、重庆市生态学会、重庆自然博物馆、西南大学附属中学 |
| 案例供稿 | 重庆自然博物馆　洪兆春<br>西南大学附属中学　黄仕友 |

【活动地点】西南大学附属中学

【活动时间】2009 年

【活动内容】分析西南大学附属中学使用各科教材中与生物多样性保护教育相关课程内容，寻找渗透教育切入点。

【活动形式】文献研究、教材分析、教研讨论、资料汇总、教学试点

【活动过程】

（1）在合作学校组织各科教师组成教材渗透教育科研小组。

（2）分析学校正在使用的教材，寻找与生物多样性保护教育相关的课程内容。

（3）邀请专家对课程内容进行渗透教育知识点分析示范。

（4）培训参与项目执行的教师，帮助教师知识结构的提升与转型，提高教师把握知识能力。

（5）渗透教育试点，推荐优秀教师举办专题讲座和观摩课，组织教师相互学习渗透教学方法策略。

（6）精心设计教案，科学灵活进行知识迁移，完成教材渗透分析。

【结果分析】

渗透教育实现了在多层次多方位传播生物多样性保护知识。多门学科融会贯通，通过各种各样的教学活动，将生物多样性保护的思想渗透其中，与校园环境、校园文化活动、社区环境等协调配合，形成教育合力，让学生在课堂上获得可持续发展教育的知识、技能、态度等，同时也要在课堂之外巩固和发展这些成果，使生物多样性保护教育的目标得以实现。

表1　初中语文第一册第一单元内容分析

| 年级 | 单元 | 课文 | 内容 | 与生物多样性保护教育相关点 |
|---|---|---|---|---|
| 初中一年级（上） | 第一单元 | 3 生命，生命 | 作者呼唤"生命，生命"，表达自己强烈的生命意识和积极的人生态度，愿每个人珍视生命 | 小飞蛾——不要伤害生命；香瓜子——萌芽长成了一截小瓜苗，关注每一个弱小的生命；心脏的跳动——感受自己的生命 |
| | | 4 紫藤萝瀑布 | 把一树盛开的紫藤萝花比作瀑布，显得气势非凡，灿烂辉煌 | 寻找本地紫藤花，在繁花盛开的藤萝浅紫色的光辉和浅紫色的芳香中感悟生命的长河是无止境的，关注生物的美丽 |
| | | 7 短文两篇 行道树 | 借行道树的自白，抒写奉献者的襟怀，赞美奉献者的崇高精神 | 从行道树提供的绿荫、挡住的灰尘，了解生物多样性的价值及与人类的关系 |
| | | 7 短文两篇 第一次真好 | 第一次看见结实累累的柚子树，第一次看见十姊妹（白腰文鸟）孵出的小鸟，随时留心，寻找机会，大胆尝试，才有越来越多的第一次，才能使生命多姿多彩 | 从柚子树和十姊妹（白腰文鸟）观察了解物种多样性 |

附：　　　　　　　　　**学科生物多样性教育内容汇编**①

语　文

**初中第一册**

第1课　　　　短文两篇

　　　　《金黄的大斗笠》　　　感受乡村植物丰富无污染、雨后有清新空气的大自然环境，渗透生物多样性重要性的教育。

　　　　《散步》　　　　　　　享受初春田野的自然美，懂得保护大自然对人体健康的益处。

第11课　　　《春》
　　　　《济南的冬天》　　　了解自然界四季的变化，感受四季中生物的变化带来的景观
　　　　《夏天也是好天气》　美。
　　　　《秋魂》

第25课　　　诗五首
　　　　《归园田居》
　　　　《过故人庄》
　　　　《钱塘湖春行》　　　体验大自然清新的环境给人类带来的益处，教育学生回归自
　　　　《书湖阴先生壁》　　然，保护自然。
　　　　《游山西村》

---

① 学科生物多样性教育内容汇编包括语文、数学、物理、化学、生物、历史、政治等学科，因篇幅限制仅附录语文，在此对所有参与工作的教师表示感谢！

| 第 30 课 | 《观沧海》 | 体会优美的自然景物描写所展示的大自然的美，教育学生爱护自然环境，减少环境污染。 |
| | 《次北固山下》 | |
| | 《望岳》 | |
| | 《如梦令》 | |
| | 《西江月》 | |

**初中第二册**

| 第 2 课 | 《紫藤萝瀑布》 | 感受一树盛开的紫藤萝花给人的精神带来的宁静。 |
| 第 5 课 | 《白蝴蝶之恋》 | 体验生命的永恒，赞美生命的顽强和美好。 |
| 第 11 课 | 《大自然的语言》 | 了解物候现象与农业生产的关系，让自然为人类服务，同时对学生进行保护大自然的教育。 |
| 第 12 课 | 《卧看牵牛织女星》 | 了解有关的天文知识，对学生进行人与宇宙的和谐相处，遵守自然法则的教育。 |
| 第 13 课 | 《莺》 | 了解莺科小鸟的外形特征、生活习性、性格特征等，对学生进行热爱大自然，爱护鸟类教育。 |
| 第 16 课 | 《社戏》 | 体会优美的自然景物描写所展示大自然的美，教育学生爱护自然环境，减少环境污染。 |
| 第 21 课 | 《桃花源记》 | 保护桃花源美好无污染的环境。 |
| 第 30 课 | 诗词三首 | 体验清新美丽的农村风光，对学生进行热爱大自然，保护生物多样性的教育。 |
| | 《清平乐》 | |

**初中第三册**

| 第 5 课 | 《种树"种到"联合国》 | 通过了解文中"小人物"对环保事业所作出的重大贡献，明确植树造林保护生物多样性的重要性和紧迫性，懂得土地荒漠化的严重危害，治沙造林是保护自然资源，改造自然环境的一个重要举措。 |
| 第 7 课 | 《驿路梨花》 | 加强对山中的自然环境的保护是人类应该懂得的道理。 |
| 第 11 课 | 《荔枝蜜》 | 了解千姿百态的动物世界，了解植物与昆虫的关系进行昆虫资源保护的教育。 |
| 第 12 课 | 《猫》 | 渗透保护哺乳动物资源的教育。 |
| 第 13 课 | 《斑羚飞渡》 | 了解斑羚陷入绝境时求生、自救及老斑羚为了赢得种群的生存机会，舍身的本能，进行保护野生动物资源的教育，防止捕捉杀伤野生动物的错误行为，充分认识"我国的野生动物已经濒临灭绝的境地，我国的自然环境已遭到严重破坏"，人类应保护动物，维护生态平衡。 |
| 第 14 课 | 《心中的鹰》` | 严禁以任何理由捕杀鸟类，进行保护鸟类资源，创造人类更美好的生存空间的教育。 |
| 第 15 课 | 《鹤群翔空》 | 了解鸟类的多样性以及鸟类自救的本能，进行保护鸟类资源的教育。 |

| | | |
|---|---|---|
| 第 21 课 | 短文两篇 | 了解三峡的自然景观，明确现在进行三峡工程的重大作用与意义，并对学生进行防止对长江的污染，保护母亲河及两岸植被的重要性的教育。 |
| 第 22 课 | 《闲情记趣》 | 了解蟾蜍吃害虫的功效，懂得利用食物链实施生物防治病虫害的作用。 |
| 第 23 课 | 诗三首《使至塞上》《春望》 | 热爱大自然，保护大自然。 |
| 第 27 课 | 《小石潭记》 | 明确环境的幽静美丽是大自然的造化，进行保护自然环境的教育。 |
| 第 28 课 | 《观潮》 | 了解钱塘潮的雄伟景象，进行保护水资源的教育。 |
| 第 30 课 | 诗词五首《渡荆门送别》《秋词》《浣溪沙》 | 了解长江荆门的雄伟以及秋景、雨景的优美，进行保护自然环境的教育。 |

**初中第四册**

| | | |
|---|---|---|
| 第 1 课 | 《苏州园林》 | 了解园林植物在苏州园林总体美的作用，学习识别常见园林植物。 |
| 第 2 课 | 《日本平家蟹》 | 了解生物发展、进化过程中"人工选择"和"自然选择"的作用，进行保护生物多样性，维护生态平衡的教育。 |
| 第 4 课 | 《万紫千红的花》 | 了解花为什么有各种美丽鲜艳的颜色，即花色的形成，变化的原因及花色与昆虫的关系，从而热爱大自然，保护大自然。 |
| 第 5 课 | 《蜘蛛》 | 了解蜘蛛的生活习性和生理特点，进行昆虫资源保护的教育。 |
| 第 6 课 | 《向沙漠进军》 | 了解沙漠是人类最顽强的自然敌人之一。人类要征服沙漠的方法是培植防护林和植树种草，而无论是植树还是种草，土壤中必须有充足的水分。因此教育学生懂得植树造林，防止水土流失及保护水资源的重要作用，从而从自己做起，从节约一滴水做起。 |
| 第 7 课 | 《看云识天气》 | 了解天气与农业生产的关系，与人类的关系，懂得破坏森林，盲目开荒导致气候恶化，结合重庆大气污染的实际，说明工业布局和城市建设应减少大气污染。 |
| 第 8 课 | 《死海不死》 | 通过了解死海的成因，使学生懂得滥砍滥伐，破坏生物多样性造成土地沙漠化的危害。 |
| 第 9 课 | 《大自然的文字》 | 了解大自然独特的"文字"，即懂得一些自然现象，进行热爱大自然、保护大自然的教育。 |
| 第 10 课 | 《秃鹰之死》 | 了解现代工业污染的危害性，减少废气的排泄、化学污染、核污染及石油污染等，加强环保教育，懂得工业污染不但是杀害秃鹰的凶手，而且是杀人凶手，是毁灭人类和地球的凶手。 |

| 第 11 课 | 《食物从何处来》 | 了解异养的原理及食物链的形成，告诫人类不能捕捉、杀害野生动物，如果破坏食物链就会破坏生态平衡。教育学生认识保护动物，维护生态平衡的重要作用。 |
| --- | --- | --- |
| 第 12 课 | 《时间的脚印》 | 通过了解大自然的变化都潜藏着时间的踪影，认识地球的发展过程，了解生物进化与生物多样性保护的关系。 |
| 第 13 课 | 《气候的威力》 | 通过了解南极恶劣的气候条件和影响全球气候的几个因素，懂得气候变化与生物多样性的关系。 |
| 第 15 课 | 阿西莫夫科普短文两篇《恐龙无处不有》《被压扁的沙子》 | 通过了解恐龙灭绝的两种不同说法，懂得要保护动物多样性、保护生态系统，维护人类社会的可持续发展。 |
| 第 18 课 | 《徐霞客和〈徐霞客游记〉》 | 了解我国古代伟大地理学家徐霞客的生平与贡献，懂得景观多样性给世界带来的美丽。 |
| 第 24 课 | 《荔枝图序》《山市》 | 了解荔枝的习性和变幻莫测的山市蜃景，进行保护植物及热爱大自然的教育。 |
| 第 25 课 | 《诗词五首》《题破山寺后禅院》 | 感受清幽的景致，进行热爱大自然，保护自然环境的教育。 |
| 第 29 课 | 《西湖游记二则》 | 体验与陶醉杭州西湖的美景，达到自觉保护风景旅游区优美环境的目的。 |
| 第 30 课 | 《诗歌五首》《白雪歌送武判官归京》 | 感受北方边塞奇特秀丽的雪景，教育学生更加热爱大自然，保护自然环境。 |

**初中第五册**

| 第 14 课 | 《"病从口入"和"食物相克"》 | 了解防止"病从口入"的方法，养成良好的卫生习惯，懂得优化环境，重视卫生，防止食物污染的重要作用。 |
| --- | --- | --- |
| 第 21 课 | 《始得西山宴游记》 | 体验柳宗元偶识西山的欣喜之情，陶醉于西山的美景之中，懂得人应与自然相融合。 |
| 第 22 课 | 《醉翁亭记》 | 通过醉翁亭的秀丽环境和变化多姿的自然风光，教育学生树立保护环境意识，不乱丢乱扔，还大自然原本的美丽。 |
| 第 23 课 | 《满井游记》 | 感受郊外早春二月的美景：水光山色、柳枝麦苗、游人欢欣、鱼鸟之乐，回归大自然，保护大自然，树立保护环境的意识。 |
| 第 24 课 | 《峡江寺飞泉亭记》 | 体会在峡江寺飞泉亭观瀑时的美感，明确保护水资源的重要性。 |
| 第 25 课 | 《诗词五首·梦江南》 | 欣赏江南的美景，加强对学生进行保护自然环境的教育，人与自然要和谐相处。 |
| 第 27 课 | 《岳阳楼记》 | 体会北宋时洞庭湖的美景。将此与 1998 年湖南的洪魔进行对比，说明围湖造田，是破坏生态环境的错误做法，人类应认识湖泊对调节水量的巨大作用，并严禁乱砍乱伐森林，防止水土流失，否则人类就会受到大自然的报复，从而增强学生的环保意识。 |

| 第 30 课 | 《诗词五首》 | 体会田园的优雅，生活的乐趣及其丰富的精神内涵，达到人从外到内都返璞归真的目的。 |
| --- | --- | --- |
| | 《饮酒》 | |
| | 《望洞庭湖赠张丞相》 | 体会大自然的美景和洞庭湖水天浑然一体的景象，懂得环境保护对人类的重要性，教育学生将保护环境落实到行动上，使环境教育深入人心。 |

**初中第六册**

| 第 4 课 | 《雨说》 | 了解生动活泼具有灵气的雨给人带来的喜悦，懂得大自然与人的密切关系。 |
| --- | --- | --- |
| 第 7 课 | 《白杨礼赞》 | 了解白杨树是西北高原上一种极普通的树，从而懂得树木给人类带来的益处，渗透保护树木，保护森林的环保教育。 |
| 第 8 课 | 《菜园小记》 | 了解大生产运动中，延安人种蔬菜、瓜果、花卉的史实，懂得人的生活与生物多样性的密切关系。 |
| 第 14 课 | 《孤独之旅》 | 感受小说环境描写的作用及主人公养鸭的成长过程，渗透生物多样性保护教育。 |
| 第 31 课 | 《诗经》三首 | |
| | 《关雎》 | |
| | 《蒹葭》 | 感受诗歌中美好的景致，体会人与自然的高度和谐。 |

**高中第一册**

| 第 1 课 | 《荷塘月色》 | 体验清新、淡雅的自然美景，唤起欣赏、爱护、改善环境之意识。 |
| --- | --- | --- |
| 第 4 课 | 《杜鹃枝上杜鹃啼》 | 爱护禽鸟，保护动物。 |
| 第 7 课 | 《过万重山漫想》 | 体验三峡雄峻、壮丽的风光，思考三峡工程对长江生态的影响。 |
| 第 9 课 | 《内蒙访古》 | 看今天蒙古之沙漠戈壁，思古之蒙古"风吹草低见牛羊"，检讨人力对于自身生存环境肆意破坏之深痛教训。 |
| 第 12 课 | 《冬天之美》 | 以城乡生活的不同感受以及由此引起的审美娱悦引导人们与自然环境建立亲切友好和谐与共的良性关系。 |

**高中第二册**

| 第 2 课 | 《〈物种起源〉导言》 | 读自然生物神奇的演化发展史，摒弃无限膨胀的人类意志，观宇宙之大，品物类之盛，生珍惜爱护之心。 |
| --- | --- | --- |
| 第 9 课 | 《黄鹂》 | 看作者与鸟的深挚友情，看普通民众内心蕴藏着的对生命（鸟、兽……）的敬畏，反思自身意识深处践视生命、荼毒生灵的丑陋。 |
| 第 11 课 | 《我与地坛》 | 看史铁生自我救赎的心路历程，感受自然景物及良好的人文环境对人心灵的包容、宽慰、安抚、救治之功。 |
| 第 18 课 | 《游褒禅山记》 | 观奇景，听天籁、山水怡情养性，启迪人生智慧。 |
| 第 20 课 | 《石钟山记》 | |

| 第 23 课 | 《登泰山记》 | 领略世界极品风光，以"莫让绝世美景蒙尘于我辈之手"的责任感加入"环保旅游"的行列。 |
| 第 24 课 | 《病梅馆记》 | 阅世人病梅之残酷，反省人类于自然之物的"唯我独尊"的恶劣意识。 |

**高中第三册**

| 第 9 课 | 《梦游天姥吟留别》 | 天姥山的雄奇瑰丽之景，赐予我们无比美妙的官能愉悦和精神情趣，深味环境保护的重要，切莫作焚琴煮鹤之事。 |
| 第 3 课 | 《我热爱秋天的风光》 | 天高地远，云淡风轻；朗朗秋日带给人们独特的生命体验，塑造着潇洒飘逸的精神特质。但灰沙沉沉，霜浓雾重的重庆天地，留给我们的只有灰色阴霾的人生。爱护环境，不仅保证生存，更是对心灵的呵护。 |
| 第 13 课 | 《故都的秋》 | |

**高中第四册**

| 第 3 课 | 《边城》 | 看边城如同桃源，人与自然和谐，亲密的关系，反思科技进步和全球化进程是以破坏环境为昂贵代价的。 |
| 第 4 课 | 《荷花淀》 | 回顾白洋淀浩浩渺渺的历史；比照今天干涸、悲凉的景象，批判破坏，警醒世人保护环境。 |
| 第 22 课 | 《虎丘记》 | 看虎丘月色；看游人欢歌，知自然景物为人类心灵之栖息地；思人类强大的人口压力，淡薄的环境意识，是如何步步蚕食鲸吞，将美景变为城市垃圾的。 |

**高中第五册**

| 第 1 课 | 《人生的境界》 | 思冯友兰人生之四种境界，追求天地之境，明了人是天地宇宙之一员，应对大自然满怀敬畏之心。 |
| 第 14 课 | 《蜀道难》 | 领略蜀地雄奇景观，明白此乃天地造化，大自然丰厚的馈赠，现代的开发应以避免破坏这天然惠赐为第一前提。 |
| 第 17 课 | 《登岳阳楼》《旅夜书怀》 | 山川风物，洞庭光景，浅吟高歌之间，我们沐浴着大地的无限恩泽。多样的生物在湖光山色中扮演了重要角色。 |

**高中第六册**

| 第 3 课 | 《千篇一律与千变万化》 | 领略建筑艺术的精妙绝伦，了解生物在建筑中的重要作用，联系房地产开发中大规模平整土地，对生物多样性保护带来的影响。 |
| 第 4 课 | 《宇宙的未来》 | 关注宇宙，关注到目前为止唯一发现了生物多样性的地球，理解保护生物多样性的重要。 |

# 第四章　校园活动，保护从身边做起

## ——"美丽校园，我们在行动"系列活动

利用校园生物资源，开展生物多样性保护教育，一方面可以解决离开校园开展活动面临的学生安全问题，让更多的学生加入到生物多样性保护教育活动中来；另一方面通过教学空间和教学方式的变换，营造出新的教学氛围，将课堂教学与室外教学结合起来，使书本上枯燥乏味的知识变成生动的实物，加强教学的直观性，有利于学生当场消化吸收生物多样性理论知识，并留下深刻印象。

校园生物多样性学习探究活动形式多样，可以是到校园认识动植物，为校园植物挂牌，制作绿地图，也可以在校园中做观鸟、识别昆虫等教育活动。通过丰富多彩的探究学习活动，加强学生的实践能力、自主学习能力，调动学生的学习主动性与创造性，激发学生兴趣，提高学生学习生物多样性知识的效率，同时还培养了学生发现问题、提出问题、分析问题和解决问题的能力，在传播生物多样性保护教育知识的同时提高学生的参与生物多样性保护能力。

校园里的植物，与学生朝夕相处，有些学生能识别的，有些却没人注意。中学教材中有《认识生命》《认识生物的多样性》等内容，利用校园植物资源，帮助学生认识植物种类，结合实际让学生学习理解生物的多样性。

植物的识别需要熟悉植物分类学的专家和老师做指导，以下开展活动的两个学校，一所学校是大学的附属中学，另一所学校在乡村，它们有不同的资源条件，所以开展活动的方式和侧重点各不相同。但都通过校园植物调查识别活动，锻炼培养学生观察能力，自主学习能力，合作学习能力，综合实践活动能力，提高了学生参与生物多样性保护的积极性。

通过认识校园内的绿色植物，学习制作植物的身份证——拉丁文学名介绍牌，知道植物主要形态特点、生活习性以及与人类的关系、用途等。掌握植物分类的目的、方法和分类单位，对校园植物进行分类建立记录档案。通过系列活动加强学生对植物多样性的认识，提高参与生物多样性保护教育的能力。

## 案例一    制作植物身份证——校园植物调查活动

| 活动名称 | 制作植物身份证——校园植物调查活动 |
| --- | --- |
| 活动策划 | 洪兆春　张万琼　黄仕友 |
| 参加群体 | 初中一、二年级学生 |
| 执行教师 | 西南大学附属中学　郑艺 |
| 教育（活动）形式 | 课堂教学与探究学习 |
| 合作馆校及部门 | 中国—欧盟生物多样性项目重庆示范项目办、重庆市环保局自然生态处、重庆市生态学会、重庆自然博物馆、西南大学附属中学 |
| 案例供稿 | 西南大学附属中学　郑艺<br>重庆自然博物馆　洪兆春 |

【活动内容】
　　（1）调查校园植物。
　　（2）为校园植物制作身份证。
　　（3）建立校园植物档案。
【资源条件】
　　（1）西南大学附属中学丰富的校园植物资源。
　　（2）学校教师参加了中国—欧盟生物多样性项目，得到了项目经费支持。
　　（3）邀请了西南大学生命科学学院、重庆自然博物馆植物分类专家协助植物识别。
【前期准备】
　　（1）组织学生，建立兴趣小组，进行合作探究。
　　（2）准备校园植物调查工具：照相机、校园植物记录卡、笔、植物标本夹。
　　（3）邀请西南大学、重庆自然博物馆专家举办植物分类知识讲座。
　　（4）到博物馆观看植物标本展览。
【活动过程】
　　（1）帮助学生学习观察植物整体外形，仔细观察植物的茎和叶，从茎和叶的不同特性，作为植物简单分类时的参考。
　　（2）设计校园调查路线，由教师和植物分类专家带领在校园内进行调查，观察校园内各种绿色植物，并拍摄照片，收集标本。学生记录观察到的植物名称、形态特征、生活环境、数量、生长情况，查阅事先准备的资料，尝试对调查到的植物进行分类，将归好类的植物进行整理，填写在调查表上，征求植物分类专家的意见，确定植物名称，画出校园植物分布草图。

（3）为校园植物制作身份证。

帮助学生学习植物学家林奈（Carolus Linnaeus，1707—1778）的生物命名法——双名法，使用两个拉丁字（属名加种名）构成某一生物的名称，使得一种植物只能有一个正式学名，就如同我们的身份证。

让学生思考植物的"身份证"上需要携带哪些信息，怎样才能让这些"身份证"经久耐用，征集标牌设计，引起全校同学关注，提高同学们的参与性以及活动的广泛性。

（4）为校园植物带上"身份证"，建立校园植物档案，向全校同学发出"爱护校园植物倡议书"。

（5）收集资料，编写校园植物名录、建立校园植物图片资料库，以小组为单位，有图片，有文字介绍，文字介绍中要包括以下内容：名称，生活习性，在校园中的地理位置，主要特征，主要用途。请教专家，对资料进行修订。

（6）校园植物摄影展：以小组为单位，拍摄照片、介绍植被、制成展板展示。

【活动效果】

通过校园植物识别、为植物制作身份证、建立校园植物档案、开展校园植物摄影比赛等活动，帮助学生认识校园植物多样性，不仅知道植物的名称；了解它们的主要形态特点、生活习性以及与人类的关系、用途等，还了解植物定名方法、分类单位，能对校园植物进行分类。通过一系列的活动，进一步培养学生收集资料、整理加工资料的能力，训练了学生从专家、老师、书籍、网络等渠道获取知识的能力，激发学生学习的兴趣和自觉性、主动性。制作校园植物档案和摄影展让学生欣赏大自然、热爱自然，增强了学生之间相互协作、协调意识。让学生在合作交流和推广宣传中学会自信，体验成功的乐趣。

附：

### 植物的茎和叶

1．植物的茎

（1）乔木：多年生树木，直立，有明显主干，高 5 m 以上（如松树）。

（2）灌木：没有明显主干的植物。

（3）藤本：不能独立向上生长，必须攀缘或缠绕其他物体才能向上生长的植物。

（4）草本：茎柔软而富含水分，木质化的细胞少。

2．植物的叶片

（1）单叶：每一叶柄上只有单一叶片。

（2）复叶：每一叶柄上有二个以上的叶片。

3．植物的叶序（叶与茎的排列方式）

（1）互生：茎上每茎只长一片叶子，二叶错开而生。

（2）对生：茎上每茎相对生二片叶子。

（3）轮生：茎上每茎生三片或更多叶片。

（4）簇生：茎间短，具二片以上之叶密接着。

4．叶缘

（1）全缘：叶子的边平滑无锯齿状，也无分裂。

（2）非全缘：叶子的边缘有锯齿状，或成波形，或有分裂。

5．叶脉

（1）平行脉：叶片的中脉与侧脉、细脉均平行排列或侧脉与中脉近乎垂直，而侧脉之间近乎平行。

（2）网状脉：具有明显的主脉，经过逐级的分枝，形成多数交错分布的细脉，由细脉互相联结形成网状。

（3）分叉状脉：叶脉从叶基生出后，均呈二叉状分枝。

## 案例二　网上识植物

| 活动名称 | 网上识植物 |
|---|---|
| 活动策划 | 洪兆春　胡长江　陈渝德 |
| 参加群体 | 初一年级全体学生及生物科技组学生 |
| 执行教师 | 重庆市北碚区王朴中学　肖国惠　童志强等 |
| 教育（活动）形式 | 课堂教学与探究学习 |
| 合作馆校及部门 | 中国—欧盟生物多样性项目重庆示范项目办、重庆市环保局自然生态处、重庆市生态学会、缙云山国家级自然保护区管理局、重庆自然博物馆、西南大学生命科学学院、重庆市北碚区王朴中学、北碚区静观苗圃、重庆市怡胜园林 |
| 案例供稿 | 重庆市北碚区王朴中学　肖国惠　童志强 |

【活动策划设计思路】

（1）利用校园植物资源，让学生认识植物种类。

我们的校园坐落在美丽的中国花木之乡——静观镇，她犹如一座绿色公园，校内绿化达到了点上成景、线上成荫、面上成林的设计特色，我校植物资源丰富，其中有重庆市园林局登记挂牌保护树种二十多棵，珍贵树种银杏、水杉、古老高大的榕树、西南卫矛等。但经我们初步调查，大多数同学，尤其是初一同学对植物了解甚少，对如此丰富的校园植物资源我们应该利用起来，让学生自己去认识了解植物类别及其特征。我们决定组织初一年级全体学生对学校各种花草树木进行一次研究性学习，并结合教材《认识生命》、《认识生物的多样性》等内容，结合实际让学生认识生物的多样性，更快、更易识别植物，做保护校园植物的"绿色使者"，并初步锻炼学生自主学习、合作学习的能力，综合实践活动能力，更有效地体现新课程理念，全面提高学生素质。

（2）利用网络资源，使学生学会自己通过网络，查询自己暂不能确定植物类别、生物学名称及特性等。并使学生能够将网络当成自己的教师，学习未知的知识，提高自身的自学能力。

（3）我们希望通过这次活动，为学校绿化提出一些建议，并为校园植物挂牌。使学校的每一棵树，都成为科普教育的场所。

【活动内容】

（1）对校园植物的种类进行考察。

（2）通过网络，对校园植物的生物学类别、学名、特性、用途、分布、习性等进行一次较详细的调查和研究。

（3）制作校园植物标牌，并为校园主要植物挂牌。

【资源条件】

（1）王朴中学丰富的校园植物资源。

（2）重庆自然博物馆、西南大学生命科学学院、北碚区缙云山自然保护区管理处、北碚区静观苗圃、重庆市怡胜园林及学校周边花木公司的技术支持。

（3）校园网络资源。

【前期准备】

（1）由生物任课教师向本班学生针对教材对学生进行生物多样性教育，利用多媒体教学，让学生初步认识一些植物的种类及其特征等。

（2）与微机教师取得联系，协助学生通过网络，查找相关资料。

（3）各班进行分组，每组6～10人，每组确定一个小组长。

（4）让学生明白这次活动的目的和要求，怎样观察植物的特征，并强调在活动过程中的安全问题、植物保护问题、纪律问题等。

【活动过程】

（1）初步考察：各班生物教师及各小组组长和生物科技小组的学生对校园植物进行初步的考察，熟悉树木的分布，并做好记录。

（2）分组实地考察：由生物教师利用生物课或课余、周末时间，带领各自任课班级分组对校园植物进行实地考察，认识各类植物的名称、特征及用途，并做好记录，画出植物分布草图，将不认识的植物重点做好记录，作好记号。

（3）采集标本：利用课余时间指导学生将植物的叶片采集下来，做成标本。

（4）采访讨教：带领学生将所做植物的标本请教学校园艺管理人员或周边园林技术人员，弄清树木的名称、科别、特征、用途，以及繁殖管理技术等。对某些不能确认的植物，我们通过网络上各个相关网站，查询对照相关资料，确定其植物学类别、学名、特性等。

（5）查阅核准资料：利用学生的信息课时间以及课余时间，让学生上网查阅资料，获取各类植物的相关资料（树名、科名、习性、特点及用途等）。

经过以上各项活动，学生对校园植物有了感性认识和理性认识的基础。为了使学生对植物的认识更科学、更准确，我们介绍了中国科学院植物研究所http：//www.ibcas.ac.cn/、中国植物图像库（Plant Photo Bank of China，PPBC）http：//www.plantphoto.cn/、中国植物物种信息数据库http：//www.db.kib.ac.cn/等网站，另外，教师提供了《中国植物志》《重庆缙云山植物志》等资料，供学生使用。

（6）资料的整理：汇总所有的资料，由学生在教师的指导下，进行全面的整理、筛选、分类。制作校园植物简介供校园师生使用。

【活动效果】

通过对校园植物资源的实地考察，学生对校园植物资源获得了较全面的认识了解，了解了校园植物多样性，学会了使用网络数据库查询植物名称、特性及用途，帮助学生了解网络的用途不仅仅只是用来打游戏。在调查活动中，学生对所获资料进行了整理，对校园主要植物的种类及珍贵树种楠木、银杏、水杉、西南卫矛等的数量进行了统计，编写了校园植物简介。活动培养了学生收集信息、整理信息的能力，训练学生对调查方法的应用，培养学生理论联系实际的综合实践能力。

考察校园植物

网上查询植物名称

## 案例三 认识植物多样性
### ——我为植物设计名片

| | |
|---|---|
| 活动名称 | 认识植物多样性——我为植物设计名片 |
| 活动策划 | 洪兆春　王中容 |
| 参加群体 | 小学二、三、四年级学生 |
| 执行教师 | 重庆市北碚区翡翠湖小学　陈阳　陈道伟 |
| 教育（活动）形式 | 课内教育和课外活动 |
| 合作馆校及部门 | 中国—欧盟生物多样性项目重庆示范项目办、重庆市环保局自然生态处、重庆市生态学会、重庆自然博物馆、重庆馨怡园林绿化有限公司、西南大学生命科学学院、重庆市北碚区翡翠湖小学 |
| 案例供稿 | 重庆市北碚区翡翠湖小学　陈阳　陈道伟 |

【教育（活动）设计思路】

受《重庆缙云山国家级自然保护区周边生物多样性公众教育系列活动》教师培训项目的影响，结合校园里生长的各式各样的植物，同学们却叫不出它们的名字，因此有了为植物设计名片、认识植物多样性的活动。

【教育（活动）内容】

通过对校园植物的调查，让学生认识身边的植物；通过网络收集资料，设计制作植物名片并为其挂牌培养学生对植物多样性认识，增进学生与自然和谐相处的良好意识。

【资源条件】

（1）重庆馨怡园林绿化有限公司为我校环境美化提供大量植物。

（2）邀请重庆市自然博物馆与西南大学专家、志愿者参与活动。

【前期准备】

（1）器材：记录纸、笔、照相机、电脑等。

（2）教育：学生在进行校内外环境调查时注意安全，爱护花草树木，不要随意采摘；在集体参观、制作中注意遵守纪律，爱护环境卫生。

（3）联系馨怡园林公司负责人，重庆市自然博物馆专家，西南大学志愿者到校指导开展科技活动。

【活动过程】

**1. 认识身边的植物**

（1）通过图书馆、网络查询、举办植物图片展、走访专家等方式，搜集校园植物的相关资料，了解校园植物的名称、形态、结构及其生长规律、习性等。带领学生在校园里观察各种植物根、茎、叶的特征。

（2）分班交流讨论，汇报观察、调查的成果，初步了解校园植物对我们生活环境的影响，认识到保护植物多样性的重要性。通过师生、生生间探讨并提出对身边的植物保护"金点子"。

**2. 我为植物设计名片并挂牌**

（1）谈一谈校园里的植物，及自己最感兴趣的植物，找到自己制作植物名片的方向。

（2）引导学生利用网络查阅资料，获取各类植物的相关资料（学名、别名、科属、分布、形态、特性、功用等）并分类记录整理。

（3）指导学生设计植物名片，把握植物名片基本要素，让学生展开想象力，自己创造设计各具特色的电子植物名片。

（4）邀请西南大学生命科学学院的志愿者帮助学生检查规范名片内容，将名片印制出来，向同学老师家长派发。

（5）将制作精美的名片放大悬挂在学校对应的植物上，方便同学们了解介绍该种植物的作用、特点、生长规律基本常识等，同时提高增强小学生的植物知识和保护植物多样性的意识。

**3. 展示、交流、总结**

（1）以班为单位召开一次以"我与植物交朋友"为主题的中队活动，汇报展示本活动的成果。

（2）开展设计制作植物名片评比展示活动。

（3）提出"绿化环境，美化校园"的倡议，开展"热爱植物，保护植物多样性"的绿色承诺签名活动。

【活动效果】

（1）教师围绕活动设计的方案《认识园林植物》获第 26 届重庆市青少年科技创新大赛一等奖。

（2）倡议书 1 份，签名承诺书 1 份，设计制作植物名片 38 张，为 38 种植物挂牌，撰写活动日记 283 份。

（3）通过本次活动，学生认识了校园植物，在设计制作植物名片、蜡叶标本、蜡叶拼图、叶脉书签的过程中认识了植物多样性。

校外辅导员带领学生认识园林植物

学生设计制作的植物名片

## 案例四　校园"绿地图"

| 活动名称 | 校园"绿地图" |
| --- | --- |
| 活动策划 | 洪兆春　周祖勇 |
| 参加群体 | 小学六年级科学学习小组 |
| 执行教师 | 重庆市北碚区静观中心校　周祖勇 |
| 教育（活动）形式 | 收集整理资料、分组讨论、科学调查、学习组培的方法、标本制作、拟倡议书 |
| 合作馆校及部门 | 重庆市环保局、重庆市自然博物馆、重庆市北碚区静观中心校 |
| 案例供稿 | 北碚静观中心校　周祖勇<br>重庆自然博物馆　洪兆春 |

【活动设计思路】

（1）根据小学六年级《科学》教材上册四单元《生物多样性》第一课《校园生物大搜索》和第二课《校园生物分布图》的安排，以校园生物为研究对象，组织学生开展分区域考察校园中的生物（主要为动物和植物）和绘制校园生物分布"绿地图"两项活动，目的是让学生通过对校园生物种类的考察，感受校园生物的多种多样。从而初步认识生物物种的多样性，为后面生物多样性知识的深入学习打下基础。

（2）静观镇作为"全国花木之乡"，学校确立了"花满校园品行天下"的办学理念，开展校园生物多样性考察活动，让学生了解更多的花木知识，学习花木的品格，促进学生的健康成长。

（3）让学生将校园生物按不同区域分植物和动物两类进行记录，发展学生运用分类的方法研究繁杂事物或现象的意识和能力。

【活动内容】

小学六年级上学期《科学》课程第四单元《生物多样性》第一课《校园生物大搜索》和第二课《校园生物分布图》，从搜索校园中的生物入手，通过考察、记录和统计校园中植物、动物的种类，用生物分布图描述、交流校园中的动物、植物和它们生活的环境，让学生从生物种类（物种）的角度感受校园生物的多种多样，初步建立生物多样性的认识。

【活动形式】

科学学习小组按区域考察生物、全班共同制作校园生物分布图。

【活动条件】

（1）北碚区静观镇是全国的花木之乡，种花、赏花在静观镇有着悠久的历史。热爱大自然，保护环境，热爱生活，美化生活，早已成为静观人民的良好习惯。特别是近十年来，花木产业迅速壮大，花木收入已成为静观人民主要经济收入之一。静观镇的生态环境得到极大改善，已成为人们居住、旅游、投资的好地方。学生们从小生活在静观镇，耳濡目染，认识不少花木品种，了解一些花木的特点，积累了一定的花木知识，珍爱家乡良好的生态环境，具有进一步了解家乡生物多样性的愿望。

（2）静观镇中心校校园内栽种了种类繁多的花草树木，部分动物在这里繁衍生息。现在静观镇中心校正在学校深化"花满校园"的办学理念，"用花的品格培养花一样的儿童"，学校编写了有关花木知识的校本课程。学生对花木知识有了更多的了解，对保护生物多样性和保护环境的重要性有了初步的认识。

（3）该班科学教师参加了"中国欧盟生物多样性保护教师培训课题"的专项系列培训学习，对保护生物多样性的意义有了更深一步的认识。

（4）六年级学生经过五年多的学习生活，已经能清楚地区分植物和动物，具有考察、记录、分类整理和按比例绘制平面地图的能力，懂得了合作的重要性，具有了基本的合作学习能力。

【活动准备】

（1）科学教师对学校校园的动物、植物分区域进行了初步考察。

（2）科学教师为学生考察准备了小铲、放大镜、记录表、照相机等考察用的工具、材料。

【活动过程】

（1）科学教师根据小学六年级《科学》教材上册四单元《生物多样性》内容进行课堂教学，课堂上学生先分小组交流了常见的动物、植物知识，然后各小组派代表在全班交流，教师作了补充，并要求学生回家利用网络、图书或请教花家、农技专家等，认识家乡更多的动植物，了解相关知识。

（2）科学教师对本次考察任务作了明确的交代，组织全班学生学习了考察的注意事项：一是要对所在区域进行全面考察，包括土壤中的和曾经过往的动物，可以从粪便、脚印、毛发等推知躲藏起来的动物；二是可用绘图、拍照等方式记录不知名的动物、植物；三是将考察的校园生物按动物和植物两类分别记录，既要记录生物的名称，又要记录它们生长或经常活动的地点；四是不能采摘植物和伤害动物；五是注意安全。教师根据校园的地理特点和动物、植物分布情况，把校园分为了校门、前操场、篮球场等四个区域，给8个科学学习小组划分了考察的区域，每个区域都有两个小组考察，鼓励学生细致考察做好记录，尽量不遗漏物种，教师分组巡回指导。

（3）各小组在组内整理、汇总本小组的考察结果，绘制各考察区域生物分布图。

（4）各小组在班级展示交流考察情况及结果。在教师指导下，汇总校园内生活的动物、植物种类，给动物、植物分别编号，共同绘制"静观中心校校园生物分布绿地图"。

（5）科学教师把《校园生物分布图》张贴在公共宣传栏里，供全校师生看。参与活动的学生主动带领其他班同学用校园绿地图识别动植物。

【活动效果】

科学教师反馈：学生通过亲自考察，绘制了校园生物分布绿地图，看到学校同学、老师都来分享绿地图，大家都很开心。在后阶段的科学学习中，参与科学课程学习的热情增加了，学习兴趣也有了明显的提高。

班主任教师反馈：我们班的孩子现在爱提问的学生多了，读课外书的学生也多了，学习的主动性增强了…

学生反馈：

陈末晓：想不到我们学校生活着42种植物和31种动物，过去我都不知道。我们的校园真美丽，我喜欢我们的学校。

周元：我们学校的校花是杜鹃花，我过去看到杜鹃花一般在春夏季开花，而学校引种的盆栽西洋杜鹃花却在冬天开花，还开得这么鲜艳，真神奇！

童真杰：篮球场边的条形花台里的三棵树，在春天开花的时候，非常美丽，我过去还以为是桃树。这次考察，我才知道是西府海棠。我还上网查了西府海棠的有关资料呢！

桂彬：从操场过到后操场的过道边有一盆盆栽植物，茎叶都是墨绿色的。我过去不知道叫什么，现在学校给花木挂出了标志牌，我读了标志牌上面的介绍，才知道它叫"蚊母"，像动物的名字，真奇怪。我要多观察它。

李洁：学校盆栽花卉有一种像"包包白菜"的。这次考察活动，经过请教老师，我现在知道了它学名叫"甘蓝"，原来我们常吃的"包包白菜"和这种还是同一个科的，怪不得这么像！

张开银：我过去上科学课根本心不在焉的。这次考察活动，我真的很认真呢，发现了蜗牛壳呢，以后我不但要学好语文、数学，还要学好其他学科。

陶思琪：我是科学学习小组的组长。我发现在科学学习中，我的动手能力及组织能力都有了提高，学习科学知识的欲望更强了！我们小组的同学也不赖呢！大家在考察时按照分工，配合默契，是发现物种最多的一个小组。

童金铭：我们班绘制的《静观中心校校园生物分布绿地图》张贴出来，来看的同学真不少。大家都称赞我们班呢！

……

学生绘制的校园绿地图

随着城市化进程的加快，在城区改造、道路绿化带建设、公园及房地产开发庭院绿化中，为快速绿化园林，缩短城市绿化建设的周期，大树移栽现象普遍，并成为社会热潮。大树移栽对生物多样性保护有利有弊，通过关注大树移栽，参加移栽大树的养护，引导学生科学客观分析社会热点现象，学习生物多样性保护技术，关注并积极参与生物多样性保护。

## 案例五　大树输液——校园树木移栽与养护

| 活动名称 | 大树输液——校园树木移栽与养护 |
| --- | --- |
| 活动策划 | 洪兆春　张万琼　黄仕友 |
| 参加群体 | 初中学生 |
| 执行教师 | 西南大学附属中学　陶永平 |
| 教育（活动）形式 | 校园探究学习 |
| 合作馆校及部门 | 中国—欧盟生物多样性项目重庆示范项目办、重庆市环保局自然生态处、重庆市生态学会、重庆自然博物馆、西南大学附属中学 |
| 案例供稿 | 西南大学附属中学　陶永平<br>重庆自然博物馆　洪兆春 |

【教育（活动）内容】

（1）组织学生查阅资料，到校园内外进行大树移栽成活率统计，探讨辩论大树移栽对生物多样性保护的利与弊；

（2）组织学生参加校园树木移栽，调查研究树木移栽过程中哪些措施能够提高树木成活率；

（3）为移栽树木配置输液袋，持续观察移栽大树生长状况。

【教育（活动）形式】

探究学习。

【资源条件】

（1）学校教师参加中国—欧盟生物多样性项目重庆示范项目办培训后，积极参与生物多样性保护教育活动；

（2）学校校园正在改扩建，校园内有移栽的大树；

（3）中学生物教材中有关于植物生长的相关章节，可以将理论与实践、课堂教学与课外活动紧密结合。

【前期准备】

（1）请园艺专家举办树木移栽相关知识讲座；

（2）准备学生参加移栽实践的场地、树木和移栽工具、树木输液袋及药品。

【活动过程】

### 1. 组织辩论赛

组织学生通过听讲座、参观植物园、分小组上图书馆和网络查询资料等方法了解树木移栽，分析树木移栽对生物多样性保护的利弊；组织学生汇总分析调查资料，举办辩论会，正反方辩论大树移栽的利与弊。

辩论支持方观点：

（1）缩短城市绿化周期，提高城市景观价值。

（2）城市属于生态脆弱地带，大树移栽并存活有助城市生态环境改善，使城市居民生活变得更加惬意。

（3）移出大树的乡村会因卖出大树有经济收入。

辩论反对方观点：

（1）破坏了大树原生地的生态平衡，给大树原生地的生物多样性保护带来危害。

（2）大树移栽成活率低，达不到绿化的效果。

（3）大树移栽赚钱的是中间商人，并不是大树原产地的村民。

教师秉持中立观点，指导学生继续思考两方面的问题：如何提高大树移栽成活率；印度喜马拉雅地区"抱树"运动对大树原生地生物多样性保护的意义。

通过辩论，师生对大树移栽有了理性客观的认识，大树经历了几十甚至上百年的漫长岁月长大成材，一棵大树就是一张生命的网，移走或因移栽不善而死亡，会对生物多样性和生态平衡带来破坏；解决办法应该是在城市园林苗圃里种植乡土树种，培植出大苗，再移植到城市，以满足城市绿化的需要。对移入城市的大树，应尽量保证其成活。

**2．参加学校树木移栽实践活动**

联系当地园林部门，调查园林工人在移栽大树时采取的具体措施，了解当地移栽大树的成活率。利用网络资源了解保证大树移栽成活的生物学知识，结合课堂教学分析探究植物根毛吸水、蒸腾作用养分的输送对大树成活的影响。

具体移栽过程：

（1）移栽前的准备工作，选择附近苗圃培育的有近似生境、生长壮的乡土树种。

（2）根据移栽大树的规格挖好树穴，对准备移栽的大树提前作灌水处理。

（3）对要移栽的大树进行断根、折冠处理。

（4）对移栽的大树进行蒲包、草片或树编材料加草绳包装。

（5）树根挖掘，形成一个圆形凸球，用浸渍的草绳缠绕至分枝点，准备三根支柱进行支撑，气温较高树干要进行遮阴处理。

（6）苗木栽植——"三埋两踩一提苗"。定植时将混好肥料的表土，取其一半填入坑中，培成丘状（一埋）。树木放入坑内时，务必使根系均匀分布在坑底的土丘上，校正位置，使根颈部高于地面 5～10 cm，珍贵树种或根系欠完整树木应采取根系喷布生根激素等措施。其后将另一半掺肥表土分层填入坑内，每填 20～30 cm 土踏实一次（二埋一踩），并同时将树体稍稍上下提动，使根系与土壤密切接触（一提苗）；最后将新土填入植穴，直至填土略等于高于地表面（三埋）；填土踏实（二踩）。带土球树木必须踏实穴底土层，而后置入种植穴，填土踏实。

**3．鼓励学生对移栽后的植物继续保持研究的兴趣，完成活动的重要环节——给大树打点滴（输液）**

（1）分析大树打点滴（输液）的药物成分：植物生长激素、组织培养液、氨基酸等。

（2）将配制好的袋装或瓶装液挂在大树上。在离地约两米的位置吊一个吊瓶，瓶内装激素和组培营养液。在离地约 50 cm 的位置用小铁钉在大树形成层打小洞，把导管的针头插入小洞中，液滴的流速一般以十天一袋（瓶）为准。吊完之后，改吊以氨基酸为主的营养液，做好病虫害防治和排水。

（3）完成观察记录，协助学校花工做好后期的养护工作，保持水分，减除多余的新发枝叶，除草、施肥、防止病虫害。

【活动效果】

通过查资料、辩论赛、参加树木移栽，对移栽后的植物保持研究的兴趣为大树挂吊瓶打点滴，完成观察记录等系列活动，培养学生将生物多样性保护理论知识与实践紧密结合，客观理性看待社会热点现象，冷静分析不断探索的科学态度，同时在辩论赛、移栽大树、管理养护大树的过程中也培养了学生的组织能力和团结协作精神，提升了学生的生物素养和关注生物多样性保护，关心社会的公民精神。

参观园林部门新移栽的大树——每棵树都在打点滴

自己动手移栽树木

在离地 0.5 m 形成层打孔

准备好输液头

插上点滴管

**校园移栽树木打点滴**

校园植物长得繁茂少不了辛勤的园丁，一年四季校园里总是能看到园丁们忙碌的身影，他们除了浇水施肥剪枝杀虫，有时候还看到他们神神秘秘地把一棵植物的枝条捆扎到另一棵植物上，他们在干什么？让我们也来做校园小园丁，发现其中的奥秘吧。

"校园小园丁"活动利用重庆市第二十四中学学校面积大、园林栽培历史悠久（抗战时期为国民政府军需学校）、园林植物丰富的特点，提供学生尝试做园丁工作，让学生亲近大自然，学习了解园林植物多样性，掌握园林植物繁殖方法。通过活动，让生物多样性保护思想的传递与生活实践相结合，不仅为学生认识生物多样性、保护生物多样性提供实践条件，也为将来学生成为具有生物素养公民打下良好的基础。

## 案例六    我是校园小园丁

| 活动名称 | 我是校园小园丁 |
| --- | --- |
| 活动策划 | 洪兆春    孔林    李建军 |
| 建议参加群体 | 八年级学生 |
| 执行教师 | 重庆第二十四中学    肖友彬 |
| 教育（活动）形式 | 形成生物兴趣小组，开展探究性学习活动<br>进行查阅资料、实践，让学生对园林植物保护的方法有基本了解 |
| 合作馆校及部门 | 中国—欧盟生物多样性项目重庆示范项目办、重庆市环保局自然生态处、重庆市生态学会、重庆自然博物馆、重庆第二十四中学 |
| 案例供稿 | 重庆第二十四中学    肖友彬 |

【教育（活动）内容】

（1）完成一种植物的嫁接任务，能熟练地完成嫁接操作。

（2）能对嫁接后的植物继续保持研究的兴趣，并完成观察记录。

（3）培养学生关注环境、乐于奉献的道德情感。

【教育（活动）形式】

形成兴趣小组，开展探究性学习和活动。

【资源条件】

（1）重庆第二十四中学丰富的园林植物资源及可供学生实践的桃树园和苗圃；

（2）学校有经验丰富的花工；

（3）学校生物组教师参加了中国—欧盟生物多样性保护教育培训，编写了生物多样性保护教育校本教材。

【前期准备】

（1）教师首先依据课程教材，实地考察校园的花园、苗圃、桃花园，了解校内资源与课程合作的可行性。

（2）组织八年级学生分成若干生物兴趣小组，邀请学校的花工为学生讲解"校园园林植物与人类的关系""园林植物的现状和面临的威胁""花园植物的保护的方法"的讲座。

（3）组织生物兴趣小组的学生查询有关校园植物、花卉的文献。对校园植物、花卉的形态特征、用途、繁殖的时间和方法有初步认识。

（4）材料准备：石蜡、手锯、枝剪、嫁接刀、麻绳或塑料条。

【活动过程】

**第一步　学习了解认识园林植物**

在教师的引导下学生进入网站了解我国园林植物栽培的悠久历史、丰富的园林植物资源和特有的珍稀物种，了解园丁基本工作及意义。各小组对收集的资料整理加工，在全班交流展示。

**第二步　自己动手做园丁**

（1）教师引导学生参观学校苗圃、桃园、桂园，激发兴趣小组成员当校园小园丁的激情。

（2）教师生物课堂讲解植物无性生殖（即嫁接、压条、扦插）的方法。通过教师讲解、师生问答和多媒体展示相结合的教学手段，让兴趣小组成员对生物多样性保护策略——生物物种就地保护的方法概况性认识。

（3）以 3～5 人为一个小组，通过文献阅读、自学、采访、视频等多种学习方式，了解园林植物的繁殖时间和方法以及注意事项。

（4）校园花工在教室演示如何嫁接、压条、扦插。

（5）在老师、花工的指导下，学生到花园实践，用枝剪、嫁接刀、麻绳或塑料条分别对桃树、樱桃、菊花进行嫁接、压条、扦插。并观察、记录其生长情况。

（6）将培育的心得、总结等通过多媒体形式进行展示。

（7）确定进一步培育园林植物的方向。

【活动效果】

学生通过嫁接、压条、扦插、观察记录等学习、实践活动，熟悉并掌握了园林植物的繁殖方法。学习过程生动活泼，气氛轻松愉快，充分调动了学生的学习积极性，增强了对园林生物多样性保护的理解，同时培养了学生合作学习的精神。在校园中有学生们自己嫁接成功的桃树、压条的腊梅、扦插的菊花，不仅提高了学生参与生物多样性保护活动的自信心，还帮助学生学会了实用技术，学生通过活动更加热爱自己的校园。

学生嫁接的桃树

学生扦插植物

## 案例七　探究校园落叶之谜

| 活动名称 | 探究校园落叶之谜 |
|---|---|
| 活动策划 | 洪兆春 |
| 参加群体 | 小学五年级学生 |
| 执行教师 | 重庆市沙坪坝区育英小学　刘欣 |
| 教育（活动）形式 | 课内教育和课外活动 |
| 合作馆校及部门 | 中国—欧盟生物多样性项目重庆示范项目办、重庆市环保局自然生态处、重庆市生态学会、重庆自然博物馆、重庆市沙坪坝区进修学院、重庆市沙坪坝区育英小学 |
| 案例供稿 | 重庆市沙坪坝区育英小学　刘欣 |

【教育（活动）设计思路】

我校拥有良好的校园绿化环境，种植了种类繁多的植物，为学生提供了观察发现的场所。有学生发现幼儿园黄桷兰树下有大量天然形成的完整的叶脉，激发了他们的好奇心以及强烈的探究愿望。组织"落叶之谜"这项探究活动，不仅可以从这项活动中了解到天然叶脉形成的原因，还能够从中学习到探究活动所需的步骤，以及科学家严谨的科学态度、坚持不懈的科学精神。

【教育（活动）内容】

将学校五年级对植物叶脉形成原因感兴趣的学生分成 4 个小组，并推选出组长带领组员到天然叶脉发现地进行实际观察，提出各种想要了解的问题；对问题进一步分类，引导学生对问题进行有根据的猜测；制订研究计划；根据实地调查法、实验法、访问专家等方法来验证假设是否正确；最后将我们通过各种方法途径得到的知识进行汇总，得出落叶之谜的答案，写出研究报告。

教育（活动）形式：组成 2+2 课外兴趣活动小组，开展探究性学习活动。

【资源条件】

幼儿园黄桷兰树下有大量天然形成的完整的叶脉，这里的环境得天独厚，正是我们需要探究的场所。

【前期准备】

（1）器材：土壤、叶脉、水槽、标本夹、照相机、电脑等。

（2）教育：学生活动前先进行野外采集安全教育，根据居住地分组确定组长，制定安全规则，坚决不去危险的地方。

【活动过程】

**第一阶段　准备阶段（2009 年 2 月）**

将我校五年级对天然植物叶脉研究感兴趣的同学按地区划分成四个小组，选出组长，分别调查我校各处、各种植物掉落下来的树叶是否都能形成叶脉。

**第二阶段　提出问题、提出假设、实验阶段（2009 年 3 月至 6 月）**

（1）通过观察发现，提出问题：为什么其他树下都没有看到如此完整的叶脉，这是怎么回事呢？为什么只有这个地方的叶片变了，其他地方的叶片没有变？为什么只有黄桷兰树叶的叶脉如此完整，其他的树叶却残缺不全？这是什么原因造成的呢？

（2）学生对以下几点进行了大胆的猜测：环境因素、树种因素、蜗牛因素。

（3）学生根据提出的假设，制定研究计划，确定小课题的研究内容、研究目的、人员组成、方法选择、时间等。

（4）探究验证假设：

1）实地调查法：和前期观察的区别是，我们重点观察了黄桷兰树、黄葛树、小叶榕、竹四种不同种类的落叶进行对比；选择了阴暗潮湿与阳光干燥两种不同环境的黄桷兰落叶进行对比；还重点观察了落叶上生物活动留下的痕迹。

2）实验法：学生通过对比相同树叶在不同环境下的变化，验证了环境因素对叶脉形成的影响。对比不同树叶在相同环境下的变化，验证了树种因素也是叶脉形成的重要原因。蜗牛活动对叶脉形成影响实验。

（5）访问专家。学生去请教了西南大学园林园艺学院的杨晓红教授。她告诉大家，只有在阴暗潮湿的环境下，落叶才容易形成叶脉。如果落叶掉在干燥的水泥地上则不容易形成。除此之外，她还用形象生动的语言告诉孩子们，黄桷兰树叶很香，我们喜欢，微生物也喜欢，其他的树叶跟它在一起，就没有那么有吸引力了。

**第三阶段　整理、汇总、交流、总结阶段（2009 年 9 月至 10 月）**

每组将实验的过程与结果，积极采访资料整理出来，写出研究报告，并交流心得体会。

【活动效果】

通过实地观察、做科学实验、请教专家，我们引导学生将结果进行分析和总结。侧重引导学生思考在探究过程中的收获。学生不仅明白了为什么在幼儿园黄桷兰树下的花台中会有如此大面积完整的叶脉。而且发现在生活中无处不蕴涵着科学的奥秘。只要善于观察，善于发现，大胆质疑，大自然还有许许多多的问题值得去探究。

在本次小课题当中我们注重了以学生为主体，从学生的角度出发去选取课题，在研究活动中以探究为核心，尊重学生自身的发展规律，不仅让学生学会知识，更要让学生学会动手、动脑、做事、思考、生存、做人，真正地做到"学、思、知、行"相结合。

发现天然形成的完整的叶脉

## 案例八  校园珍稀植物寻找活动

| 活动名称 | 校园珍稀植物寻找活动 |
|---|---|
| 活动策划 | 洪兆春  陈维礼  李雨霖 |
| 参加群体 | 小学 3～5 年级全体学生 |
| 执行教师 | 北碚区朝阳小学南校  李芳 |
| 教育（活动）形式 | 收集整理资料、分组讨论、科学调查、学习组培的方法、标本制作、拟倡议书 |
| 合作馆校及部门 | 重庆市环保局、重庆市自然博物馆、重庆市北碚区朝阳小学南校 |
| 案例供稿 | 北碚区朝阳小学南校  李芳 |

【教育（活动）设计思路】

学校校园环境是构成学生校园生活的重要因素，学生置身其间，受到"随风潜入夜，润物细无声"潜移默化的教育。依托重庆丰富的物种资源我校引种，栽培了大量的植物，学生们对这些不认识的植物有着浓厚的兴趣。如何利用学校的绿色资源、立足学生的兴趣与需要进行关于生物多样性的活动是我一直思考的问题。小学生的生活经验少、认知能力较弱、知识结构不完善。于是我决定从他们熟悉的校园环境入手，开展校园植物寻找活动。我们的活动主题是"认识校园植物"。主要目的是：

（1）体会生物多样性，学习保护珍稀植物的方法。

（2）增加对学校的了解、热爱我们的学校。

【资源条件】

（1）重庆自然博物馆植物学专家。

（2）朝阳小学南校区丰富的植物资源。

【前期准备】

（1）准备校园规划图，请广告公司帮忙定制，便于对每个区域内的植物编号，标示位置。

（2）准备专用的记录册记录每次活动的时间、内容。

（3）准备照相机等拍摄活动照片。

（4）成员分配调查区；老师强调安全事项。

【活动过程】

1．校园植物大搜索

（1）明确调查的主题、内容，让学生充分讨论，确定调查的步骤、方式、线路等（调查主要范围水池、食堂门前、校园四周花园）（2010 年 2 月）。

（2）调查校园内部植物的分布情况（2010 年 3 月上旬）。

1）植物专家指导课题组成员认识校园植物。

由于学生对植物的认识程度有限，老师特意联系了博物馆的植物专家，带领课题组成员对校园每个区域内的主要植物进行了识别。在识别的过程中，我们用标签编上号码，贴在植物的茎上，在本子上记录下每个编号代表的植物名称，以及他们所在的区域，方便我们日后整理归纳。

2）各小组集中汇总、整理，形成初步的调查报告（2010 年 3—5 月）。

植物专家离开后，我们拿到从广告公司定制的校园规划图，2 人一组分工在每个区域内，依照标签把校园内植物的分布情况标注在校园规划图上。

课题组成员利用课余时间，在校园规划图上标注各区域内的植物分布情况

（3）整理资料，把植物的信息编辑成册，制作校园绿地图（2010 年 6 月）。

当我们把所有的植物都标注好了以后，为了便于推广和利用，我们把每个区域内的主要植物整理《朝阳小学南校区植物分布表》。同时，我们结合规划图上的标注制作了绿地图。

2．活动深入实施和活动成果形成（2010 年 9 月）

活动接近尾声，我们已经整理好课题资料，准备进行推广，师生们一起在教室里面策划出很多成果展示和利用方式

（1）整理和完善珍稀植物保护的倡议书，号召全校学生以实际行动爱护学校的植物。

（2）精心整理活动心得和日记或其他形式的成果，制作成成果集参加各类比赛和展示。

（3）拍摄活动的过程图片，传到校园网，对外宣传我校的珍稀植物保护工作。

（4）给每个班赠送《朝阳小学南校区植物分布表》，让其他同学可以依照我们的分布表去认识寻找校园内部的植物。

3．活动评价

学生反馈：他们喜欢生物多样性教育活动。他们认为学习氛围轻松，学习交流的形式多样，由于研究内容既与课堂知识有关，又含有大量的课外知识，富有挑战性和趣味性。通过大量的宣传活动，他们第一次感受到了自己的研究成果的价值。他们每个人都经历了一个完整的课题研究过程，保护生物多样性的观念已经深深扎根在学生的心里。在研究过程中，他们还掌握了许多研究问题，解决困难的方法，撰写了多篇小文章，他们一起在每个环节共同商量，团结协作，体验科学家做研究的过程，为他们今后步入真正的科学研究奠定了基础。

老师评价：通过此次课题研究活动，可以看出学生对保护生物多样性的认识在逐步完善。对植物的知识储备逐步增加，小学生能完成全校近六十种植物的统计和资料编辑已经是很了不起的成就了。在这个过程中研究组的成员们团结协作、坚持不懈、虚心请教、大胆表达、成功地完成了课题研究，每个成员的表达能力、合作能力、动手能力、实验能力、记录能力、研究能力、查找筛选资料的能力都大大增强。

　　自然界微生物是种类及数量最大的生物，它们无处不在，空气中、水中、土壤中……可我们看不见摸不着。它们个头虽小，但却因繁殖迅速、数量巨大而能量巨大，对人们的生活、健康和环境产生巨大影响。让我们走进微观世界，一起来认识一下微观世界的多样与精彩吧！

## 案例九　微观世界的多样与精彩
### ——校园微生物调查活动

| 活动名称 | 微观世界的多样与精彩——校园微生物调查活动 |
|---|---|
| 活动策划 | 洪兆春　张万琼　黄仕友 |
| 建议参加群体 | 高一年级 |
| 执行教师 | 西南大学附属中学　宋洁 |
| 教育（活动）形式 | 课堂教学与课外活动相结合的形式 |
| 合作馆校及部门 | 中国—欧盟生物多样性项目重庆示范项目办、重庆市环保局、重庆市自然博物馆、西南大学生命科学学院 |
| 案例供稿 | 西南大学附属中学　宋洁 |

【活动设计思路】

　　通过开展"走进微观世界之水域微生物"等为主题的系列微生物调查实践活动，指导学生调查了解微生物的概念、检测方法、校园区域内的微生物种类、数量、微生物对改善环境的作用及调查后的认识并提出的合理化建议。

【活动内容】

　　（1）微生物大调查，资料收集。

　　（2）实验技术学习，讲座，操作培训。

　　（3）微生物分离纯化实验。

　　（4）"我与微生物有个约会"科技小论文写作。

【资源条件】

　　西南大学附属中学依山傍水，微生物自然条件优越。作为教育部直属高校西南大学的教育、教学、实验、实习基地，得益于大学的教育资源与教育平台支持，与大学各院系的密切联系，聘请大学名家教授走进中学，让中学生有机会走进大学做实验研究。又得益于使自然博物馆和区环保局的项目支持，让我们的活动有实施的保障。

【前期准备】

　　（1）网络学习，资料收集。

　　（2）微生物实验安全培训，微生物实验技术学习。

【活动过程】

　　第一阶段（1～2周）　自主学习，了解微生物种类生存方式对环境和人类的影响等。

　　第二阶段（2～3周）　专家讲座，实验室操作安全培训，微生物实验技术培训。

　　第三阶段（2～3周）　采集土壤，人体口中、皮肤、自来水中等处的微生物，分离纯化出的菌株拍照记录。有条件的初步鉴定微生物的种类。

例：在生活中经常会发现长霉现象，那么"霉"是什么呢？从长霉的污水中分离筛选得到霉菌，了解霉菌的生长和繁殖条件。

表 1　污水中霉菌的分离实验

| 实验题目 | 污水中霉菌的分离 | | |
|---|---|---|---|
| 实验日期 | | 地点 | 西南大学生命科学学院 |
| 实验内容 | 从实验室长霉的污水中分离纯化得到青霉菌或白霉菌 | | |
| 材料和仪器 | 电磁炉、铝锅、纱布、烧杯、试管、天平、分液漏斗、接种杯、超净工作台、高压灭菌锅、菜板、菜刀、马铃薯100g、葡萄糖6g及8g、试管8根、双蒸水、培养皿 | | |
| 实验主要步骤 | 1. 配制马铃薯琼脂培养基<br>2. 在马铃薯培养基中长出霉菌<br><br>3. 平板划线，分离得到单菌落<br> | | |
| 实验关键步骤 | 菌种的活化与分离、马铃薯培养基的配制 | | |
| 结论 | 在污水中成功分离得到霉菌单菌落<br><br>记录者： | | |

第四阶段　研究活动结果汇报，组织小先生讲座，显微镜下的世界（摄影作品大赛），微观世界手绘画大赛，"我和微生物有个约会"科技小论文征文比赛等形式。

多姿多彩的真菌世界：

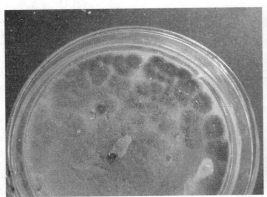 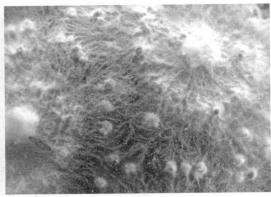

【活动效果】

（1）活动的实施使学生了解自然界中微生物种群数量丰富。

（2）切身感受人类活动对微生物种类及其数量的改变，增强学生对自然资源的热爱，从而产生主动的保护自然环境的愿望。

（3）养成科学严谨的研究态度，培养了应对困难时不屈不挠的意志品质。

（4）组织参加微生物调查研究的同学们撰写小论文参加国家级、省级比赛并获奖。

在专家指导下学习实验规范　　　　　　　　在无菌操作台开展实验研究

在校园污水排放口采集记录水样　　　　　　张贴自制生物多样性宣传海报

"夏季的清晨，当校园内的广播声响起，人们开始匆匆地赶往教学楼。从女生院穿过操场时，三只白鹭被我的脚步声惊起，忽然腾空而上，在天空中留下一道优美的弧线。这美丽的鸟儿给我留下了深刻的印象，我在为自己对它们造成的惊扰感到懊恼时，也惊异于它们居然会出现在我们校园里。向生物组的老师询问后才知道，鹭主要活动于湿地及林地附近，是湿地生态系统中的重要指示物种，而白鹭可是第二十四中学校园的常客了。

鹭是很古老的鸟类，大约在 5 500 万年前就已在地球上活动。它们喜欢群居，常栖息在稻田、河岸、沙滩、泥滩及沿海小溪流附近。小鱼、虫子、青蛙都是它们的美食，白天它们常与其他种类混群，飞越沿海浅水追捕猎物，夜幕降临时，它们会呈"V"字队形飞回栖息地。很多时候，它们都显得安静恬淡，如同古时优雅的淑女，只有和同伴聚集巢中才偶尔发出一两声呱呱声以示友好。它们有着长长的嘴、长长的颈和长长的脚，加上身体纤瘦，所以整个身形显得十分优美。小时读'两个黄鹂鸣翠柳，一行白鹭上青天'，为诗中描绘的美丽图景深深着迷，没想到如今我竟能亲眼目睹。能和这样的天使生活一处，怎能说这不是我的幸运呢？

鹭有很多种类，除了白鹭，在我们学校还有牛背鹭、苍鹭、池鹭，亲爱的同学你发现过它们的踪迹吗？"

—— 来自学生笔记

## 案例十　校园湿地观鸟

| 活动名称 | 校园湿地观鸟 |
|---|---|
| 活动策划 | 洪兆春　孔林　李建军　陈胜福 |
| 参加群体 | 初中一、二年级学生 |
| 执行教师 | 重庆第二十四中学　肖友彬　牟阳等 |
| 教育（活动）形式 | 探究学习 |
| 合作馆校及部门 | 中国—欧盟生物多样性项目重庆示范项目办、重庆市环保局自然生态处、重庆市生态学会、缙云山国家级自然保护区管理局、重庆自然博物馆、重庆第二十四中学 |
| 案例供稿 | 重庆第二十四中学　肖友彬<br>重庆自然博物馆　洪兆春 |

【教育（活动）设计思路】

（1）通过学习鸟类知识，观测鸟类活动，宣传爱鸟护鸟，培养学生的环保意识和社会责任感。

（2）通过学习更好收集、观察、记录、制作、宣传、总结等活动，培养学生各方面的能力，促进全面发展。

【活动内容】

（1）熟悉校内湿地常见的野生鸟类的名称、外形特征、生活习性、栖息环境等。

（2）掌握观察野生鸟类的常用方法，学会通过观察野生鸟类的种类数、只数对环境质量进行评估。

【资源条件】

（1）重庆自然博物馆专家提供了技术支持。

（2）学校地址北碚蔡家场洪家榜原为抗战时期国民党军需学校，校园古老、面积大，校园内湿地有丰富的鸟类资源。

（3）学校师生对这个活动很感兴趣，生物、物理、化学、语文、科技、美术等科任老师都积极组织学生参与。

【前期准备】

（1）与博物馆专家取得联系，安排好活动时间。

（2）对参加学生进行观鸟活动的相关教育。

（3）活动需要的工具：望远镜、观察记录表、鸟类图鉴、照相机等。

【活动过程】

**1. 课堂讲授观鸟知识**

教师课堂讲授相关知识并请专家到校开展讲座，使学生对湿地观鸟有初步了解，帮助学生做好观鸟前准备，观鸟者必需的用品：

（1）笔和笔记本。记录观测鸟类的地点、时间、种类及数量，一些暂时无法辨认的鸟类的主要特征。笔最好是铅笔。

（2）鸟类图谱。可以帮助你根据鸟类的形体特征和分布状况，很快分辨出所见鸟的种类，目前国内出版的比较好的鸟类图谱有《中国鸟类野外手册》《中国野鸟图鉴》等。

（3）望远镜。对于鸟类来说，一般都比较怕人，而且体形也比较小，在不惊动它们的距离内，用肉眼一般很难看清楚，所以需要有望远镜的帮助。

（4）照相机。最好的野外记录工具。

**2. 认识鸟类**

（1）到重庆自然博物馆鸟类展厅参观，在专家和教师的共同指导下，了解湿地鸟类的名称及特点。

（2）给学生播放《候鸟的迁徙》等影片，培养学生观鸟的兴趣和对鸟类的关爱之情。

（3）组织学生到图书馆查阅资料，阅读鸟类图谱《中国鸟类野外手册》《中国野鸟图鉴》，初步熟悉湿地鸟类名称，了解鸟类与环境的关系。

**3. 户外观鸟**

（1）教师和专家带领学生去学校湿地观鸟，了解户外观鸟注意事项；运用前期积淀的知识初步识别野外鸟类，并进行记录。

（2）将记录的鸟类资料汇总请教专家和老师、查阅图书资料进行辨别，编写校园观鸟手册。

（3）组织观鸟比赛，将学生和老师分成小组，比赛哪一组记录识别的鸟类多。

（4）观鸟绘画、摄影、小日记比赛，学生将自己观察鸟类美丽的姿态画出来、拍下来把自己观鸟的观察和心得记录下来参加比赛，在学校举办比赛作品小展览。

（5）统计校园湿地鸟类的主要种类，分析鸟类与它生活环境的关系，了解不同的鸟类要求不同的生态环境条件；持续的鸟类观察记录是很好的环境监测数据，让学生明白保护生物多样性的重要。

（6）编写观鸟校本教材，让活动持续开展。

【活动效果】

通过开展校园湿地观鸟活动学生学会科学探究的方法，了解户外观鸟的基本方法，认识了多种多样的湿地鸟类，自己做户外观察记录增强了实践操作能力；培养了学生热爱大自然，热爱家乡的情感；明白爱护大自然、与大自然和谐相处的重要性；通过竞赛活动将观鸟知识传递给全校师生，对生物多样性保护起到了很好的宣传作用。

校园湿地观鸟调查结果宣传栏

白鹡鸰是雀形目鹡鸰科的鸟类，属小型鸣禽，全长约 18 cm，翼展 31 cm，体重 23 g，寿命 10 年。体羽为黑白二色，常栖息于村落、河流、小溪、水塘等附近，在离水较近的耕地、草场等均可见到。

观察是小学生喜闻乐见的认识世界的活动方法之一，敏锐的观察力是创新、实践活动中不可缺少的一种基本能力。学生通过在校园观察白鹡鸰产卵、孵卵和雏鸟的生长过程，了解到白鹡鸰生殖繁衍养育后代的过程，对环境的要求……。进而在老师指导和动物标本馆的参观学习后了解白鹡鸰的生活习性。通过观察，引导学生发现、归纳我们学校的白鹡鸰筑窝与资料和专家介绍的白鹡鸰筑窝的不同和相同点，激发学生的思考和提出问题能力，同时通过这一过程，培养学生观察能力。

## 案例十一　小鸟，小鸟，我爱你
### ——白鹡鸰生殖繁衍及生活环境的观察研究

| 活动名称 | 小鸟，小鸟，我爱你——白鹡鸰生殖繁衍及生活环境的观察研究 |
|---|---|
| 活动策划 | 洪兆春 |
| 建议参加群体 | 爱鸟兴趣小组 |
| 执行教师 | 重庆市北碚区梅花山小学　张燕 |
| 教育（活动）形式 | 观察活动 |
| 合作馆校及部门 | 中国—欧盟生物多样性项目重庆示范项目办、西南大学、重庆市环保局、重庆市自然博物馆、重庆市北碚区梅花山小学 |
| 案例供稿 | 重庆市北碚区梅花山小学　张燕<br>重庆市北碚区教师进修学院　曾华川 |

【教育（活动）内容】

（1）观察白鹡鸰生卵、孵卵和雏鸟的生长过程，坚持写观察日记，拍摄图片资料。以此来记录生命的生长发育过程。

（2）参观西南大学生物科学学院动物标本馆，请教西南大学鸟学专家何学福教授，到西南大学生物科学学院图书馆查阅资料，研究白鹡鸰生殖繁衍及生活环境。

【资源条件】

（1）梅花山小学始建于 1946 年，1994 年拆旧建新，2001 年创建"绿色学校"，形成了"春有花、夏有荫、秋有果、冬有绿"的绿色环境。花坛里，树枝上，凤尾竹丛，爬山虎藤蔓，教学楼房梁上……到处都有鸟儿做窝，学校成了四季鸟语花香的"鸟的天堂"。

（2）梅花山小学毗邻西南大学，有得天独厚的人才优势，二十多年来坚持与西南大学开展"大手拉小手"科技实践活动。

【前期准备】

（1）学生自愿报名组成小组。

（2）准备观察工具：照相机、尺子、笔、观察记录表等。

（3）学习鸟类相关知识，了解观察鸟类注意事项。

（4）与西南大学生物科学学院动物标本馆、图书馆等联系，做好考察活动方案。

【活动过程】

**1. 观察白鹡鸰的繁殖过程**

（1）产卵和孵卵。

仔细观察鸟儿产卵、孵卵和雏鸟的生长过程，填写下表，拍摄图片，将图片按照日期保存于电脑中。

| 观察对象 | 白鹡鸰 | | 观察时间 | |
|---|---|---|---|---|
| 组长 | | 组员 | | |
| 观察工具 | | | | |
| 我看到了什么？ | | | | |
| 我听到了什么？ | | | | |
| 我闻到了什么？ | | | | |
| 我摸到了什么？ | | | | |
| 观察结果 | | | | |

通过观察发现：

1）白鹡鸰窝外径 13.1 cm、内径 7.1 cm、高 6.0 cm、深 4.5 cm。

2）白鹡鸰于 5 月开始繁殖。据观察，雌鸟于 5 月 12—16 日，每天产卵一个。共产 5 个白底褐斑的卵。卵的形状是椭圆形的，长约 3 cm，大头直径约 2 cm，小头直径约 1.2 cm。

通过观察得出结论：白鹡鸰属两性区别不明显的鸟类，雌鸟雄鸟轮流参加孵卵工作。孵化期为 14 d 左右。

（2）育雏。

通过白鹡鸰育雏过程观察发现：

1）刚孵出的小鸟儿约大蚕豆大小，眼睛不能睁开，红红的身上长着稀疏的小绒毛。听到声响，就以为是亲鸟来喂食，都把嘴朝上张得大大的。才孵出的小鸟儿嘴黄黄的，嘴缘还有鲜红的颜色，特别醒目，可能有刺激亲鸟喂食本能的作用吧。

2）雏鸟的食物为虫类，由亲鸟衔取喂养。双亲都参与饲喂。早上 6 点左右开始，每隔 2～6 min 喂 1 次，在窝内停留 2～5 s 即出。一般在喂食后作短时间的环视，略走 1 m 左右，边走边叫，最后一声长鸣，呈波浪式飞走。如遇惊扰，则站在距鸟窝 6～7 m 的电线上，尾不停地摆动，状似急躁地发出短促尖锐的"ji—ling"声。在育雏阶段，亲鸟的劳动十分紧张，每日捕食往返次数为 150 次以上，劳动时间达 16～19 h，可消灭很多害虫。

3）雏鸟孵出 7～8 d，头颈、翅膀、尾部长出些许小羽毛和大毛筒，10 d 左右就能扑腾着离开鸟窝到花台上去玩了。14 d 左右羽毛长齐，跟随亲鸟学习飞翔捕食，直到独立生活。

**2. 白鹡鸰生活环境考察**

（1）小环境。教学大楼二楼的阳台距地面约 4 m，花台高 1.1 m，长 1.5 m，宽 0.5 m，面积为 0.75 m²，白鹡鸰的鸟窝筑在花台左边靠里的一角，盆栽黄桷树下，玫瑰花丛与朱顶红花丛间，15～16 cm 高的四叶草密密匝匝长满花台。

（2）大环境。学校有六个花园，五十一个花台，两个荷花池。植有雪松、刺桐、广柑、小叶榕等 34 类树种 468 棵树木，种有扶桑、玫瑰、迎春等 40 余类花种 10 000 余丛花草。校园内最高的树约 15 m，最粗的树干周长有 2.26 m，要幼儿园的三个小朋友手拉手才能合抱，最大的树冠遮阴面积约 80 m²。整个学校的绿化面积达 4 011 m²，绿化覆盖率达 58.3%。

3. 我们的思考

据专家强调和资料显示，白鹡鸰最喜欢生活的环境是水田、沟渠及水塘边，常栖息在溪沟、河岸、水田边的石头上，有时也停息在水边树上。生活环境的主要植被有稻秧、水生杂草等。白鹡鸰以吃昆虫为主，主要有蝗虫、金花甲、金龟甲、鳞翅目和鞘翅目的幼虫以及蝇、蛆等，也吃一些蔷薇科果实、禾本科的种子等。它们一般在洞穴或岩缝间筑窝，有时也在山地茅屋顶上或坡地灌木丛中筑窝，鸟窝距地面的高度一般在 3 m 以内。而我校白鹡鸰却在距地面 5.1 m 高的楼房二楼阳台的花台上筑窝繁衍后代，真奇怪！我们归纳了一下，我们学校的白鹡鸰筑窝与资料上和专家介绍的白鹡鸰筑窝有两点不同：

一是我校白鹡鸰筑窝的地方是楼房，而不是寻常的岩缝、茅草房或灌木丛；

二是我校白鹡鸰筑窝的高度是 5 m 多，而不是寻常的 3 m 以内。为什么会这样呢？经请教鸟学专家和分析白鹡鸰生活的大小环境，认为：这一奇怪的现象缘于校园环境的改变，校园绿化程度的提高。鸟儿最大的竞争之一是食物的竞争，而校园花草树木繁多，各种害虫也随花草树木的增加而增多。校园大环境有白鹡鸰喜欢的荷花池，有白鹡鸰喜食的各种害虫；二楼阳台花台的小环境花草繁茂，生机勃勃。学校的白鹡鸰大概把它当成了地面小花台了，所以选择了教学楼二楼花台筑窝。

【活动效果】

白鹡鸰生殖繁衍及生活环境的观察研究，使学生们明白了鸟儿是人类的朋友，了解了人与环境、环境与鸟的关系，既锻炼了学生们科学观察研究的实践能力，又培养了他们爱鸟、爱自然、爱祖国的美好情操。

学生通过观察研究，写出环保征文参加环保征文大赛获重庆市一等奖，写出科技论文、实践活动参加青少年科技创新大赛分获重庆市二、三等奖。

四枚白鹡鸰蛋

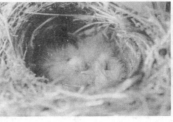
孵出小鸟了

嗷嗷待哺的四只小白鹡鸰

方寸绿地，滋润人心。有人说学校是人类文化沙漠里的绿洲，而教室就是绿洲里知识的殿堂，它神圣而圣洁，肩负着知识的万代传承，文化的脉脉相传。在参与"美丽校园，我们在行动"系列生物多样性保护教育活动中，有同学说："冬天教室空气不太好，我们在教室种点植物，会不会感觉好些？"

针对学校大班教育，学生人数较多教室空气质量有待于改善的现象，教师带领学生从教室布置着眼，通过查阅资料选择绿色植物在教室里进行栽培了解室内栽培植物的多样性，通过对教室空气质量进行检测，学习使用空气检测仪器方法，通过废物利用布置教室等活动，提高学生动手能力，提高学生对生物多样性价值的认识，推动学生积极参与生物多样性保护教育活动。

## 案例十二　教室绿化植物的种植——生态教室创建活动

| 活动名称 | 教室绿化植物的种植——生态教室创建活动 |
| --- | --- |
| 活动策划 | 洪兆春　张万琼　黄仕友 |
| 参加群体 | 高一学生 |
| 执行教师 | 西南大学附属中学教师团队 |
| 教育（活动）形式 | 课堂教学与探究学习 |
| 合作馆校及部门 | 中国—欧盟生物多样性项目重庆示范项目办、重庆市环保局自然生态处、重庆市生态学会、重庆自然博物馆、西南大学附属中学 |
| 案例供稿 | 西南大学附属中学　马颖<br>重庆自然博物馆　洪兆春 |

【活动内容】
（1）查阅资料选择适合教室栽培的绿色植物。
（2）在教室里进行栽培实践活动。
（3）使用设备对教室空气进行检测。
（4）废物利用制作垃圾箱等布置教室。

【活动准备】
（1）邀请园林、植物分类专家指导活动。
（2）准备测试仪器。
（3）成立学生兴趣小组。

【活动过程】
第一阶段　调查与资料查找
（1）问卷调查与访谈，了解学生对生态教室建设的看法、态度及建议等相关情况。
（2）室内植物大调查：虽然说要建设生态教室，但不是所有的植物都适合在室内栽培的。关于室内植物栽培的情况同学们又了解多少呢？组织学生通过上网、图书馆查资料的方式，调查一下哪些植物适合室内栽培。每位同学至少调查 10 种适合室内栽培的植物，并简要说明原因。调查完之后在班上进行交流。比如：①芦荟：放光线明亮处，介质干透才浇水。芦荟正常生长需要全日照，室内栽培要限制水分供给，否则容易徒长，失去原有造型。品种繁多，叶片粗糙厚硬的种类，可在室内维持较久的时间。②仙人掌：原产于热带干旱地区的多肉植物，其肉质茎上的气孔白天关闭、夜间打开，在吸收二氧化碳的同时，制造氧气，使室内空气中的负离子浓度增加。

（3）总结学生调查的室内植物，邀请专家点评，加深学生对室内栽培植物多样性的认识。

**附：学生整理的室内栽培植物**

（1）观叶植物：吊兰、常春藤、吊竹梅、合果芋、橡皮树、小苏铁、棕竹、散尾葵、袖珍椰子、文竹、变叶木、红背桂、龟背竹、春羽、凤尾竹、凤梨类、竹芋类、蕨类、旱伞草、绿萝、喜林芋、朱蕉、巴西铁、广东万年青、富贵竹、马拉巴栗（发财树）、彩叶芋、竹节海棠等。

（2）观花植物：月季、迎春、梅桩、盆栽紫薇、瑞香、茉莉、米兰、山茶、茶梅、杜鹃、扶桑。君子兰、朱顶红、百合、风信子、水仙、红花酢浆草、马蹄莲、仙客来、香雪兰、花毛茛。中国兰、热带兰、菊花、扶郎花、四季海棠、矮牵牛、金莲花、大竺葵、吊钟海棠、玻璃翠（何氏凤仙）、几内亚凤仙。一、二年生草花等。

（3）观果植物：南天竹、佛手、玳玳、金桔、四季桔。火棘、枸杞、小石榴。冬珊瑚、五彩椒、草莓。

（4）仙人掌类与多肉植物仙人掌、仙人球、仙人指、蟹爪兰、昙花、令箭荷花、龙舌兰、虎尾兰、酒瓶兰（龙舌兰科）、龙须海棠、彩虹菊、宝绿、生石花（番杏科）、莲花掌、石莲花、玉树珊瑚（景天树）、落地生根、长寿花、垂盆草（景天科）、芦荟、十二卷、豆瓣绿（百合科）、虎刺梅（大戟科）、马齿苋树（马齿苋科）。

（5）藤本植物金银花、葡萄、牵牛花、茑萝。

**第二阶段　室内植物种植栽培**

通过讨论和学习，学生们从适合室内栽培的植物中选出最经济实惠的植物栽培在教室里：芦荟、仙人掌、绿萝、吊兰，水培了富贵竹等植物。植物养护工作由学生自发组织完成。常规管理包括浇水、施肥、防寒、防冻、防病虫害管理；学生们还在土壤里放了蚯蚓等土壤动物，让它们松土以便空气充足，让它们处理枯枝残叶以增加土壤肥力。

芦荟

富贵竹

**第三阶段　废旧物品循环利用**

建设一个生态教室，除了引进绿色植物净化空气，还可以通过不使用一次性塑料袋、垃圾的归位、物品的循环利用等措施美化教室环境。选出班级相对宽敞的地方，设计物品循环利用点，包括废塑料瓶、废纸等。

学生用废旧物品制作的收纳箱

**第四阶段　学会使用仪器，探究生态教室的空气质量**
（1）使用便携式多种气体检测仪对种植植物和未种植植物的教室进行对比检测。
（2）生态教室和普通教室进行温度、湿度、噪声等方面的测量比较。

【活动效果】
　　通过系列活动，学生学到了很多关于植物的知识，认识了多种多样的常见室内栽培植物，更深刻了解植物对我们生活的作用，理解了保护生物多样性的价值和意义。活动过程中还学习了上网和图书馆查阅资料，自己动手废物利用制作了垃圾筒，学会了使用空气检测仪器，提高了参与生物多样性保护的能力，学生在活动中懂得了要好好保护大自然，保护生物多样性，多种植花草树木，以此来保护我们的生存环境。
　　学生笔记：紧张的学习，使教室中的空气显得十分压抑，这样的环境对学习恐怕是没什么好处的。但生态教室的出现却很好地解决了这个问题。我们的老师带领我们进行了为期一个多学期的生态教室研究，在这一个多学期中，我们充分体会到了生态教室给我们的学习，生活带来的好处及各种影响。在教室的上方挂上一盆盆绿色植物，这首先的一个好处就是养眼。一进教室，满眼的绿色使心情瞬间好起来。结束了一节课的学习，摘下眼镜，一抬头就是一片翠绿，酸酸的眼睛得到了很好的调节，下节课自然更有精神。第二个好处就是使教室美观了。灰白的墙面，乌黑的黑板及几十张清一色的桌子，教室的颜色老是那么令人困乏，然而突然之间增加了一大片亮眼的绿色，教室瞬间显得轻快活泼，学习劲头更足了。生态教室带来的第三个影响，也是最重要的一点，教室的空气改善了。绿色的植物满满地挂在教室里，在阳光的照射下进行光合作用，使得教室里形成了一个小小的氧循环。尤其在冬天的时候，紧闭不开的门窗使教室中的空气浑浊闷人，对我们的学习及身体健康都没有好处，而在生态教室中，植物的光合作用则会吸收二氧化碳，释放氧气。坐在生态教室中，每时每刻都能呼吸到最新鲜的氧气。在生态教室中的一个多学期里，我感受最深的一点就是，生态教室对我们学习等各方面真的带来了很多好处。

# 第五章 游戏、制作

## ——提高参与兴趣

执行中国—欧盟生物多样性保护教育项目的过程中，去学校调研，发现不管是城市还是乡村的孩子，普遍知道"愤怒的小鸟""切西瓜""连连看"等电脑游戏，但不一定知道自己家乡的珍稀动植物。

爱玩是人的天性，不管是玩电脑还是参与户外游戏，我们在玩耍游戏中愉悦身心，开阔心胸，学习知识，强健体魄。陶行知先生说："生活即教育"，卢梭主张"教育要归于自然"，教育应遵循自然天性。开展生物多样性保护教育，策划设计一些来源于大自然，来源于生活，顺应青少年天性的自然游戏、制作、科普剧表演活动，能提高参与者兴趣，增加传播生物多样性保护知识的方法途径，推进教育活动的开展。

游戏和制作活动有许多类型，如以唱歌、跳舞、绘画为内容的艺术游戏；以走、跑、跳、攀爬、制作、实验等为内容的活动游戏；以学习、记忆、观察、联想、思维、探索等为内容的认知游戏。

游戏、制作、科普剧表演活动的设计策划应尽量做到因地制宜，围绕生物多样性保护主题，根据参与者不同年龄身心发展的特点，充分发挥教师特长，调动学生积极性。设计中还应考虑参与者有分工、有互助、有协调、有竞技、有分享，培养竞争意识同时也培养团队的合作精神，让参与者在活动中主动探索积极学习，增强生物多样性保护教育活动的吸引力。

　　小学生是生物多样性保护知识传播的重要对象，结合他们喜欢游戏活动的年龄特点，我们将生物多样性保护教育课程开在南山植物园内，充分利用重庆南山植物园的展陈资源和专家优势，在大学生志愿者的帮助下，围绕生物多样性保护开展游戏活动，让学生在快乐的游戏参观活动中学习知识，培养关爱生物、热爱大自然的情感，让生物多样性教育显得亲切直观又有效，提高学生保护生物多样性的自觉性，更好地推动生物多样性保护行动计划的落实。

## 案例一　体验趣味游戏　认识物种多样性
### ——"南山植物园"参观体验活动

| 活动名称 | 体验趣味游戏　认识物种多样性——"南山植物园"参观体验活动 |
| --- | --- |
| 活动策划 | 洪兆春 |
| 参加群体 | 小学三、四、五年级学生 |
| 执行教师 | 重庆市北碚区蔡家教管中心　张德虹　陈伟　庹友敏　龙明伟 |
| 教育（活动）形式 | 以课外科学兴趣小组为依托开展教育活动，形成课外科学兴趣小组，开展探究性学习和实地调查活动 |
| 合作馆校及部门 | 中国—欧盟生物多样性项目重庆示范项目办、重庆市南山植物园、重庆市环保局、重庆自然博物馆、重庆市北碚区蔡家场小学 |
| 案例供稿 | 重庆市北碚区蔡家教管中心　张德虹　陈伟　庹友敏　龙明伟<br>重庆自然博物馆　洪兆春 |

【教育（活动）内容】

　　（1）组织学生参观南山植物园，认识园内的珍稀植物，了解植物的名称及生长环境，特别指导学生认识耐旱植物，了解耐旱植物的生长环境及其适应的形态特征。组织学生讨论分析珍稀物种面临的胁迫因素，提高学生保护生物多样性的自觉性。

　　（2）参观过程中学生参与叶拓、扭蛋、解网等小游戏，以此了解植物叶的构造、动物的形态特征、身体结构、多种多样生物间的紧密联系。

【资源条件】

　　（1）重庆市南山植物园各类珍稀植物（耐旱珍稀植物约 500 种）。

　　（2）重庆市自然博物馆、西南大学植物分类专家及相关领域研究人员。

　　（3）参与中国—欧盟生物多样性课题，并得到了经费资助。

【前期准备】

　　（1）与支持活动开展的重庆市自然博物馆洪兆春副研究馆员联系，落实参观时间、门票、专家、大学生志愿者等准备事宜。

　　（2）组建重庆市北碚区蔡家场小学教师生物多样性保护教育课题团队，配合参观游戏活动安排负责活动的学校领导和带队教师。

　　（3）组织参与活动的教师和学生在校学习生物多样性保护知识，让学生上网搜索南山植物园资料，特别是珍稀植物资料，分小组进行交流和分享，讨论生物多样性保护倡议书，做好参观前的准备。

（4）制作活动主题标语、服装和胸卡，对学生进行安全教育。

【活动过程】

**1. 参观前，在植物园会议厅聆听简短的专家报告，了解重庆市生物多样性概况及保护的迫切性**

**2. 参观植物园，体验趣味游戏**

（1）在南山植物园讲解员的带领下，认识园内的珍稀植物，了解植物的名称及生长环境。观察温室内的耐旱植物，了解耐旱植物的生长环境及其适应干旱的形态特征。

（2）在大学生志愿者帮助下参加游戏。

1）叶拓体验：以树叶、画笔、颜料为材料，让学生将涂上颜料的树叶拓印在白纸上并组成各种图案。让学生了解树叶的形态特征。用自己做的叶拓画记录大自然的神奇。

2）解网游戏：组织学生以 4~5 人为一小组，每人代表不同的生物种群，让他们相互牵手交叉织网，再找学生在不弄断连接的情况下解开织的"生物多样性网"。通过游戏，让学生了解物种之间的密切联系；任何物种的消失，都会给其他物种带来影响。让小学生在有趣的游戏中认识生物链，认识保护生物多样性的重要性和迫切性。

3）扭蛋游戏：让学生分小组展开组装动物扭蛋比赛，比赛哪组做得快，让学生在组装比赛中快速熟悉动物的身体结构，达到区别、认识物种的目的。

4）生物多样性知识竞答：参加有奖知识竞答，激发学生参与兴趣，了解更多生物多样性保护的相关知识。

（3）保护生物多样性，我们在行动

在生物多样性保护签名墙上签名，和大学生志愿者一起宣读保护生物多样性倡议书。

**3. 活动延伸**

（1）组织学生回家与家人、朋友进行游戏的分享。

（2）分小组讨论总结参观游戏的收获，围绕参观学习收获开展作文比赛、板报比赛、手绘小报展示等活动。

【活动效果】

（1）通过开展本次活动，学生了解了重庆生物多样性的基本现状，明白了什么是生物多样性，同时，也看到了重庆生物多样性的面临的危机，提高了学生对生物多样性保护的认识，从小树立起环保理念，认识到在生物多样性保护行动中我们每个公民的责任。

（2）学生了解、认识了重庆特有的珍稀濒危动植物，增长了见识，为后期开展中国-欧盟生物多样性课题《对开发地区植被（古树）保护现状的调查研究》作了准备。

（3）学生在家完成资料、图片收集整理及游戏活动过程中，影响了其家人、朋友，让社会上更多的人认识到保护生物多样性的重要性，使更多的人加入到保护的队伍中来。

（4）此次活动被新闻工作者进行了跟踪报道，进行了网络视频分享，让更多的人群知晓保护生物多样性这项活动。

学生反馈：我们十分喜欢在重庆市南山植物园进行《体验趣味游戏 认识物种多样性》参观考察学习。了解了园内物种的丰富资源，现场参观、学习生动活泼，气氛轻松愉快，就像在旅游中一般，充分调动了我们学习的积极性。

科学教师团队：学生们的思考能力、动手能力、资料整理收集能力等有明显提高。

解手链游戏

叶拓游戏

开心活动

现代家庭里的孩子玩泥巴怕脏，爬树怕摔倒，草地里怕有蛇，花园里怕有蜜蜂，整天"宅"在家里看动画片、玩电脑游戏、看漫画书，或者做功课、上兴趣班。"塑料"时代、电子时代正让孩子们逐渐脱离了大自然，变成一群"自然缺失症儿童"。不仅仅是儿童，现在的成人也在逐渐远离自然，钢筋水泥封住的不仅仅是身体，还有对自然的关爱。缙云山国家级保护区生物多样性资源丰富，但生活在保护区周边的居民并不完全了解，通过在缙云山自然保护区面向公众开展自然生态教育，通过游戏和体验式的教学方法，传播自然之大、生命之美的理念，丰富公众亲身学习经验，培养公众对自然生态的兴趣及关注，增进他们的生物多样性保护知识，了解人与自然环境和谐共生的关系，对培养公众生物多样性意识，提高公众参与生物多样性保护的能力有积极的促进作用。

## 案例二　云中漫步——生态大森林探秘游戏

| 活动名称 | 云中漫步——生态大森林探秘游戏 |
|---|---|
| 活动策划 | 洪兆春　兰雪莲　陈灿 |
| 参加群体 | 6 岁到 12 岁孩子和他们的父母 |
| 活动组织 | 重庆市科协、重庆市生态学会、重庆两江志愿者协会、重庆缙云山国家级自然保护区等 |
| 执行教师 | 西南大学大学生志愿者、自然导赏员及生态学会专家 |
| 教育（活动）形式 | 户外探究、游戏、制作 |
| 西南大学合作馆校及部门 | 中国—欧盟生物多样性项目重庆示范项目办、重庆市环保局自然生态处、重庆市生态学会、重庆两江志愿者协会、缙云山国家级自然保护区管理局、重庆自然博物馆、电台、电视台、报社等新闻媒体 |
| 案例供稿 | 重庆自然博物馆　洪兆春 |

【教育（活动）设计思路】

生物多样性保护教育活动主要在学校教师和学生中开展，通过孩子的参与，引起了家长的热情关注，家长的参与不仅可以扩大生物多样性保护的宣传影响面，还可以保证孩子户外活动的安全，减轻教师压力。围绕缙云山生物多样性保护，设计了云中漫步——生态大森林探秘游戏活动，让孩子和家长在轻松游戏中学习生物多样性保护知识，提高保护意识。

作为活动的策划组织方，还有一个重要的想法就是让前期培养的大学生志愿者能够发挥特长，作为自然导赏员加入生物多样性保护教育队伍。

【活动内容】

通过媒体公开招募家庭，由自然导赏员带领孩子和他们的父母进入森林，通过游戏认识动植物，了解森林生物多样性。活动内容主要包括旅游参观及生态讲解、自然生态游戏、手工创作等。

【资源条件】

活动得到了重庆市科协、重庆市生态学会、重庆两江志愿服务发展中心、缙云山自然保护区管理局支持；

前期培养了大学生志愿者导赏员。

【前期准备】

通过电视台、报社、微博、微信、QQ 群、网站等进行参与家庭的征集（孩子年龄在

6～12周岁）；

邀请专家勘察缙云山环境，为活动设计一条专门线路；

设计游戏方案，和志愿者一起实地踩点试用游戏效果，培训参与活动的工作人员、志愿者、活动领队、辅助志愿者；

购置活动所需器材；

安排户外活动安全措施。

【活动过程】

（1）将参加活动的家庭根据孩子年龄分为两组，分别以缙云山珍稀植物罗汉松和猴欢喜命名，为每组配备活动指导服务人员，包括领队、导赏员、引导员、临时医务急救人员等。

（2）启动仪式——破冰游戏。

游戏1——"取自然名"

每个孩子都取一个自己喜欢的动物或植物名字，小朋友和导赏员之间都用自然名称呼，导赏员用缙云山珍稀植物做自然名，向大家介绍自己的名字同时也介绍这种珍稀动植物。

游戏2——"自然大风吹"

小朋友和家长围圈，每个孩子对应一名家长代表自己的家——巢穴，抽出一名孩子做主持人（他没有巢穴），当他说"自然大风吹"的时候，所有家长和小朋友齐声问："吹什么？"主持人回答一种动物或植物的特征，如"吹耳朵"，所有自然名中有耳朵的孩子都离开自己的巢穴沿圆圈奔跑起来，并重新找一个巢穴停下来，动作慢的那个人就可能没有巢穴了，因为主持人也加入了奔跑。没有巢穴的孩子继续担任主持人，依此类推。通过这个游戏，让孩子们熟悉生物的特征，也增加相互的熟悉度。

（3）沿活动前勘探好的自然小径走入森林，一边走一边让大家欣赏透着阳光气息，沾满松叶清香的森林美景，同时由导赏员介绍沿途的动植物，边走边做游戏。

游戏3——"寻找我的另一半"

将事前剪好的半片植物叶交给孩子和家长，让大家沿途寻找叶子对应的植物。通过这个游戏让孩子学会细心观察。在森林开阔地带总结"寻找我的另一半"游戏，对找到另一半的孩子和家庭鼓励。导赏员讲解所寻叶子对应的植物知识故事。

游戏4——"森林寻宝之旅"

把一张有十个寻宝任务的卡交给每个家庭，卡上任务只要孩子和家长仔细观察沿途的动植物就能得出答案，带领大家一边登山一边完成寻宝任务并记录答案，让大家在不断发现的兴奋中体验探索的乐趣。在森林开阔地带休息并让孩子们分享自己做好答案的寻宝卡，对别人精彩的答案画朵小红花、给出好评互相鼓励，导赏员点评寻宝卡的答案，帮助大家了解生物多样性保护方法。

游戏5——"魔法森林"

每个家庭发一面小镜子，用小小的镜子作道具，通过镜子反射，看到了平时不常见的叶子背面，还看到自己的眼睛和树梢的绿叶、小鸟、蝴蝶在一起……全新的视角带来了一个完全不一样的世界，让参与者更多面地认识身边习以为常的"大自然"。

游戏6——"植物脸谱"

持续的登山孩子和家长都比较累了，大家围坐在一起，收集周围的各种落叶做原材料，开展手工创作活动，鼓励孩子们发挥想象力。制作植物脸谱，植物叶贴画，通过自然创作活动，增进对大自然的了解，加强动手能力。

游戏7——"自然诗歌接龙游戏"

一天的活动即将结束，让大家安静下来，倾听大自然的声音，回顾一天中认识的动植物，以孩子为主每个家庭构思两句到四句诗歌描述今天在森林里的感受，并逐行写下来，开始接龙游戏，前一个家庭孩子念完第一句后告诉后一个家庭"你的诗歌第__行"，行数随机而定，每家一句，导赏员做记录，最后汇集起来念给大家听，这就是云中漫步生态大森林探秘之旅的浪漫诗意总结，全天活动结束。

【活动效果】

本次活动是一次很好的自然生态科普教育活动，通过一系列轻松愉快的游戏，孩子们的森林生物多样性知识快速增加，动手能力、观察能力都有所提高，家长也在陪伴孩子游戏的过程中得到亲近大自然放松身心的机会。美国著名自然教育家约瑟夫·克奈尔在描述自己进入大自然的感受时说："心灵一旦开放，人就会生出更多爱。"大家都在融入生态大森林的过程中，萌生了更多对大自然的热爱，激发了参与生物多样性保护的热情和责任感。特别有意思的是在寻宝结束之后的活动交流分享阶段，参加活动的一个小朋友在回答"大森林里面，你知道什么样的东西晶莹剔透吗？"时，他的答案是"森林里面到处丢弃的透明食品口袋是那样的。"这让所有的参与人员非常感慨，为了孩子们有一个干净生态的家园，保护生态环境刻不容缓。

整个活动前期通过媒体、网站、微博、微信、QQ 群征集参与者，后期通过电视、报刊、网站等进行宣传，引起了社会的广泛关注，达到了较好的生物多样性保护宣传效果。

快乐游戏——自然大风吹

森林寻宝清单

接龙游戏

　　幼儿的生物多样性保护教育是启蒙教育，重在激发幼儿的认知兴趣和探究欲望。生物多样性保护教育应该密切联系幼儿的实际生活进行，利用身边的事物与现象作为科学探索的对象。同时更要关注每个幼儿的兴趣、爱好、需要、经验和生活实际，真正为每个幼儿身心和谐、健康、持续发展奠定基础。蔡家场作为重庆新的开发区正面临大面积的开发，各种野生植被破坏严重。学校以"教育一个人，影响一个家庭，带动一个社区"为指导思想，通过"植物宝宝搬新家"这一亲子实践活动，对孩子们开展生物多样性的认知和保护教育，让生物多样性教育深入家庭，深入人心，培养娃娃关爱生物、热爱大自然的情感，形成保护生物多样性的意识。通过亲子实践活动和游戏的开展，让幼儿获得实践、参与的体验，初步掌握实践活动的基本技能，学会分享、尊重与合作，形成关注社会、关注自然的兴趣；同时也使教师参与课题研究的整体专业化水平得到提高，使幼儿园办园特色更加鲜明。

## 案例三　"植物宝宝搬新家"——野生植物移栽亲子活动

| 活动名称 | "植物宝宝搬新家"——野生植物移栽亲子活动 |
|---|---|
| 活动策划 | 洪兆春 |
| 参加群体 | 5 岁幼儿及其家长 |
| 执行教师 | 重庆市北碚区蔡家场小学附属幼儿园　冉世玲　龙明伟 |
| 教育（活动）形式 | 家园互动 |
| 合作馆校及部门 | 中国—欧盟生物多样性项目重庆示范项目办、重庆市环保局自然生态处、重庆市生态学会、重庆自然博物馆、重庆市蔡家场小学附属幼儿园 |
| 案例供稿 | 重庆市北碚区蔡家场小学附属幼儿园　冉世玲　龙明伟<br>重庆自然博物馆　洪兆春 |

【教育（活动）设计思路】

　　开展活动的幼儿园是蔡家场小学附属幼儿园，蔡家场小学参加了 ECBP 的重庆缙云山国家级自然保护区公众教育项目，看到小学开展丰富多彩的活动，幼儿园也琢磨怎样让低年龄儿童学习了解生物多样性保护知识。蔡家场作为新开发的两江新区正面临大面积土地平整，推土机所到之处，寸草不留。野生植被破坏严重，通过"植物宝宝搬新家"这一亲子实践活动，对孩子们开展生物多样性的认知和保护教育。培养娃娃关爱生物、热爱大自然的情感，形成保护生物多样性的意识。

【教育（活动）内容】

　　（1）通过亲子实践寻找野生植物并种植，让幼儿了解植物名称、生长环境以及种植植物方法、步骤。

　　（2）通过游戏竞猜，让幼儿了解多种植物的名称、外形特点以及生长特性，感受生物多样性。

　　（3）通过制作叶贴画，培养幼儿关爱生物、热爱大自然的情感，形成保护生物多样性意识。

【资源条件】

　　（1）农村幼儿园所处的地理环境及植被条件。

（2）蔡家场小学附属幼儿园地处蔡家场小学校园内部，直属小学统一管理，长期得到小学教导处以及科学教研团队的支持与帮助。

【前期准备】

（1）拟订活动计划，组建活动团队（大班幼儿及其家长、指导教师）。

（2）对涉及此项活动的相关人员进行活动要求的相关培训。

1）对相关教师进行培训，落实此项活动指导工作、成果收集、展示区角布置等事宜。

2）对家长进行培训，让家长初步了解活动目的、要求及日程安排。

（3）相关材料：制作"爱护植物小天使"标志牌，准备油画棒、绘画纸、叶贴画材料等。

【活动过程】

**1．亲子种植**

幼儿利用课余时间和家长一起到野外寻找一种野生植物，了解这种野生植物的名称、外形特点、生长环境以及作用等，并将其移植至用废旧塑料瓶自制的花盆中，观察了解种植植物的方法与步骤，认识植物生命的过程。

**2．智力游戏：竞猜植物名称**

幼儿将种好的植物带到幼儿园进行植物竞猜活动。活动步骤如下：

（1）教师组织幼儿围成圆圈坐好并将植物藏于身后。

（2）教师请一名幼儿先说出自己带来的野生植物的外形及生长特点，其余幼儿竞猜这种植物名称。

（3）猜完之后介绍者出示自己带来的野生植物揭晓答案，并将植物放进班级植物角供大家观赏。

（4）猜对名称的幼儿将获得"爱护植物小天使的标志牌"的奖励，并获得介绍自己带来植物的权力。如果没有幼儿猜对这种植物名称，介绍者将获得"爱护植物小天使的标志牌"，老师另请幼儿介绍自己带来的植物。

**3．叶贴画活动**

教师指导幼儿用树叶贴出自己喜爱的动植物。贴画完成之后，请幼儿将作品带回家，向家人和朋友介绍自己所贴动植物的名称、特点及作用，和爸爸妈妈一起感知生物的多样性，形成保护本地动植物、保护生物多样性的意识。

【活动效果】

和家长一起到野外寻找并移栽植物，孩子们兴趣浓厚。通过移栽植物、竞猜游戏、叶贴画等活动，孩子们认识了很多在公园、小区没有见到过的野生植物，例如：野水仙、蒜花、鸢尾花、三叶草等，感知了生物的多样性，初步建立了生物多样性的科学概念，知道了绿色植被对于我们人类的重要性，形成了关爱生物、保护本地野生植被、热爱大自然的情感以及保护生物多样性的意识。通过活动，让幼儿把自己刚萌生的保护生物多样性的意识一点一点传递给身边的人，以个人带家人，以小家带大家，让周围的人都能感知生物的多样性，共同形成保护地方野生植被，保护生物多样性、关爱大自然的意识。同时，在活动中，孩子们学会了尊重、分享与合作，动手操作能力、观察交流能力、思维能力以及绘画能力都得到了明显提高。

和妈妈一起种植一棵小草

得到了"爱护植物小天使"标志牌

向小朋友介绍自己种植的植物

老师教做叶贴画

学校里的孩子喜欢看动漫片柯南，"校园小神探"游戏就是根据孩子的特点，把需要教孩子们的生物多样性知识设计成一个个的"神秘事件"，让孩子当一回福尔摩斯、柯南式的"侦探"，分小组寻找到神秘事件背后的答案。"校园小神探"是在简单的推理游戏中挑战孩子们的智商和探索技巧，从看似各不相关的事件中发现联系，通过他们自己的不断推理破案，了解各种生物以及环境之间的相互依存关系，从而锻炼孩子们的逻辑思维能力，丰富孩子的想象力，帮助学生主动学习生物多样性保护知识，增加知识技能储备，培养团队合作精神，促进学生能力发展。

## 案例四　校园小神探——植物种子的秘密

| 活动名称 | 校园小神探——植物种子的秘密 |
|---|---|
| 活动策划 | 洪兆春　陈维礼　李雨霖 |
| 参加群体 | 小学 2～4 年级学生 |
| 执行教师 | 重庆市北碚区朝阳小学科学组　李健等 |
| 教育（活动）形式 | 游戏与探究 |
| 合作馆校及部门 | 中国—欧盟生物多样性项目重庆示范项目办、重庆市环保局自然生态处、重庆市生态学会、重庆自然博物馆、重庆市北碚区朝阳小学 |
| 案例供稿 | 重庆市北碚区朝阳小学　李健<br>重庆自然博物馆　洪兆春 |

【教育（活动）设计思路】

植物有各种各样的种子，传播种子有不同的方式，如何帮助孩子认识种子和果实的外部形态、结构，探究种子传播方式，了解种子和果实与传播方式之间的关系，学校科学组教师在中国—欧盟生物多样性项目重庆示范项目支持帮助下，设计了"校园小神探"游戏，帮助学生主动学习了解自然知识，发展对周围生物多样性现象的好奇心。

【教育（活动）内容】

教师把种子形态结构及传播方面知识分类整理，与学校生物现象紧密结合，设计为多个"神秘事件"，邀请同学们当一回福尔摩斯、柯南式的"侦探"，寻找到神秘事件背后的答案。

【资源条件】

（1）学校得到了中国—欧盟生物多样性重庆示范教育项目办资助，学校科学教育教师团队在专家指导下开展生物多样性保护教育游戏设计研究。

（2）学校长期重视科学教育，重视科研，教师的设计随时可以在学校实施试点。

【前期准备】

（1）选择本地常见植物的种子，注意要选比较大的，颜色多一点的，最好能包括豆类、水果、蔬菜、花草、树木等多种植物的种子。

（2）分类整理种子形态结构及传播方面知识，与学校生物现象紧密结合，根据参与活动学生年龄特点，设计出多个"神秘事件"卡，准备游戏的开展。

【活动过程】

**1. 课堂活动阶段，让孩子们尝试进入游戏**

所有神秘事件卡的设计以准备的本地常见植物种子为线索，通过外部特征来推理分析种子名称。目的是让学生能够根据颜色、形状方面的一些特征来辨认种子。

（1）每个小组随机抽取一份事件卡和一份答案卡。

（2）抽到事件一的小组宣读神秘事件内容，邀请大家共同"破案"。

（3）拿到相关答案卡的小组到讲台位置，作为裁判，以"是""否"回答同学提问。

（4）每个同学积极开动脑筋，向裁判提问，问题只能是能够以"是""否"回答的类型，当没有头绪时，可以要求裁判提供线索，直至找出答案。

（5）抽到事件二、三…的小组依次进行。

**2. 户外活动阶段，让孩子学会观察和推理**

所有神秘事件卡的设计围绕种子的传播，把校园植物种子的传播分为靠外力传播的——靠风来传播、靠人类和动物传播、靠水传播，和靠自身力量传播的，有些传播类型校园里没有的，就以图片的方式藏在校园的某棵树上。

（1）每个小组抽取"神秘事件"卡，带着自己的"案件"到校园去取证侦破；

（2）组织小组"案情分析会"，分析交流推理，教师给予适当线索提示；

（3）班级"破案"交流总结，每个小组展示自己"破案"的证据、线索，陈述分析推理过程，分享破案结果；

（4）教师点评鼓励，学生讨论破案后的感受。

【活动效果】

学生非常喜欢"校园小神探"游戏，活动过程积极、主动、兴奋，通过游戏学生清楚了解了种子和果实的外部形态、结构与种子传播方式之间是有联系的，植物传播种子有不同的方式，都是为了能将种子散布得更广，有利于繁殖后代。游戏中充当侦探角色的学生们充满了好奇心，有探究植物种子传播方式的强烈欲望。通过游戏，提高了学生观察、推理、探究问题的能力，培养了学生亲近大自然、热爱大自然、主动学习生物多样性知识的意识。

小学六年级《科学》课程中，有"生物的多样性"一章，在学习生物多样性概念章节时，组织学生用常见蔬菜、水果，制作可爱的小动物，让学生在潜移默化中受到情感教育的启示与熏陶。课堂教学中生物多样性概念情感教育不仅指学习兴趣的养成，更包含了学习过程的内心体验——对生命的热爱、对多姿多彩生物的欣赏。在抽象的知识点教育中渗透情感教育，可以调动和激发学生学习的积极性，让小学生真正理解概念，关注生物多样性保护。

## 案例五　我们可爱的动物朋友——蔬果动物制作活动

| 活动名称 | 我们可爱的动物朋友——蔬果动物制作活动 |
|---|---|
| 活动策划 | 洪兆春 |
| 参加群体 | 小学六年级学生 |
| 执行教师 | 重庆市渝北区渝开学校　吴志强 |
| 教育（活动）形式 | 课堂教学，制作，讨论，查资料，阅读 |
| 合作馆校及部门 | 中国—欧盟生物多样性项目重庆示范项目办、重庆市环保局、重庆市生态学会、重庆自然博物馆、重庆市渝北区渝开学校 |
| 案例供稿 | 重庆市渝北区渝开学校　吴志强 |

【教育（活动）内容】

将学生分成 4 个兴趣活动小组，推选出组长。小组成员通过上网查阅资料、同家长讨论、到商场亲自挑选购买蔬菜水果等方法，直观地认识我们常见的蔬菜、水果，了解物种的多样性。然后动手制作自己喜欢的小动物。

【教育（活动）形式】

组成课外兴趣活动小组，开展探究性学习活动。

【前期准备】

（1）材料：各种蔬菜、水果、豆类等。

（2）器材：剪刀、美工刀、照相机、电脑等。

【活动过程】

**第一步　课前预习，认识我们常见的食物（蔬菜、水果）**

让学生从书籍、网络上了解蔬菜、水果。

有条件的学生到田间地头、果园，观察蔬菜、水果的生长环境、习性。

在家和父母讨论喜欢的蔬菜、水果，并一起品尝。

到市场、超市，亲自购买制作小动物的蔬菜、水果。

**第二步　课堂讲述生物多样性概念，用蔬菜、水果制作小动物**

课堂讲述生物多样性概念，让学生陈述自己在菜市场、田野菜园里看到的多种多样的蔬菜水果。

让学生观察材料（蔬菜、水果）的特点，构思作品，动手制作小动物。

**第三步　作品展示和讨论**

展示作品。

讲故事。和小组同学一起分享一个关于自己雕刻的小动物的趣味故事。

　　讨论：生物多样性保护的意义是什么？怎么样让地球上的生命拥有一个美好和谐的家园？

【活动效果】

　　用蔬菜水果制作小动物是深受学生喜爱的一堂游戏制作课，通过和家长到市场选购蔬菜水果，同学们认识到物种的多样性；通过制作小动物讲小动物趣味故事，增加了同学们对生物多样性的热爱。课堂活动紧凑，让枯燥的概念学习理解过程变得生动有趣。

准备蔬果材料

讨论制作方法

自己动手制作

红薯变小老鼠

"我的动物列车"

我们可爱的动物朋友

到花园去认识、观赏、采集制作花木标本，是一项愉快而又增长知识的活动，可以培养学生亲近大自然、热爱大自然的习惯。开展活动的学校地处中国花木之乡——静观镇。静观镇的花木种植已有五百多年的历史，种植的花草树木种类繁多，远销全国各地。5万农民以种植花草树木为生。全镇一年四季绿树成荫，繁花似锦，小镇上，乡村里，私家花园一个挨一个。从学校毕业的多数中学生回到自家从事种植花草树木工作。从事这项工作不仅需要植物方面的有关知识，比如能够识别了解各种花草树木的名称、属性、种植季节、种植技术等，还需要掌握一些园林技艺，如盆景制作、花木盘扎、花木工艺品制作等。花木标本制作也是这些技艺中的一项。

带领学生识别园林花木，学习花木标本制作方法，不仅可以丰富学生生物多样性知识，还可以为他们接替父辈事业，提高园艺水平提供技能学习机会。活动不仅得到了中国—欧盟生物多样性教育项目的帮助，也得到了学校、学生、学生家长及附近园林公司的大力支持，成为学生非常欢迎的生物多样性学习实践项目。

## 案例六　识花木做标本办展览

| 活动名称 | 识花木做标本办展览 |
| --- | --- |
| 活动策划 | 洪兆春 |
| 参加群体 | 初中兴趣活动小组学生 |
| 执行教师 | 重庆市北碚区王朴中学　谢文华 |
| 活动形式 | 兴趣小组拓展学习 |
| 合作馆校及部门 | 中国—欧盟生物多样性项目重庆示范项目办、重庆市环保局、重庆自然博物馆、怡胜园林公司、重庆市北碚区王朴中学 |
| 案例供稿 | 重庆市北碚区王朴中学　谢文华<br>重庆自然博物馆　洪兆春 |

【活动设计思路】

通过识花木做标本活动的开展，让学生能够懂得制作植物标本的过程和方法，并能亲手制作一幅美丽的植物标本。在活动过程中不自觉地学到书本上无法学到的知识，比如各种花草树木的名称、特征、生长季节等。使他们认识到生物多样性的重要作用，从而培养他们保持生物多样性的意识。

【资源条件】

（1）王朴中学生物兴趣小组三名辅导老师。制作植物标本的培训资料。

（2）王朴中学生物兴趣小组活动室，采集标本的工具，标本夹，烘烤标本的设备，制作标本的各种材料（台纸、乳白胶、小排笔，餐巾纸、针、线等）。

（3）怡胜园林的各种花草树木、烘烤室以及工作人员。

（4）重庆自然博物馆，西南大学生命科学院导师、研究生。

【前期准备】

（1）组建生物兴趣小组（31人）。

（2）辅导教师给初一、二年级作动员制作花木标本的动员报告。

（3）辅导老师到学校附近的植物园——怡胜园林联系采集各种植物标本。

（4）怡胜园林工作人员向我校生物兴趣小组成员介绍园林的各种花草树木。

【活动过程】

（1）初期动员工作，在全校大会上辅导老师作了动员初中学生参加"识花木做标本"活动报告，并组建了生物兴趣小组。

（2）植物标本制作的培训工作。由辅导老师主讲，用课件的形式培训，现场展示了优秀植物标本。生物兴趣小组的成员每人发一份培训资料。

（3）在辅导老师的带领下，生物兴趣小组全体成员到周边园林花木公司、种植基地识别各种花木。并按照植物分类体系采集园林植物带回学校。

（4）压制、烘烤标本。把采集回来的植物标本在实验室里用标本夹压制，然后用烤炉烘烤。

（5）制作标本。等到标本干了以后，从标本夹里取出标本，辅导老师先示范做一件样品。然后学生操作（选一张干净的台纸、摆放标本、用针线固定标本、上乳白胶、最后完善）。

（6）学生填写标本的标签。通过问老师、问园林工作人员、查资料等形式，搞懂该种植物的名称、属性、用途，然后填写到标签上。

（7）作品展出和评奖。将制作好的作品收集起来，由学校师生共同参与评出优秀作品，学校给予奖励。

（8）分类整理，布置展览。将获奖作品分类整理，送到怡胜园林公司，布置一间花木标本展览厅，一方面让学生优秀作品得以长期展示，另一方面也让园林公司多一个旅游观光点。

【活动效果】

教师评价：

（1）本次活动，让学生参与了花木标本制作的全过程，学生掌握了制作方法，制作出了许多精美作品；在制作中学生对家乡园林花木物种识别能力大幅度提高，生物多样性知识进一步丰富。

（2）活动培养了学生动手能力，优秀作品在旅游景点长期展出，鼓励了学生，增强了学生自信心，提高了学生对家乡传统花木产业的热爱，调动了学校师生参与生物多样性保护的热情。

学生反馈：

（1）通过活动的开展，丰富了我们的课外生活。

（2）在活动过程中培养了同学间互相帮助、互相学习的优良品德。

（3）增长了园林花木识别方面的知识，学会了花木标本的制作方法，通过活动了解园林花木的形态特征、地理分布、生活环境、资源价值。和从事园林花木种植的父辈间有了更多的沟通和交流。

社会反馈（怡胜园林公司）：

"识花木做标本办展览"的活动帮公司制作了近两百件植物标本、建立了花木标本小展厅，对公司开展本地花草品种宣传，吸引游客和花木商家起到了积极的作用。

学生在花园采集花木标本

学生专心致志地制作花木标本

全世界共有植物四十余万种，每一种植物叶片都有它特定的形态和色彩，从外形上看有披针形、倒披针形、卵形、倒卵形、圆形、椭圆形、三角形等二十多种，有的叶缘还有多种变化，有锯齿形、波纹形、缺刻形；有的表面光滑，有的布满茸毛；有的坚挺，有的柔软。真是叶叶不相同，片片有变化。每种叶片都有它的特点和魅力，如果我们仔细观察和欣赏，就会为它的美丽形态和精细结构而赞叹。利用各种植物的枝叶可以制作出风格独特、形式新颖的叶贴艺术作品——叶贴画。叶贴画主要是利用植物的叶片，不过，植物的花朵、茎干、枝条中也有很合适的制作材料。叶贴画的制作可以在校园开展，也可以在森林、草地等户外环境开展，制作过程轻松愉快，给学生发挥联想和艺术创作的空间。在采集叶片、花朵、茎干、枝条的过程中，学生能够观察了解不同植物形态特征，在辅导人员帮助下识别多种植物，积累植物分类知识，学会欣赏大自然，拓展生物多样性保护知识。

## 案例七 叶子的美——叶贴画制作

| 活动名称 | 叶子的美——叶贴画制作 |
|---|---|
| 活动策划 | 洪兆春 张万琼 黄仕友 |
| 参加群体 | 初一、初二年级全体学生 |
| 执行教师 | 西南大学附属中学 林艳华 |
| 活动形式 | 动手制作 |
| 合作馆校及部门 | 中国—欧盟生物多样性项目重庆示范项目办、重庆市环保局、重庆自然博物馆、西南大学附属中学 |
| 案例供稿 | 西南大学附属中学 林艳华<br>重庆自然博物馆 洪兆春 |

【活动目的】

（1）走出课堂亲近自然，了解植物特征，丰富学生生活。

（2）学会资料的收集、整理和加工。

（3）学会多种方法查阅资料。

【前期准备】

（1）组织学生在网上搜寻漂亮叶贴画，学习叶贴画构图方法。

（2）准备制作工具，如剪刀、卡纸、绘图笔、胶水或双面胶、枝剪等。

【活动过程】

（1）采集树叶，识别植物，增加生物多样性知识。

采集树叶时要先考虑其形状的变化。如多菱形的枫树叶、圆形的桦树叶、长形的楸树叶及椭圆的胡枝子叶等，都应采集，以保证图案结构的多样化。树叶的采集还要考虑颜色的多样性。对植物的识别一方面可以依靠辅导教师继续，另一方面还可以学会使用植物分类检索表。采集过程中注意提醒学生适当采集保护植物。

（2）构思设计画面，在卡纸上勾勒轮廓。

构思设计画面，有两种方法。

其一：先决定主题再选材。例如书本上的长颈鹿，在设计初稿时就要设想适合长颈鹿头、颈、身体等部位的树叶形状，然后寻找基本形合适的叶子。

其二：根据自己收集到的树叶的形状特点来定主题。例如银杏叶给人的感觉像驼峰，我们就可以设计制作骆驼的方案。再如《金鱼》中尾巴的创作是来源于枫叶的造型，用各色、各形的树叶加以适当剪裁，让树叶变成有生命的小动物。除了取树叶，还要准备一张合适的卡纸（绘画纸也可）把构思设计好的主题，用铅笔先画出边框，布局应注意均衡、大小适中、画面合理。画和纸贴画，请用水彩笔画好轮廓。

（3）选择与主题相应的树叶，有的还可以进行修剪加工。根据情况利用好树叶的背面及叶柄。拼摆，用胶水或双面胶粘贴在卡纸上，压平。粘贴时要注意应从画面远处粘起，先后面后前面，注意顺序。

（4）把做好的树叶画弄平整，按构思平铺、固定（用一点胶水，粘上不活动即可）。

（5）过塑保存。

把粘贴好的叶画用过塑机过塑，让叶贴画能够长时间保存。

（6）展出与评比。

把学生制作的叶画作品进行展出，让学生围绕自己的作品进行植物分类知识交流和制作经验分享。

【活动效果】

（1）走出课堂亲近自然，了解植物，丰富了学生生活，提高了学习生物多样性保护知识的兴趣。

（2）学会树叶的收集、整理和加工制作，动手能力加强。

（3）学会多种方法查阅资料，学会了使用植物检索表，学习能力加强。

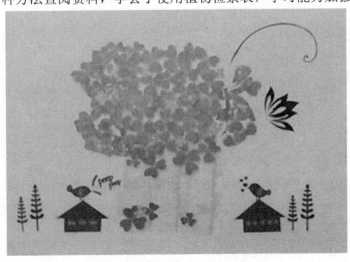

学生制作的叶贴画

叶脉书签，就是除去叶片表皮和叶肉组织，将网状结构的主脉、侧脉、细脉染上各种颜色制作而成。叶脉书签采用天然树叶手工制作，由于每张树叶的叶型各不相同，制出的书签枚枚独一无二，别具大自然情趣。叶脉书签艺术造型则是指在叶脉书签基础上，加入书法、绘画等艺术成分，让书签更具有观赏性。

叶脉书签艺术造型制作活动，是一项充分利用校园或周边教学资源进行的综合实践活动。活动过程所需的时间较短、操作简单、成功率高，特别适合于小学生。学生通过制作叶脉书签，关爱生物，以叶脉书签为载体宣传生物多样性保护，成为生物多样性保护思想的小小传播者。

## 案例八　会说话的叶脉书签——叶脉书签艺术造型制作活动

| | |
|---|---|
| 活动名称 | 会说话的叶脉书签——叶脉书签艺术造型制作活动 |
| 活动策划 | 洪兆春　龙海潮 |
| 建议参加群体 | 小学高年级学生 |
| 执行教师 | 北碚区蔡家场小学　龙明伟　陈伟　龙海潮 |
| 教育（活动）形式 | 课堂教学与课外活动相结合的形式，在教室内学习叶脉书签的相关知识实践活动 |
| 合作馆校及部门 | 中国—欧盟生物多样性项目重庆示范项目办、重庆市环保局、重庆市自然博物馆、重庆市北碚区蔡家场小学 |
| 案例供稿 | 北碚区蔡家场小学　龙明伟　陈伟　龙海潮<br>重庆自然博物馆　洪兆春 |

【教育（活动）内容】

（1）介绍植物叶的作用及叶片的基本结构。

（2）采集植物的叶片，制作叶脉。

（3）以"宣传生物多样性"为主题，用制作的叶脉加工做成一张有艺术造型的书签。

【资源条件】

（1）我校有制作叶脉书签的传统，有支持喜好该项目开展的学生、家长群体。

（2）校园周边有较多的树木，树叶可轻松获取。

（3）学校实验室有简单的药品。

【前期准备】

（1）工具及仪器。

| 名　称 | 备　注 |
|---|---|
| 软毛牙刷、彩色颜料、毛笔 | 自带 |
| 碳酸钠、氢氧化钠 | 实验室准备 |
| 天平、烧杯、铁架台、瓷盘、镊子、瓷砖或玻璃板、酒精灯等 | 实验室准备 |

（2）由老师带领学生在校园内认识植物的叶并采摘树叶，通常采用革质的树叶，如桂花树叶、玉兰叶。

（3）活动前，根据学生人数，将学生分组，进行安全教育。

【活动过程】

**1. 教师示范用碱解法制作叶脉**

（1）称取碳酸钠 2.5 g，氢氧化钠 3.5 g 置于烧杯中，注入清水 100 ml，放在火上煮沸。

注意提醒学生氢氧化钠有腐蚀性。

（2）选几片大小适合的树叶刷洗干净后放进煮沸的碱液中，让它们全部浸在溶液里。继续加热，不断用玻璃棒轻轻拌动。当叶肉呈现黄色后，用镊子取出树叶，用水将树叶上的碱液洗净。

（3）用镊子取出煮过的叶片，平铺在瓷砖上，用软牙刷慢慢刷去叶肉，露出清晰的叶脉。叶片刷干净后，用吸水纸吸干。

**2．动手制作，体验快乐**

学生分组，在老师的指导下动手操作。

**3．教师示范给叶脉"化妆"**

（1）把叶脉标本放到 10%～15% 的双氧水中浸泡 2 h 左右，叶脉逐渐褪去黄褐色，变得发白，取出，冲去药液，将叶脉标本平铺在木板上，晾到半干染色。

（2）染料可以用一品红，蓝墨水或画幻灯片的彩色墨水，或其他可溶性颜料。

（3）为了增强书签的硬度和光泽度，还可以浸刷上一层稀的清漆，这样不仅能增添光泽，还能起保护书签的作用。

**4．让叶脉会"说话"**

（1）在老师指导下，整理汇集宣传保护生物多样性的名言警句，填写在制作的叶脉书签上，或用制作的叶脉加工做成一张有艺术造型的艺术品。可以是独立完成，也可以和朋友、家人一起合作完成。

（2）引导学生为做的艺术造型进行创意说明，取一个好听的名字。

**5．成果展示，师生共同评出"十佳"作品**

指导教师将评价标准发给学生，请学生一起来评价同学作品，引导学生学会欣赏、评价叶脉书签作品。

**【活动效果】**

通过叶脉书签制作活动，学生知道了植物叶的基本结构、叶的基本类型，叶在植物生长中重要作用，亲手制作了叶脉书签，培养了学生的动手能力，收集"宣传生物多样性"为主题的名言警句，提高了学生对生物多样性保护的关注；用制作的叶脉加工做成了一张张具有宣传、收藏价值的工艺品，增强了学生的生物多样性宣传保护意识。活动后，吸取活动教育经验，编写了相同内容的校本教材，将生物多样性教育与学科教育紧密结合，形成学校办学特色，促进了学校教育事业的发展。

学生制作的优秀作品

种子是我们在日常生活中最常见到和接触到的。不起眼的米粒、豆粒，在生物多样性保护教育活动中，不仅能够帮助孩子学习植物分类知识，还可以帮助孩子提高动手能力，提高艺术鉴赏力，种子的精神也是对孩子们进行励志教育的好教材。小小的种子可以在生物多样性教育中扮演重要角色。

## 案例九　小身材，大智慧
### ——种子画的制作

| 活动名称 | 小身材，大智慧——种子画的制作 |
|---|---|
| 活动策划 | 洪兆春　张万琼　黄仕友 |
| 建议参加群体 | 初中学生 |
| 执行教师 | 西南大学附属中学　宋洁　马颖 |
| 教育（活动）形式 | 课堂教学与课外活动相结合的形式 |
| 合作馆校及部门 | 中国—欧盟生物多样性项目重庆示范项目办、重庆市环保局、重庆市自然博物馆 |
| 案例供稿 | 西南大学附属中学　　宋洁　马颖 |

【活动设计思路】

种子的精神值得学习，种子的作用更是不能小看。种子可以繁衍下一代，种子可以作为食物，种子还可以制作成为艺术品装点我们的生活，种子画制作不失为一种寓教于乐的好途径。

【活动目的】

了解用各种色彩、大小的植物籽粒拼摆、粘贴出图形的方法，进行造型创作。感受拼图创作的乐趣，增强对美术的热爱，激发学生对生活的热爱。提高学生利用各种材料设计、创作的能力和动手制作的能力。提高学生审美能力，进一步丰富学生的想象力和创造能力。

【活动内容】

（1）了解并准备能做种子画的种子。

（2）作品图案创作构思。

（3）制作种子画成品。

（4）保存，拍照，分享，交流。

【材料准备】

搜集各种植物籽粒（红豆、黄豆、黑豆、绿豆、大米、玉米等）、硬纸板、胶水（或白乳胶、双面胶）、笔刷、勾线笔等。

【活动步骤】

（1）看——植物种子，看看这些种子不同的外形特征。

（2）想——图案，想想这些种子适合拼成什么好看的图案。

（3）画——底稿，用勾线笔画出图案的图稿。

（4）涂——胶水，在底稿上涂上胶水。

（5）拼贴——平整，用植物种子拼贴出图案，并整理使图案美观。

（6）作品欣赏，同学们将自己的作品展示出来，大家一起欣赏、点评、分享。

【活动效果】

（1）种子画的制作让同学们体会种子的精神和生命的力量。

（2）自己动手拼贴种子画的实践过程增强了同学们的动手能力，以及细致观察，陶冶情操，培养审美情趣。

（3）小组合作可以让同学们集思广益，培养团队意识和合作精神。

草履虫

八角香花（用香料八角籽制作）

跳舞小人

青蛙王子

忧伤的小兔

在我们生活的地球，有沙漠、森林、海洋、河流等不同的环境，不同的环境中生活着不同的动物。这些动物都有什么特点？它们是怎样适应各自的环境的？他们对环境有哪些需求？这些形态各异的动物又有哪些共同特点？我们期望通过动物饲养活动，让学生在与动物的近距离接触中找到这些问题的答案，逐渐了解动物结构与功能的关系，生物与环境相互适应的关系，从而为将来进一步了解多样的生物之间、生物与环境之间的相互作用积累事实性和规律性的知识。

由于活动在学校进行，需要饲养的必须是体形较小，活动空间较小且便于照顾的动物，所选择的动物最好在形态、运动和习性等方面具有一定的代表性，而且这些动物最好是学生有一定了解又极少饲养的动物，基于以上考虑，我们选择了螃蟹、蝌蚪和蜗牛。

## 案例十 给动物安个家

| 活动名称 | 给动物安个家 |
|---|---|
| 活动策划 | 洪兆春 陈维礼 李雨霖 |
| 参加群体 | 小学学生 |
| 执行教师 | 重庆市北碚区朝阳小学 张艳红 |
| 教育（活动）形式 | 课堂教学，模拟实验，讨论，阅读，养殖 |
| 合作馆校及部门 | 中国—欧盟生物多样性项目重庆示范项目办、重庆市环保局、重庆市生态学会、重庆自然博物馆、重庆市北碚区朝阳小学 |
| 案例供稿 | 重庆市北碚区朝阳小学 张艳红 |

【教育（活动）内容】

以饲养螃蟹、蝌蚪和蜗牛的方式让学生了解动物的习性和它们是怎样适应各自的环境的。

【教育（活动）形式】

学生分组饲养，设计实验观察动物习性。

【资源条件】

螃蟹、蝌蚪和蜗牛都是常见的动物，它们生活习性各异，体型大小合适教室环境饲养，它们的食物也便于寻找和准备。

饲养过程用到的各种器具都是日常生活中便于找到的。

学生利用课间时间照顾动物。每周集中 1～2 次进行交流讨论。

【前期准备】

（1）器材：透明有盖的水族动物饲养盒（龟盒）、透明瓶子、水草、沙子、小石子、土壤、水桶、小型捕捞网、各种叶子等。

（2）动物：当地野生河蟹各小组雌雄各一只（买自菜市场）、蝌蚪（春天学生从家附近水塘捕捞）、蜗牛（学生在校园草丛等地找到）。

【活动过程】

**1. 分享关于动物的认识**

在饲养之前，学生交流关于螃蟹、蝌蚪（蛙）和蜗牛已经知道的知识和想知道的，搜集并阅读所要饲养动物的资料，初步了解动物的生活习性和生长需求。

**2．饲养螃蟹、蝌蚪和蜗牛**

给螃蟹安个家：

把沙子和小石子混合起来，斜铺在饲养盒底部约三分之二的面积。轻轻倒入晒了一天的水，水深约 2 cm，造一个有水有岸的环境，在岸上插一棵仿真绿色植物。把一雌一雄两只螃蟹轻轻移入饲养盒。

每一两天以少量米饭等食物喂养螃蟹，及时清理残渣，当水质变浑时及时换水。

给蝌蚪安个家：

把沙子和小石子混合起来，平铺在饲养盒底部，种上一两株水草，轻轻倒入晒了一天的水，水深为半个饲养盒高度，把 3～4 只蝌蚪移入饲养盒。放在明亮而没有直射光的地方。

给蜗牛安个家：

在透明瓶子底部铺上泥土和枯叶，放几片鲜嫩的叶片，每个瓶子放入几只蜗牛，瓶口用透气的纱网包扎。

4 人一个小组，轮流每天照顾动物，包括喂食、换水，观察动物的生长变化和活动等。

**3．交流、讨论**

内容包括：动物的身体特征

动物的运动特点

动物对食物、住所、水、空气的需求

动物是怎样适应环境的

**4．制作动物书**

每人用一张 A4 白纸，折叠后，在每个小块上分别画、写下对于三种动物的介绍。并相互阅读。

**【活动效果】**

学生在长达 2 个月的时间里能够主动地坚持不懈地照顾动物。

在饲养过程中，他们学会了怎样分辨螃蟹的雌雄，发现蝌蚪看似黑乎乎的一团，实际身体结构非常精致并且适应水中生活，他们对蜗牛壳、蜗牛运动的研究也富有成效。总之，学生知道了三种动物的形态特点和生活习性，通过讨论明确了动物是怎样适应环境的。进一步了解了不同的动物有不同的需求。

给螃蟹安的家　　　　　　　　　　　　学生自己制作的动物书

小水螅体硬珊瑚是海洋中重要的珊瑚种群。研究人工饲养小水螅体硬珊瑚，具有十分重要的意义。

（1）小水螅体硬珊瑚形态优美，色彩艳丽。具有极高的观赏价值。人工养殖的珊瑚可投放于水族，家居装饰，娱乐行业中，具有极高的经济价值。

（2）由于全球的环境恶化，珊瑚种群正在走向灭绝的边缘。保护珊瑚，实现人工养殖，已成为一项重要的环保事业。学生通过课外兴趣小组形式探索人工饲养小水螅体硬珊瑚可以发挥生物科技特长生的研究兴趣，同时体验不断地发现问题、解决问题的科学探究过程，培养学生科学素质。

## 案例十一 保护珊瑚 体验科学探究
### ——人工饲养小水螅体硬珊瑚课外兴趣小组活动

| 活动名称 | 保护珊瑚 体验科学探究——人工饲养小水螅体硬珊瑚课外兴趣小组活动 |
|---|---|
| 活动策划 | 洪兆春 张万琼 黄仕友 |
| 建议参加群体 | 高中生物兴趣小组 |
| 执行教师 | 西南大学附属中学 黄仕友 |
| 教育（活动）形式 | 以课外科学兴趣小组为依托开展探究教育活动，培养学生特长 |
| 合作馆校及部门 | 重庆市环保局、重庆自然博物馆、重庆市生态学会、蓝海河谷有限责任公司、西南大学附属中学 |
| 案例供稿 | 西南大学附属中学 黄仕友 |

【教育（活动）内容】

形成课外兴趣小组，开展人工饲养珊瑚活动。

【教育（活动）形式】

形成研究小组，开展研究性学习活动。

【资源条件】

（1）蓝海河谷有限责任公司是一家专门从事研究小水螅体硬珊瑚的公司，该公司与学校合作，支持学生活动的开展。

（2）西南大学生命科学学院无脊椎动物研究人员。

（3）西南大学附属中学生物科技兴趣小组的指导教师。

【前期准备】

（1）对蓝海河谷有限责任公司进行实地考察，了解校企合作的可行性。

（2）组织高一、高二学生自由报名参加生物科技兴趣小组。邀请西南大学生命科学学院教授、生物科技兴趣小组学长为新加入学生做"珊瑚保护的重要性""珊瑚人工饲养的知识准备"等讲座。

（3）组织生物科技兴趣小组学生查阅关于小水螅体硬珊瑚的文献，对小水螅体硬珊瑚的物种特点、生活习性等进行初步认识。

（4）组织学生观看《大堡礁》《珊瑚海之梦》等纪录片。

【活动过程】

　　每个周五下午放学，生物科技兴趣小组老师组织学生来到蓝海河谷有限责任公司，开始对小水螅体硬珊瑚进行人工饲养的学习。人工饲养要求同学们主要学习完成如下三项内容：

　　学习利用设备，设计建立一个适合珊瑚生长的人工饲养环境。

　　学习检测营养盐值的过程与方法。

　　学习添加有机碳源，观察珊瑚生长情况。

【研究过程】

　　（1）观察形态各异、异彩缤纷的小水螅体硬珊瑚，激发兴趣小组成员人工饲养珊瑚的热情。

　　（2）教师介绍饲养珊瑚的基本步骤和主要工作，通过教师讲解、师生问答和多媒体展示相结合的教学手段，让兴趣小组成员对人工饲养珊瑚有一个概况性认识。

　　（3）以 3～5 人为一个小组，通过文献阅读、自学、采访、视频等多种方式学习，并合作建立人工饲养环境。

　　（4）结合化学学习知识，在公司工作人员的指导下，检测人工饲养环境的营养盐值。

　　（5）在老师指导下，添加不同剂量的有机碳源，分别对小水螅体硬珊瑚进行观察，记录其生长情况。

　　（6）将饲养的心得总结成多媒体形式进行展示。

　　（7）确定进一步研究方向。

【活动效果】

　　通过参加小水螅体硬珊瑚研究兴趣小组，同学们对珊瑚具有较深的了解，学会了人工饲养珊瑚的方法，对生物多样性保护加深了认识。同学们研究性学习过程中，研究思考与动手实践相结合，自学和合作学习相结合，气氛轻松愉快，充分调动探究学习积极性。参加活动的同学还将研究过程写成科技论文，获得了重庆市第二十五届科技创新大赛二等奖、全国"北斗杯"科技之星创新大赛优秀奖。小水螅体硬珊瑚研究活动增强了兴趣小组同学对科学活动，科学实验的理解，培养了严谨的科学精神和态度。兴趣小组专家和科研人员反映学生们的思考能力、动手能力、学习风气有明显提高。

小水螅体硬珊瑚人工养殖缸

附录：

**小水螅体硬珊瑚人工饲养方法**

1. 实验所需的器材及药品

小水螅体硬珊瑚：Acropora.sp，Stylophora spp，Turbinaria sp，Acropora.spp，Seriatopora hystrix，Pocillopora damicornis。

| 器材名 | 作用 |
|---|---|
| 实验缸（110cm×70cm×60cm） | 实验容器 |
| HQI（REEFLUX） | 提供光照 |
| 造流设备（SUNSUN） | 提供水循环 |
| 温控设备（海利） | 制造合适温度 |
| 蛋白分离器（BM） | 去除污物 |
| 滴定泵（BM） | 智能控制添加剂的量 |
| 水质测试仪（HANNA，SALIFERT） | 检测水质参数 |
| 活石（FROM：海南） | 海洋中的礁石 |
| 砂 | 实验所用 |

| 药品名称 | 作用 |
|---|---|
| 海盐（自主品牌） | 提供海水 |
| 酒精（分析纯） | 实验所用 |
| 菌种 | 实验所用 |
| 有机物吸附剂（海化） | 实验所用 |

2. 建立人工饲养环境步骤

第一步 在缸底铺上 8cm 的砂层，将活石按一定造型放入实验缸中，要求水流通畅，并能起到支撑珊瑚的目的。

第二步 使用专业海盐和 TDS 小于 5 的淡水配制盐度为 35PPT 的人工海水。将人工海水注入缸中。

第三步 按一定方式将上述器材摆放于实验缸中或外面。将硬珊瑚放在活石上，开始饲养。

通过以上步骤建立一个系统，其中要求水温常年控制在 25～27℃，pH 在 8.2 左右，KH：8～14，$NH_3$，$NO_2$：0 等。注意：平时每天在 1L 水体中添加有机碳源 0.015ml，每周补充 5ml 含异营菌溶液，定期引入新的菌群和补充钾元素，保持充足光照和水流，即可将营养盐含量控制在极低的水平。

# 第六章　科普剧场　激发参与热情

　　生物多样性保护教育不仅是传播知识，更重要的是在能力、态度、情感与价值观方面培养参与者的素养。在重庆缙云山国家级自然保护区周边公众教育项目中，我们尝试进行了舞台情景剧、诗歌朗诵、歌舞表演、主题班会为教育传播方式的生物多样性活动，并在此基础上开发了校园精品课，形成了项目中风格独特的一组工作，为了管理方便，我们把这些活动统一纳入了科普剧场进行研究。

　　科普剧场系列活动的共同特点是生物多样性保护教育科普化、生活化，目的是将生物多样性保护知识通过直观生动、寓教于乐的方式传递给青少年，让学生在参与策划、设计、编排、表演、观看、互动的过程中，接受生物多样性保护知识，感受科学精神，培养生物多样性保护素养，激发参与生物多样性保护的热情。活动开展的基本原则是在内容创作上注重科学性、趣味性、参与互动性，科普剧场活动的完成需要项目专家、指导教师、学生、家长的通力合作。活动的评价不在表演效果的优劣，不在道具的华美，也不在观众的多少，重要的是让每一个学生在参与过程中学习知识、体验情感、提升素养，实现在快乐中学习成长。

　　科普剧场系列活动在执行过程中，最深的感触是学生潜力的发挥。当把一个专家、老师、学生共同策划设计的活动文本交到学生们手上时，你根本无法预测孩子们在他们喜欢的活动中表现出的巨大潜力，无法想象那些衣着朴素表情安静的孩子们在舞台上的神采飞扬，无法想象他们修改剧本内容、台词、制作道具时，表现出来的智慧、诙谐、能干，更无法想象当他们在台上淋漓尽致的发挥时，你会为他们表演感动得眼含泪水或捧腹大笑。教育是对等分享的，我们把知识传递给孩子们的同时，他们也在帮助我们成长。

　　科普剧场的舞台情景剧、诗歌朗诵、歌舞表演、主题班会等活动深受参与项目的学校、教师、学生、家长喜爱，尤其受学生欢迎，学生主动参与热情高，表演过程中与现场观众互动热烈，观众与表演者之间产生了强烈的情绪共鸣，对生物多样性保护理念的宣传推广起到了积极的作用。

"生物入侵"是指某种生物从外地自然传入或人为引种后成为野生状态，并对本地生态系统造成一定危害的现象。生物入侵分有意和无意两种。随着物种的引进，这些外来"移民"一方面可能造福人类，另一方面也可能给当地生态环境乃至经济发展造成一定影响。随着"经济全球化"，外来入侵物种影响加大。目前，重庆市已记录到的外来入侵种已达74种，占全国外来入侵物种数量的三分之一，其中植物22科、40属、41种，动物26科26属27种，微生物5科5属6种。在这些入侵物种中，主要以空心莲子草、凤眼莲、红花酢浆草、福寿螺、食蚊鱼、克氏螯虾等危害最为严重。它们大量生长和蔓延，已对农作物物种生境造成了严重威胁，而且在一些自然保护区和风景名胜区内，某些外来物种已呈现出明显的入侵趋势。在所有外来入侵种中，有一半是作为绿化、美化以及速生物种而有意引入的，一半则是由人类活动无意引入的，这给重庆市的生物多样性保护带来了巨大隐患。

## 案例一　面具表演　识外来物种

| 活动名称 | 面具表演　识外来物种 |
|---|---|
| 活动策划 | 洪兆春　张万琼　黄仕友 |
| 参加群体 | 初中二年级对生物多样性保护感兴趣的学生 |
| 执行教师 | 西南大学附属中学　李尔康 |
| 教育（活动）形式 | 以课外科学兴趣小组为依托开展探究教育活动 |
| 合作馆校及部门 | 重庆市环保局、重庆市自然博物馆、重庆市生态学会、西南大学生命科学学院、西南大学附属中学 |
| 案例供稿 | 西南大学附属中学　李尔康<br>重庆自然博物馆　洪兆春 |

【教育（活动）设计思路】

在我们的日常生活中，"外来物种"与我们紧密相连密不可分。我们平常吃的小麦、石榴、核桃、葡萄、芫荽、胡萝卜、菠萝产于欧洲、西亚、北非等地。而美国加州70%的树木、荷兰市场上40%的花卉、德国的一千多种植物都来自我国。通过游戏这一喜闻乐见的形式和学生感兴趣的方式，让学生认识我们身边的外来物种，了解外来物种的特性，了解保护生物多样性的重要性。

【教育（活动）内容】

初中生物课外活动。

【教育（活动）形式】

通过查阅资料，让学生认识外来物种。

进行角色扮演，在游戏中了解外来物种的特性。

【资源条件】

（1）学校开发了外来物种的校本课程和教材；

（2）学校有专门的生物多样性相关图书提供给学生学习；

（3）学校开通了大型数据库上网功能便于学生查询资料。

【前期准备】

（1）教师查找外来物种的资料，保存于学校资源库中。

（2）参与活动的同学通过网络、图书查询我们身边外来物种有哪些，归纳其特性。

（3）教师准备若干常见涂料、废纸、泡沫、纸板和剪刀、小刀等常用工具。

【活动过程】

**第一阶段　初识外来物种**

学生按照 3～5 人分组通过网络和图书馆等方式查阅身边外来物种的资料，在查阅的基础上，同学们对资料进行整理归纳，了解我们身边常见外来物种的特性，将外来物种的认识做成多媒体展示文稿，写成小论文。

**第二阶段　看看谁知道的外来物种多**

利用课外活动课，教室摆放成圆桌式样，同学围坐在周围，老师宣布游戏规则：每位同学一次只能说一种外来物种，并且要说出该物种的特性，谁先举手谁说，看看谁知道的物种多。

游戏完成后，老师布置下一阶段的任务：做一个你熟悉的外来物种面具，想几句该外来物种的"自我介绍—控诉"，下周我们进行面具聚会。

**第三阶段　角色扮演，外来物种大聚会**

在学校大礼堂，关闭主要灯光，在主席台区域布置森林的景色。每一位同学都带着自己代表的外来物种面具在主席台穿梭。每一位同学出来时都要为自己代表的外来物种"控诉"，介绍自己来到重庆后与人类相处的情况，介绍自己今后在重庆的发展"规划"（是否与人类和谐相处还是威胁当地生态资源）。

介绍完成后，主持人采用旁白的形式介绍："据不完全统计：目前我国有主要外来杂草 107 种，外来害虫 32 种，外来病原菌 23 种。这些外来生物的入侵给我国生态环境、生物多样性和社会经济造成巨大危害，仅对农林业造成的直接经济损失每年就高达 574 亿元；据了解：世界许多国家因外来物种入侵造成的经济损失都很惊人，美国每年损失 1 500 亿美元，印度每年损失 1 300 亿美元，南非每年损失 800 亿美元；而在全球，外来物种入侵给各国造成的经济损失每年要超过 4 000 亿美元。"

然后主持人让同学们按照自己扮演的外来物种按照外来物种有害物种和无害物种进行分类站成两列。

每一列分别派一位同学代表有害物种和无害物种进行发言，归纳本类物种的好处和坏处及物种特点。

主持人旁白：愿"引狼入室"少点。这是一些翻山越岭、远涉重洋的"生物移民"，也许是一种细菌、一种植物或者一种动物。来到异国他乡的它们，由于失去了天敌的制衡获得了广阔的生存空间，生长迅速，占据了湖泊、陆地，而"土著生物"则纷纷凋零甚至灭绝。这就是生物入侵。"它们来了，它们正在反客为主。"让"反客为主""引狼入室"的事情少点，再少点。愿更多的人关注环境，关注生态，更多的人多一根"生态弦"。因为头脑中的这根"弦"，是一切行动之箭的"发射点"。

【活动效果】

通过该活动，学生对外来物种有一基本认识，能区分出有害外来物种和无害外来物种，对外来物种入侵有一大致了解。有的同学通过学习写成关于外来物种入侵的调查报告，还在青少年科技创新大赛上获奖。同时同学们对通过网络、图书馆等查询资料，并进行阅读的学习方式有一定认识，这对同学们转换学习方式、进行探究性学习有很大帮助。

嘉陵江是冬季迁徙鸟类的重要栖息地和迁徙通道，重庆缙云山国家级自然保护区周边公众教育项目执行学校有三所位于嘉陵江畔，观察研究保护迁徙鸟类成为项目执行过程中重要活动。经过学校教师学生的调查，发现嘉陵江下游段冬季迁徙鸟类共 38 种，隶属 8 目 10 科，其中冬候鸟 32 种，旅鸟 6 种。冬候鸟逗留时间主要从头年的 11 月到次年的 3 月。根据全球候鸟迁徙路线分析，到达嘉陵江的主要来自内蒙古东部、中部草原，华北西部地区及陕西地区繁殖的候鸟，冬季沿太行山、吕梁山越过秦岭和大巴山区进入四川盆地以及经大巴山东部向华中或更南地区越冬。除上述可能迁徙路径外，还应包括冬季由蒙古和远东迁来我国越冬的部分冬候鸟，还有青藏高原、云贵高原某些种类的候鸟，因季节影响而进行的短距迁徙和某些种类所作的自西向东的迁徙。

鸟类在迁徙途中不仅要遇到恶劣天气、天敌、食物短缺、疾病等影响，还会遇到现代建筑、飞行器、大型工业设备、中途停歇地环境污染、人类的猎杀的影响，迁徙之路充满艰辛和险恶。学生自编自演舞台情景剧、展示鸟类迁徙途中的艰辛，对宣传保护迁徙鸟类及迁徙沿途环境起到了积极的作用。

## 案例二　候鸟的迁徙

| 活动名称 | 候鸟的迁徙 |
|---|---|
| 活动策划 | 洪兆春　孔林　李建军　陈胜福 |
| 参加群体 | 高中学生 |
| 执行教师 | 重庆市第二十四中学　曾文菊 |
| 教育（活动）形式 | 舞台剧编演、游戏 |
| 合作馆校及部门 | 中国—欧盟生物多样性重庆示范项目办、重庆市环保局、重庆市自然博物馆、重庆市生态学会、西南大学生命科学学院、西南大学附属中学 |
| 案例供稿 | 重庆市第二十四中学　曾文菊<br>重庆自然博物馆　洪兆春 |

【教育（活动）设计思路】

通过表演了解候鸟在迁徙过程中遇到的各种艰辛，引导学生关注鸟类迁徙、参与鸟类保护。在活动过程中主动学习生物多样性保护知识，树立保护生物多样性的观念，积极主动参与具体实践活动。

【教育（活动）内容】

"候鸟的迁徙"表演。

【资源条件】

（1）教师参与中国—欧盟生物多样性重庆示范项目培训，进行了知识储备。

（2）学校得到了重庆缙云山国家级自然保护区周边公众教育课题经费资助。

（3）教师学生对学校附近迁徙鸟类进行了初步调查（见后附录），参与生物多样性保护热情很高。

【前期准备】

（1）查阅资料，候鸟在迁徙过程中会遇到哪些问题。把这些危险因素逐条写在卡片上；同时也整理保护迁徙鸟类的办法逐条写在卡上。

（2）师生共同设计游戏和舞台表演内容。

（3）准备表演道具。

【活动过程】

旁白：每一年秋天，出生不久的绿头鸭、赤麻鸭就要离开自己还未熟悉的北方家乡，跟着亲人们一起飞过万水千山，历尽千难万险到达重庆北碚的嘉陵江过冬。来年的春天，它们又一定会匆匆启程，越陌度阡，再度回到自己出生的地方。看，它们来啦！

场景1——背景画面为学校附近迁徙鸟类生活环境，在《鸟与梦同行的》音乐背景下，扮演成本地迁徙鸟类天鹅、鸳鸯、绿头鸭、赤麻鸭的四组同学（每组五人）上场。

旁白：它们或低沉或高亢或婉转或空灵的鸣叫，它们掠过高空时不着痕迹的身影，它们飞入江心恣意扬起的水花，就像一首生命的赞歌。但是，你知道它们漫长而艰辛的迁徙旅程吗？下面我们来做一个游戏。我将邀请现场的观众与我们一起共同完成。天鹅、鸳鸯、绿头鸭、赤麻鸭队各邀请5名观众加入！

场景2——背景是鸟类迁徙途中经过的高山、大河、海边、湿地等环境图片，主持人手持卡片站在场中，扮演成天鹅、鸳鸯、绿头鸭、赤麻鸭的四组同学及加入的观众排成4列，在领头同学的带领下做各种飞行状，领头的同学经过主持人身边时就去抽一张卡，并大声念出来，如果卡上写的是"被猎杀"，该队队员一名就带着卡离开，如果卡上写的是"栖息地被保护"，领队留下卡，不用失去队员，如此循环到抽完主持人手中的卡。看看每队还剩下多少人顺利完成迁徙。主持人和迁徙成功的同学一起念出手中的卡的内容："濒江湿地建立了自然保护区""人类爱鸟护鸟观念增强""退田还湖，食物充足""城市大气、水、光污染得到治理""河流污染被治理，水中鱼类增多""植树造林，生态环境变好，迁徙途中的休憩点安全""江边支网捕鸟的人被制止了"……

旁白：迁徙鸟类，它们来自不同地方，它们的后代从没有预习，也不用探路，像实现一个亘古不变的诺言，用一生去赶赴一场轮回辗转的约定，它们便能开始生命中的第一次远足，最后准确抵达我们嘉陵江，"有朋自远方来，不亦乐乎"，我们是热情好客的重庆人，我们应该积极行动起来，保护它们在嘉陵江边的栖息地，我们一起来发出倡议，让全社会和我们一起来保护这些飞翔的精灵。

扮演成大天鹅、鸳鸯、绿头鸭、赤麻鸭的四组同学一起念倡议书：

"保护嘉陵江河滩草丛湿地，尽快建立嘉陵江下游濒江湿地滩涂保护区，再不要进行大规范的人为破坏，控制抽沙采石、垦荒种菜和建设大量人造滨江水泥景观；收起我们无限膨胀的欲望，管好我们的手脚，始终怀着对自然敬畏之心，为我们的野生动物朋友留下几许栖息空间，为我们的子孙留下能与野生动物亲密接触的机会，我们的生存环境目标不仅是要有漂亮的建筑物，更应该是人与自然和谐共存！"

旁白：据科学家统计，最近400年来，地球上物种的灭绝速度在加快。如兽类在17世纪平均5年灭绝一种，到20世纪每2年就灭绝一种。现在每年都有1万～2万个物种灭绝，物种灭绝的速度是形成速度的100万倍。生物多样性的减少，也将恶化人类的生存环境。终将无可避免灭亡的命运，作为21世纪的小主人，你知道那些生物减少的原因吗？我们该怎么行动？

旁白：让我们一起加入生物多样性保护的行列，让所有的迁徙鸟类自由飞翔。

春天到了，绿头鸭、赤麻鸭即将启程，飞向它们的出生地，历尽艰难险阻。

万里行程，只为秋天再回到你的身边……

【活动效果】

（1）学生在轻松快乐中学习了鸟类迁徙知识，清楚了解了保护迁徙鸟类的措施。

（2）调查：活动之前 20% 的学生有保护生物的意识，活动后 80% 有保护意识。

（3）学生对周边生物的关注度和参与生物多样性保护教育活动的热情增强。

（4）学生在表演中自信心增加。

## 附：学校师生调查记录的湿地冬候鸟

### 嘉陵江北碚段湿地冬候鸟调查记录表

| 序号 | 物种名称 | 纲 | 目 | 科 | 可信度 | 居留类型 |
|---|---|---|---|---|---|---|
| 1 | 凤头䴙䴘 *Podiceps cristatus* | 鸟纲 | 䴙䴘目 | 䴙䴘科 | 野外观察摄影 | 冬候鸟 |
| 2 | 黑颈䴙䴘 *Podiceps nigricollis* | 鸟纲 | 䴙䴘目 | 䴙䴘科 | 来源于文献记载 | 冬候鸟 |
| 3 | 普通鸬鹚 *Phalacrocorax carbo* | 鸟纲 | 鹈形目 | 鸬鹚科 | 野外观察摄影 | 冬候鸟 |
| 4 | 黑鹳 *Ciconia nigra* | 鸟纲 | 鹳形目 | 鹳科 | 来源于文献记载 | 冬候鸟 |
| 5 | 大天鹅 *Cygnus cygnus* | 鸟纲 | 雁形目 | 鸭科 | 野外观察 | 旅鸟 |
| 6 | 鸳鸯 *Aix galericulata* | 鸟纲 | 雁形目 | 鸭科 | 野外观察 | 旅鸟 |
| 7 | 斑嘴鸭 *Anas poecilorhyncha* | 鸟纲 | 雁形目 | 鸭科 | 来源于文献记载 | 冬候鸟 |
| 8 | 赤麻鸭 *Tadorna ferruginea* | 鸟纲 | 雁形目 | 鸭科 | 野外观察摄影 | 冬候鸟 |
| 9 | 凤头潜鸭 *Aythya fuligula* | 鸟纲 | 雁形目 | 鸭科 | 来源于文献记载 | 冬候鸟 |
| 10 | 绿翅鸭 *Anas crecca* | 鸟纲 | 雁形目 | 鸭科 | 来源于文献记载 | 冬候鸟 |
| 11 | 绿头鸭 *Anas platyrhynchos* | 鸟纲 | 雁形目 | 鸭科 | 野外观察摄影 | 冬候鸟 |
| 12 | 罗纹鸭 *Anas falcata* | 鸟纲 | 雁形目 | 鸭科 | 来源于文献记载 | 冬候鸟 |
| 13 | 翘鼻麻鸭 *Tadorna tadorna* | 鸟纲 | 雁形目 | 鸭科 | 来源于文献记载 | 冬候鸟 |
| 14 | 针尾鸭 *Anas acuta* | 鸟纲 | 雁形目 | 鸭科 | 来源于文献记载 | 冬候鸟 |
| 15 | 白眉鸭 *Anas querquedula* | 鸟纲 | 雁形目 | 鸭科 | 来源于文献记载 | 冬候鸟 |
| 16 | 白眼潜鸭 *Aythya nyroca* | 鸟纲 | 雁形目 | 鸭科 | 来源于文献记载 | 冬候鸟 |
| 17 | 斑头雁 *Anser indicus* | 鸟纲 | 雁形目 | 鸭科 | 来源于文献记载 | 旅鸟 |
| 18 | 赤嘴潜鸭 *Netta rufina* | 鸟纲 | 雁形目 | 鸭科 | 来源于文献记载 | 旅鸟 |
| 19 | 豆雁 *Anser fabalis* | 鸟纲 | 雁形目 | 鸭科 | 来源于文献记载 | 冬候鸟 |
| 20 | 鸿雁 *Anser cygnoides* | 鸟纲 | 雁形目 | 鸭科 | 来源于文献记载 | 冬候鸟 |
| 21 | 普通秋沙鸭 *Mergus merganser* | 鸟纲 | 雁形目 | 鸭科 | 来源于文献记载 | 冬候鸟 |
| 22 | 骨顶鸡 *Fulica atra* | 鸟纲 | 鹤形目 | 秧鸡科 | 野外观察摄影 | 冬候鸟 |
| 23 | 凤头麦鸡 *Vanellus vanellus* | 鸟纲 | 鸻形目 | 鸻科 | 来源于文献记载 | 冬候鸟 |
| 24 | 长嘴剑鸻 *Charadrius hiaticula* | 鸟纲 | 鸻形目 | 鸻科 | 野外观察摄影 | 冬候鸟 |
| 25 | 东方鸻 *Charadrius veredus* | 鸟纲 | 鸻形目 | 鸻科 | 来源于文献记载 | 旅鸟 |
| 26 | 环颈鸻 *Charadrius alexandrinus* | 鸟纲 | 鸻形目 | 鸻科 | 来源于文献记载 | 冬候鸟 |
| 27 | 矶鹬 *Tringa hypoleucos* | 鸟纲 | 鸻形目 | 鹬科 | 野外观察摄影 | 冬候鸟 |
| 28 | 黑腹滨鹬 *Calidris alpina* | 鸟纲 | 鸻形目 | 鹬科 | 野外观察摄影 | 冬候鸟 |
| 29 | 白腰草鹬 *Tringa ochropus* | 鸟纲 | 鸻形目 | 鹬科 | 野外观察摄影 | 冬候鸟 |
| 30 | 孤沙锥 *Gallinago solitaria* | 鸟纲 | 鸻形目 | 鹬科 | 来源于文献记载 | 冬候鸟 |
| 31 | 青脚滨鹬 *Calidris temminckii* | 鸟纲 | 鸻形目 | 鹬科 | 来源于文献记载 | 旅鸟 |
| 32 | 丘鹬 *Scolopax rusticola* | 鸟纲 | 鸻形目 | 鹬科 | 来源于文献记载 | 冬候鸟 |
| 33 | 扇尾沙锥 *Gallinago gallinago* | 鸟纲 | 鸻形目 | 鹬科 | 来源于文献记载 | 冬候鸟 |
| 34 | 红嘴鸥 *Larus ridibundus* | 鸟纲 | 鸥形目 | 鸥科 | 野外观察摄影 | 冬候鸟 |
| 35 | 水鹨 *Water Pipit* | 鸟纲 | 雀形目 | 鹡鸰科 | 野外观察摄影 | 冬候鸟 |
| 36 | 田鹨 *Paddyfield Pipit* | 鸟纲 | 雀形目 | 鹡鸰科 | 野外观察摄影 | 冬候鸟 |
| 37 | 灰鹡鸰 *Motacilla cinerea Tunstall* | 鸟纲 | 雀形目 | 鹡鸰科 | 野外观察摄影 | 冬候鸟 |
| 38 | 北红尾鸲 *Daurian Redstart* | 鸟纲 | 雀形目 | 鹟科 | 野外观察摄影 | 冬候鸟 |

　　中华秋沙鸭是东亚地区特有珍稀水禽，被称为鸟类中的"大熊猫"，属于国家一级重点保护动物。中华秋沙鸭分布区狭窄，属迁徙性鸟类，世界范围内主要繁殖于俄罗斯东南部、我国东北地区，越冬地见于我国南方地区，重庆地区在 2012 年发现了中华秋沙鸭，在中国—欧盟生物多样性重庆示范教育课题支持下，学校老师和学生参加了野外调查和研究性学习，对中华秋沙鸭在重庆的越冬分布地点、生活习性等有了一定了解，为了宣传保护珍稀鸟类中华秋沙鸭，学校师生决定排演中华秋沙鸭舞台剧，通过舞台剧表演让更多的人了解中华秋沙鸭的珍贵，宣传保护中华秋沙鸭栖息地环境的重要，让更多的人重视生物多样性保护，进入生物多样性保护的队伍。

## 案例三　舞台剧　寻找新的家园——中华秋沙鸭迁徙故事

| 活动名称 | 舞台剧　寻找新的家园——中华秋沙鸭迁徙故事 |
| --- | --- |
| 活动策划 | 洪兆春　张旺 |
| 参加群体 | 小学五年级学生 |
| 执行教师 | 西南大学附属小学　李忠芝 |
| 教育（活动）形式 | 舞台剧演出 |
| 合作馆校及部门 | 中国—欧盟生物多样性重庆示范项目办、重庆市环保局、重庆市自然博物馆、重庆市生态学会、西南大学生命科学学院、资源环境学院、法学院、西南大学附属小学 |
| 案例供稿 | 西南大学附属小学　李忠芝<br>重庆自然博物馆　洪兆春 |

【教育（活动）设计思路】

　　中华秋沙鸭属于冬候鸟，国家一级保护动物，越冬地环境质量的好坏与中华秋沙鸭的成功迁徙及生存息息相关。通过道具、肢体语言、人物对话、旁白、投影片的文字材料与视频音效等方式进行舞台剧表演，让更多的人了解、认识中华秋沙鸭，并从身边做起加入到保护中华秋沙鸭的行列。

【教育（活动）内容】

　　研究性学习，编写舞台剧本，排演舞台剧。

【资源条件】

　　（1）教师参与中国—欧盟生物多样性重庆示范项目办培训，有了知识储备。

　　（2）家长和学校支持活动的开展。

【前期准备】

　　上网查阅中华秋沙鸭相关资料，邀请专家辅导学生活动。

【活动过程】

　　（1）教师组织学生在家长帮助下开展研究性学习，让学生了解中华秋沙鸭。

　　1）在家长及老师的指导下查阅文献、视频及图片资料，初步了解中华秋沙鸭越冬、迁徙行为、繁殖习性、生态习性、生存现状及面临的困境，小组成员交流、讨论，并制订进一步研究措施。

2）访谈研究中华秋沙鸭的重庆自然博物馆洪兆春老师及西南大学附属中学黄仕友老师，进一步了解中华秋沙鸭的概况以及在重庆江津綦江河的具体调查结果。

3）到重庆江津綦江河西湖镇访问当地居民，了解中华秋沙鸭及其生存环境，考察现在的水质、水体中的生物、周边植物情况等。

4）结合中华秋沙鸭的生活习性及当地的具体情况，提出具体保护中华秋沙鸭越冬地环境的措施。

（2）师生共同设计舞台表演内容，编写儿童剧本，剧本分为三个场景，即长白山栖息地、桃花源、重庆江津綦江河，儿童剧本主要展示中华秋沙鸭的现状、越冬地选择面临的窘境、江津綦江河的现有环境、越冬地环境保护措施几个方面。

（3）准备表演道具。

（4）排练、演出中华秋沙鸭故事。

### 寻找新的家园——中华秋沙鸭迁徙故事剧本

旁白（男）：中华秋沙鸭，一种会上树的最古老的野鸭，目前仅存 1 000 多对，属于世界濒危物种，越冬地多见于我国长江以南。2012 年 12 月在重庆市江津区首见报道，引起了我们对中华秋沙鸭的关注，随之也记录了一段动人而曲折的迁徙之旅。

（故事角色：中华秋沙鸭一家，爸爸黑、妈妈秀、儿子喜）。

**场景一：长白山栖息地**

旁白：在长白山一处美丽的山谷中，生活着这样一对母子：秀和她的儿子喜。秀每天带着喜穿梭在溪流中，过着悠然自得的生活。每天晚上睡觉前，妈妈都给喜讲故事。

秀：在很远很远的南方，那里山清水秀，景色宜人，它叫桃花源。正是在那里我邂逅了你爸爸，才有了如今的你。

喜：那我怎么没见到我爸爸呢？

秀：为了能带你到那个美丽的地方去，你爸爸躲到林子里去换羽了。等你长出飞羽来，我们就能重逢了！

喜：真的！那我要快快长大，这样就可以见到爸爸了！（喜睁大了眼睛，期待见到自己的爸爸，更期待和爸爸妈妈一起去那个遥远神秘的地方）

旁白：秋天渐渐来临，气温越来越低，长白山已经被装点得五彩斑斓。秀带着喜来到曾经和黑约好的重逢地。秀四处张望，突然，黑带着一副漂亮而健壮的新羽从天而降。

黑：秀（黑兴奋地大声叫）！

（秀猛然一回头，再次见到黑，她有些激动，脸上露出幸福的表情。秀把喜带到黑的面前）

秀：黑，看，我们的儿子长大了！

喜：爸爸！妈妈说，你要带我们去桃花源，这是真的吗？我们可以出发了吗（见到爸爸，喜的心就跑到遥远的南方去了，脸上流露出憧憬的表情）？

黑：嗯，儿子，过来，让爸爸看看你的飞羽。

（喜在爸爸面前扑腾了几下，转了几圈，展示了一下自己健壮的体魄和强有力的飞羽）。

黑：嗯，不错，我们可以出发了（黑仔细抚摩着喜的飞羽）。

爸爸一声令下，黑和秀一家开始南迁了。

**场景二：桃花源**

旁白：经过艰难的长途跋涉，黑带领一家人飞越长江，来到桃花源的上空。曾经美丽的桃花源如今烟尘弥漫，雷声轰鸣。

喜：爸爸，这是桃花源吗？怎么跟妈妈说的不一样呢？（刚一落地，轰鸣声震耳欲聋，一股刺鼻的油烟味熏得喜捏着鼻子。喜仰着脖子，好奇地问）

（黑没有回答喜的问题。他紧皱着眉头，愣愣地直视着前方。）

喜：妈妈，那是什么怪物啊？（喜扯扯妈妈的羽毛，指着黑色的大烟囱。可是妈妈也紧皱着双眉，无奈地摇着头）

（眼前一股浓烟袭来，大家都咳嗽了起来，秀的眼中顿时充满了泪水）

秀（带着哭泣的音调）：黑，我们的家没有了吗？

喜：我要回家！（喜也哭闹了起来！）

黑：喜，爸爸给你讲一个故事，我们家族的故事：你知道吗？我们的祖先，从一千多万年前的冰河期走来，历经了多少动荡变迁，它们不是也一样过来了吗？今天，虽然我们曾经美好的家园毁了，但我相信我们一定会找到新的家园，因为我们有一双强健的翅膀和一颗坚强的心。

（得到爸爸的安慰和鼓励，喜转悲为喜，扑腾着它的翅膀，马上又展示起它的飞羽来）

秀：可我们现在往哪儿去呢？上哪儿去寻找新的家园呢？（秀仍旧迷茫着，双眼迷茫地望着远方）

黑：小时候，我爷爷告诉我，顺着水流往上飞，就一定能找到我们新的家园。

秀：对，我们就顺水往上飞吧！（秀说完，黑便带着一家人又开始迁徙了）

**场景三：重庆江津綦江河**

旁白：黑带着秀和喜顺长江水往上飞，穿过两江交汇处，黑发现了綦江河，一条汇入长江的幽静小河，这多像曾经的桃花源呀！

喜：哇，这里的景色真美，我要下去面玩一玩。（还没等黑和秀回过神来，喜已经冲下去了）

黑、秀：去吧。（黑和秀相视一笑，然后，它们也跟着喜俯冲下去了）

喜：这里的水真甜呀，爸爸妈妈快来尝尝这比农夫山泉还甜的水呀！（喜用手捧起湖水，细细地品味着！）

秀：黑，长途跋涉实在太累了，我看这里空气清新、山清水秀，我们在这里建立新的家园吧！（秀用期待的眼神看着黑！）

喜：爸爸，我真的不想走了！（喜瘫坐在地上，耍起了赖！）

黑：我们可是鸟类中的大熊猫，我还是先考察一下环境再作决定！（黑展开翅膀起飞，在空中盘旋了一会儿）

黑：太好了，我们可以在这里建立新家园。你们看，这里河面开阔、水流清澈平缓、河中有大面积石滩，河岸一侧为农田，另一侧有茂密芦苇、竹林，是我们的最爱！

喜：哇，河里还有好多的小泥鳅、小黄鳝、小鱼，我要饱餐一顿，尽快补充体力了！（喜开始捕鱼，一边嚼着食物，一边问）

喜：爸爸、妈妈，是不是我们以后都住在这里，再也不走了呢？我实在不想长途旅行了！

秀：喜，等你再长大一些，就不会感觉那么累了，明年的春天我们还要回到以前的家！

喜：为什么？长途迁徙那么艰苦，为什么不享受这安逸稳定的生活呢？

黑：我们秋沙鸭一生都在忙碌的迁徙中，往返于越冬地和繁殖地，正是这样的生活方式，才让我们能在大自然中生存下来！

旁白：第二年4月的中下旬，长白山脚下依然是春寒料峭，虽然冬天不愿离去，可是春天却如约而至，如果将春天看成是一辆守时的班车，那么成群迁徙的秋沙鸭就是搭乘这辆班车的首批乘客，在春天的长白山，我们又看见了喜和父母一起嬉戏打闹的身影！

黑：希望明年我们回来的时候，这里的山更青。

秀：天更蓝。

喜：水更甜。

【活动效果】

通过研究性学习和舞台剧表演，学生对珍稀动物中华秋沙鸭从陌生到熟悉再到喜爱；不仅学习了生物多样性保护知识，在能力、态度、情感与价值观方面也有了进步和发展。通过舞台剧还很好地进行了珍稀动物保护、环境保护宣传。孩子们的节目在2013年环球自然日活动中荣获二等奖。

## 案例四　舞台剧　一次性筷子的旅行

| 活动名称 | 舞台剧　一次性筷子的旅行 |
|---|---|
| 活动策划 | 洪兆春　孔林　李建军　陈胜福 |
| 参加群体 | 高中学生 |
| 执行教师 | 重庆第二十四中学　吴刚 |
| 教育（活动）形式 | 舞台剧演出 |
| 合作馆校及部门 | 中国—欧盟生物多样性项目重庆示范项目办、重庆市环保局、重庆市自然博物馆、重庆市生态学会、西南大学生命科学学院、重庆第二十四中学 |
| 案例供稿 | 重庆第二十四中学　吴刚<br>重庆自然博物馆　洪兆春 |

【教育（活动）设计思路】

我国森林覆盖率仅为 16.55%，人均森林覆盖率列全球第 134 位，而我国每年约生产 450 亿双一次性木筷，消耗林木资源近 500 万 $m^3$。一棵生长了 20 年的大树，仅能制成 3 000～4 000 双筷子。如此算来，我们一年要吃掉 2 500 万棵树。而对于学生，不了解一次性筷子的生产流程以及一次性筷子对我们的生活有什么样的影响，通过这样的角色演绎和角色扮演活动，更加形象和生动地让学生了解一次性筷子的生产和使用对生态环境以及人自身的危害，帮助学生理解少用或抵制一次性筷子，从而减少对森林的乱砍滥伐达到对生物多样性的保护。

【教育（活动）内容】

调查一次性筷子生产、使用以及危害的资料。

舞台表演一次性筷子的生产途径和利弊。

【教育（活动）形式】

探究学习与舞台剧表演。

【资源条件】

重庆第二十四中学有关环保图书和便捷网络。

中国—欧盟生物多样性项目培训。

【前期准备】

参与同学通过网络、图书调查一次性筷子的生产流程、使用和危害。

编写剧本排练舞台剧。

准备好电脑、多媒体、照相机、话筒、道具等。

【活动过程】

**第一阶段　准备、调查、了解阶段**

从 2010 年 10 月至 11 月，每周的班会课上，将学生分为 8 个组，通过图书、网络查询一次性筷子的生产流程以及危害，在查询基础上，同学们对资料进行总结归纳梳理。

编写"一次性筷子的旅行"剧本，组织学生进行排练。

**第二阶段　角色演绎一次性筷子的旅行**

12 月 16 日，星期四下午在学校进行"一次性筷子的旅行"展演。

主持人 1：原以为你是那么宽广，不在乎带走一片阴凉。

主持人 2：原以为你是那么坚强，没想到你的眼泪在流淌。

合：地球，我们唯一的家园，让我们爱你到地久天长。地球，我们的母亲，让我们尽情沐浴的你阳光；地球，我们的绿荫，一棵棵参天大树是那么蓬勃向上，我爱那一抹绿荫，爱那一片阴凉，爱那树下的静怡美好。

主持人 1：这个是大家熟悉的东西：一次性筷子，在我们生活中经常用到。而我国每年约生产 450 亿双一次性木筷，下面请欣赏同学们带来的"一次性筷子的旅行"节目：

主持人旁白：一棵小树在一片森林的大家园中进行艰辛并快乐的长成，成为一棵大树，并不断地为人类呼出大量氧气。一天被一群伐木工人砍伐，从此离开了美丽的家园而进行了新的人生旅程。

A 同学演绎一次性筷子旅行第一站——产生

主持人旁白：首先被工人将木头截成段、用机器打成毛坯，然后放在烤房烘干，这样将让我成型为一次性筷子；年幼的我皮肤容易被虫子咬，他们又将我用一层塑料布盖得严严实实用工业硫黄熏，这样让我变得更白，并防止发霉；为了让我更好看更白，他们又将我放入工业双氧水并添加无水焦磷酸钠中进行煮，让我更白；为了使摸起来更光滑，他们又将我放入抛光机中并加入石蜡（含有多环芳烃）进行抛光。果然一个白白净净、漂漂亮亮的我就产生了！

B 同学演绎一次性筷子旅行第二站——工作

主持人旁白：经过对我的包装，终于让我离开那又臭又脏的地方，我和我的兄弟们旅行到各个快餐店、烧烤店、路边地摊店供消费者的需要。由于我色态比较好，消费者都喜欢使用我们，让我们无比高兴。

C 同学演绎一次性筷子旅行第三站——消失

主持人旁白：哎！消费者对我的使用很多，但是不珍惜，使用一次就让我去垃圾站或者去做木柴，让我就这样结束了短短的一生。

**第三阶段：角色扮演对一次性筷子的评价**

主持人 2：通过刚才同学们对一次性筷子短短人生的演绎，看到他的悲欢，那么今天我们请到了各方面的代表对一次性筷子使用的评价。

伐木公司代表：我们公司每年生产一次性筷子约 5 000 万双，实现年产值 500 万双，为当地政府解决就业压力，也上缴税达 100 万双，虽然我们砍伐树木，但是我们也在砍伐的地方重新栽种幼苗，所以我们公司是为人民服务，因此应该多开发一次性筷子。

伐木工人代表：看见一棵棵参天大树被我们砍伐，山头一片片变红，心里还是很遗憾。虽然，伐木中也有很多危险，对身体也有影响，但是为了生活也只有这样。

快餐店老板代表：一次性筷子对我们来讲很方便，也符合顾客的要求，清洁省事。我们觉得可以使用一次性筷子。

消费者代表：对于我们来说无所谓，只要那个使用方便、卫生就好。目前对一次性筷子感觉还是比较方便，但是看见刚才的生产流程还是觉得以后不用最好。

农民代表：我们很少使用一次性筷子，但是生产一次性筷子使森林变少，这样破坏生态，让天气越来越怪，而且将森林中的动物也赶到我们身边了，使我们的收成变少，我建议还是少砍伐森林。

医护代表：使用一次性筷子对身体有很多危害：

（1）损害呼吸功能：一次性筷子制作过程中须经过硫黄熏蒸，所以在使用过程中遇热会释放二氧化碳，侵蚀呼吸道黏膜。

（2）损害消化功能：一次性筷子在制作过程中用过氧化氢漂白，过氧化氢具有强烈的腐蚀性，对口腔、食道甚至胃肠造成腐蚀；打磨过程中使用滑石粉，清除不干净，在人体内慢慢累积，会使人患上胆结石。

（3）病菌感染：经过消毒的一次性筷子保质期最长为 4 个月，一旦过了保质期很可能带上黄色葡萄球菌、大肠杆菌及肝炎病等。所以我建议大家还是少用一次性筷子。

学生代表：一次性筷子给我们带来了方便但是也造成很多危害：

（1）随意丢弃，影响环境卫生并且易造成第二次污染。

（2）砍伐树木，影响造林，减少氧气，造成水土流失，严重时会引发洪水。如 1998 年的特大洪水，主要原因就是长江上游大量树木被乱砍滥伐，导致树木不能涵养水源，造成水土流失。那次洪水所造成的经济损失高达 2 000 亿元。

（3）浪费木材。日本的资源比较缺乏，但森林覆盖率达 67%，可从来舍不得乱砍树木，而所需的卫生筷基本上从中国廉价进口，用完后的卫生筷再回收利用作为造纸的好原料，也不会造成资源的浪费。而我国森林覆盖率只有 13.92%，却还在大量砍伐树木，造成资源的严重浪费。

（4）不卫生。因为在生产和运输过程中筷子没有封口，灰尘等一些杂物通过风很容易进入筷子里，而且好多生产厂家不消毒，等等，造成许多不良后果。由此可见，同学们天天使用这种筷子，会产生严重的影响。有时电视广播报道一次性筷子造成的后果更是严重，但是在日常生活中我们很少考虑它的危害性，从而说明很少人能自觉地约束自己的行为。那么从今以后我们要抵制一次性筷子。

环保局代表：据有关资料介绍，我国每年大约生产 450 亿双一次性木筷，消耗林木资源近 500 万 $m^3$。而一棵生长了 20 年的大树，仅能制成 3 000~4 000 双筷子，一双筷子仅用来吃一次饭就扔掉太可惜了。它不仅造成了巨大的森林资源浪费，而且也造成严重的环境污染。前面学生代表已经说，其实，不管一次性筷子是木质的还是竹质的，都可以进行重新利用。作为一种森林资源，使用过的一次性筷子在日本成为一种非常好的生产原料，回收 3 双一次性筷子就可制造出 1 张明信片或者 1 张 A4 复印纸，10 kg 的，可以造 15 箱面巾纸。此外还能将其他不能用于生产纸张的筷子与其他材料混合加工后，制成火力发电用的燃料。

主持人：中国每年生产大约 450 亿一次性双筷子，需要砍伐 2500 万棵树木，是我国森林覆盖面积的 20%。这是怎样的一个天文数字啊，尽管每个代表都有自己的苦衷和看法值得我们理解，可是生物多样性保护是我们每个人都应该遵守的准则。我们把绿色奉为梦想，把梦想视为行为，用莘莘学子的青春和激情，奏响追求绿色与和谐梦想的乐章。为保护我们地球生物多样性，我倡议对一次性筷子、一次性饭盒坚决不要使用，让它们在我们的生活中消失。对于现在使用的一次性筷子，我们呼吁市政府能采取适当的措施进行回收并再利用，为我市的纸厂提供原料。

【活动效果】

通过这次活动，同学们了解生产使用一次性筷子带来的环境危害——导致我们地球森林资源减少，造成水土流失、严重时会引发洪水，给人带来疾病。活动方式轻松，吸引了学生的积极参与，不仅让学生主动学习了生物多样性保护知识，还让学生学会了相互合作。舞台剧的展演带动了更多的学生关注森林生物多样性保护。

主题班会活动是一个开展生物多样性保护教育活动的平台，这个平台既可以完成课程教学任务，帮助学生学习生物多样性知识，了解生物多样性，懂得环境保护的重要性，增强保护生物多样性的意识，也可以帮助学生发挥个人主动性和艺术才干，促进学生间的交流与合作，扩大生物多样性保护教育的影响力。重庆市北碚区第二十四中学借加入中国—欧盟生物多样性重庆示范教育项目，得到项目资金、专家、技术支持的契机，在学校开展"生物多样性保护教育全校行"活动，在全校班级开展保护生物多样性主题班会活动，鼓励学生学习生物多样性保护知识，践行保护行动，参与研究性学习，为落实推动宣传生物多样性保护教育开展了扎扎实实的工作。

## 案例五　我为生命呐喊——生物多样性保护主题班会

| 活动名称 | 我为生命呐喊——生物多样性保护主题班会 |
| --- | --- |
| 活动策划 | 洪兆春　孔林　陈胜福　李建军 |
| 参加群体 | 高中学生 |
| 执行教师 | 重庆第二十四中学　左开伦 |
| 教育（活动）形式 | 班会活动 |
| 合作馆校及部门 | 中国—欧盟生物多样性项目重庆示范项目办、重庆市环保局、重庆市自然博物馆、重庆市生态学会、西南大学生命科学学院、重庆第二十四中学 |
| 案例供稿 | 重庆第二十四中学　左开伦<br>重庆自然博物馆　洪兆春 |

【教育（活动）设计思路】

学生参与生物多样性保护，应从身边小事做起，主题班会是一个调动学生主动学习平台，通过学生自主参与设计实施班会，鼓励学生保护生物多样性认识到生物多样性保护的严峻性，从自身开始，从校园环境保护做起，为生物多样性的保护、为了建设我们美好和谐的家园贡献一份力量！

【教育（活动）内容】

结合七年级上学期的生物课程，通过主题班会筹办实施开展研究性学习。

【资源条件】

重庆第二十四中学校园内有丰富的生物资源。

学校参加了中国—欧盟生物多样性重庆示范教育项目，得到项目资金、专家、技术支持，教师参加了欧盟项目培训，学习了工作方法。

学校教师在生物多样性保护课题组肖友彬等老师组织下编写校本教材、互相帮助形成团队协同开展活动。

【前期准备】

（1）收集资料，包括当前国际国内生物多样性保护、动植物资源保护的现状与问题（途径：网络、书籍、初中生物、政治教材）。

（2）学生分组调查我校的环境和环境保护的现状；以及动物或植物的种类、形态、结构、用途、与人类的关系进行研究。

（3）对收集、调查的资料进行整理、制成课件。

（4）准备道具：矿泉水瓶、扫帚、帽子、树枝造型、火炬模型等。

【活动过程】

第一阶段　感受生命世界

**主持人宣布主题班会开始**

（1）多媒体展示优美的自然风光图片（祖国篇——江山如此多娇；校园篇——我们成长的美丽校园）。让学生感受生物的多样性和生命世界的精彩与力量！

（2）多媒体揭露全球十大环境问题，并用图片事件（垃圾成堆、大气河流污染、鱼虾死亡、植被破坏等）印证。提示当前由于生态环境被破坏，许多动植物物种濒临灭绝的严峻事实！激发学生为生命而呐喊的情感，产生保护生物多样性的共鸣。

第二阶段　为生命呐喊（通过以下几个活动让学生反思为生命呐喊的原因，进而产生为生命呐喊的行动）

**活动一：七嘴八舌**

主持人：看完这些图片，此时此刻，你最想说的是什么？

学生甲：我们应该保护环境！

学生乙：我们应该保护那些濒临灭绝的动物和植物！

学生丙：环境问题太严峻了，我们要行动起来！

主持人：是呀！地球母亲已经伤痕累累了，我们本应该保护她，但是有些人还沉睡在梦中，请欣赏小品。

**活动二：小品《杀手》**

旁白：现在，随着人类生活水平的日益提高和工业的迅猛发展，人们对地球的破坏和污染也越来越严重。下面，我们先看几个日常生活中的场景吧。

场景一　——在大街上

路人甲一边走一边说（在讲台前）："现在的污染真是越来越严重了，才四月就已经这么热了（假装抬头看太阳）。"说完喝完最后一口饮料，随手一扔，走了（退场）。

场景二　——在某工厂的总经理室

秘书丙给经理丁一张报表（纸），说："经理，这是这个月《处理污水的预算》。"经理丁（看着纸）说："70万元，真是的，处理污水要花那么多钱，干脆直接排到海里去吧！"秘书（小声、慢慢地说）："这样不太好吧！"经理（站起来说）："这有什么关系。人不知、鬼不觉，你这么胆小，将来怎么接替我的工作。"（退场）秘书："唉！"（退场）

场景三　——在森林中

农夫乙（先寻找，然后看到一棵树）说："哇（惊喜），这棵树起码有几千年了，砍了卖掉的话一定发了。"说完，拿起斧头（扫帚），开始砍（砍三下后退场）。——就这样，到了2046年，地球表面已经被大量的垃圾覆盖，森林几乎消失，海水已经变得浑浊，连气候也不断恶化，一次，一股巨大的龙卷风从墨西哥出发直奔美国纽约。途中卷起了地表的大量垃圾，虽然龙卷风在到达纽约之前就已减弱并在纽约消失，可还是对纽约造成了巨大的影响，特别是自由女神像。大家请看（手指）：受灾前的自由女神像是那么的美丽、庄重，可受灾以后……

（刚退场的四个人两个塑料瓶扔向身后，学生扮演的自由女神假装被砸到，倒下，在讲台下将有绷带手臂露出，再站起来）

——同学们，你们希望你们将来的子孙在这种地球上生活吗？如果不希望的话，那就从现在开始，保护我们的环境。

主持人：同学们自由女神倒下了，我们的梦也应该清醒了，不要让地球最后一滴水成为我们的眼泪！不要再伤害包括我们在内的那些无辜的生命！

活动三：直击校园

主持人：看看我们周围。看看我们的学校存在哪些类似的环境问题？

学生：随手乱丢垃圾，水、电的浪费，猎杀小动物，砍伐树木、践踏草坪（播放校园环境问题的图片）。

主持人：现在我们学校面临的生物多样性保护及环境保护问题主要原因有哪些？

没有环保和忧患意识；没有节约观念；浪费的不是自家的；动物保护是别人的事，与我无关。

主持人：从同学们的回答中，我们看到了环保意识和知识的重要性。环保意识重要，但关键是行动！看（有图片，手指向大屏幕），哥本哈根在行动，中国在行动，重庆在行动，校园在行动。我们也行动起来吧，大家要从我做起，从身边小事做起，为绿色校园的创建添砖加瓦。接下来，请大家参加知识问答（回答正确一个问题，奖励一个环保标志，获环保标志最多的评选为"小小植物学家"或"小小动物学家"）。

**第三阶段　为生命代言**

通过评选"小小植物学家"或"小小动物学家"活动，让学生明白动植物在我们的生活中不可缺少的重要意义，在增强保护生物多样性的理念同时，将其转化为行动！

（1）课前安排学生对我校现有的动物或植物的种类、形态、结构、用途、与人类的关系进行研究（前期准备）。

（2）从生物多样性课题组调来我校现有动植物的相关资料，编成抢答题（前期准备）。

（3）进行抢答。

（4）公布抢答结果。

主持人：刚才的抢答比赛让我们对生命的意义有了更深入的理解，然而珍爱生命仅仅靠几个人的力量是远远不够的，这需要我们大家都加入到保护生命的活动中来，下面，请我们的"小小植物学家"朱奕同学发出倡议。（全体学生起立宣誓）

**第四阶段　我是生命的保护伞**

课后每位学生认养校内的一棵植物，为它挂牌，并记录它的生长过程。

通过这一活动，让学生真正行动起来，体验生命的意义，承担起对生命的责任。

主持人：让我们一起欣赏歌曲《一个真实的故事》，让我们都成为生物多样性的捍卫者！歌声中结束这次主题班会。

**【活动效果】**

（1）第三方评估：学校德育处在班会后对班级进行了全面考核，学生生物多样性保护知识、情感、态度、价值观都有明显进步，对生物特别是动物的关爱程度提高；

（2）学生反馈：同学们表示，班会课让他（她）们更深入地了解了生物多样性保护的重要意义，增强了自己生物多样性保护意识的同时，还能够促使自己在日常的生活和学习中，用行动去支持生物多样性保护活动；

（3）老师评价：班主任和本班科任教师感觉到该班同学在经过这次活动之后，环保意识增强了，不仅教室和工区的清洁任务完成较好，而且保洁工作做得很好。能够主动参与校园鸟类保护及其他小动物保护活动。

通过角色扮演活动，使中学生关注社会各方面对生物多样性保护的不同看法和利益诉求，了解生物多样性保护现状和存在的问题，坚定保护生物多样性的思想，并积极参与到保护生物多样性的活动中来。

## 案例六  森林故事——角色扮演活动

| 活动名称 | 森林故事——角色扮演活动 |
| --- | --- |
| 活动策划 | 洪兆春  孔林  李建军  陈胜福 |
| 参加群体 | 高中学生 |
| 执行教师 | 重庆第二十四中学  肖友彬 |
| 教育（活动）形式 | 班会活动、角色扮演 |
| 合作馆校及部门 | 中国—欧盟生物多样性项目重庆示范项目办、重庆市环保局、重庆市自然博物馆、重庆市生态学会、西南大学生命科学学院、重庆第二十四中学 |
| 案例供稿 | 重庆第二十四中学  肖友彬<br>重庆自然博物馆  洪兆春 |

【教育（活动）内容】

以主题班会的形式开展生物多样性保护教育活动。

【资源条件】

（1）学生利用信息技术课收集自己角色的相关网络资料。

（2）八年级生物教材和重庆第二十四中学的生物教师。

前期准备（角色扮演活动）：

（1）学生 7 人一组，每组自选一种角色。角色分为：行政官员（如市长、区长），职业人（如农、林、渔、牧等业主），研究人员（如科学家），经营者（如企业主），执法者（如司法人员），教育工作者（如教师），学生（如中学生）。

（2）各组按各自角色应承担的义务、职责和面临的困难收集资料以及演讲稿、辩论资料。

（3）演讲和辩论之前，教师要引导学生根据所选角色充分收集资料，以保证演讲和辩论的成功。

（4）教师准备若干常见涂料、废纸、泡沫、纸板和剪刀等常用工具，学生自制老虎、白头叶猴等动物头套和森林场景道具。

【活动过程】

（1）展示我国的黄土高原，太湖的水被蓝藻污染等图片。

（2）播放《地球你好吗》的歌。

（3）看了图片，听了音乐，同学们有何感想？

（4）搭积木游戏，一人一次拿走一块积木，不能拿最上面的。开始时，抽走一块积木对整个积木塔影响不大，随着更多的积木抽走，最终整个积木塔倒塌。

设问：假设这个积木塔是一个生态系统，每块积木代表一种生物，从这个游戏中你能得到什么启发？

（环节解析：通过游戏形象生动地说明生物多样性的生态学意义。）

（5）学生回答、进入角色扮演环节。

场景一 ——森林故事

人物：小鹿、鹦鹉、狐狸、伐木工人、猎人、老虎等。

背景：在一片美丽的大森林里，生活着许多可爱的小动物，它们每天过着无忧无虑的生活，这里空气清新，环境优美，鸟儿们欢快地歌唱。

可是有一天，森林里来了伐木工人。他们算计着如何发一笔横财……

那两个人是干什么的？他们背着猎枪，为了得到虎皮、鹿角等，他们将枪口对准了动物们……

只听一声声惨叫，不幸的事发生了……

一只老虎蹒跚地向我们走来，它悲哀地向我们述说着人类破坏大自然的种种罪行。

残忍的偷猎者和贪婪的伐木工人终于醒悟了，他们愧疚极了，向动物们检讨着，可惜这一切太迟了。

场景二：白头叶猴的诉求

引导学生欣赏我国广西保护白头叶猴的生态公园中的一幅壁画，引出白头叶猴的内容，并使学生知道白头叶猴是潘文石教授研究的第二个世界濒危物种。

学生进行角色扮演，人物：科学家、农民、政府官员、白头叶猴。

白头叶猴：我们世代生活在地球上，地球上一切动物的生存权利是平等的。人类没有任何理由驱赶甚至捕杀我们。

农民：我们农民的生活条件非常不好，祖祖辈辈都是这样垦荒、砍柴。如果不砍柴，就无法取暖、吃饭；孩子的吃饭、穿衣、上学都得用钱，有时还得养个猪什么的，这样，需要的柴火就更多了。如果为了保护白头叶猴而不让我们砍柴的话，我觉得我们生活不下去了。

科学家：作为科学工作者，我们应该大力倡导保护白头叶猴这种濒危动物。经过研究发现，在国外目前还没有发现白头叶猴的活体或标本。但是在研究保护白头叶猴的过程中，也许得不到当地农民的理解和支持，需要我们不断的交流、沟通，加大宣传力度，让越来越多的人了解白头叶猴，保护白头叶猴。而且，我们也可以进行募捐活动，最好能筹备一些资金来建立一个保护白头叶猴的保护区。

政府官员：对于政府来说，应该支持科学家的研究工作，并协助科学工作者对当地农民进行宣传和教育，同时，要正确协调农民和白头叶猴争夺生存资源的问题。可以拨款净化水质，挽留师资，让农民用电或其他方式取暖、做饭而不用柴火。另外，我刚才看见白头叶猴的栖息地——石山都被炸开，作为采石场了，我们会下令尽快关掉这个采石场的。

场景三 ——角色扮演，生物多样性保护辩论

辩论主题：我们学校飞来了一群"怪鸟"，有人说这种鸟的肉很鲜美。假如你是市长、饭店老板、生态学教授、采购员、司法人员、学生等，你会怎样做呢？市长、饭店老板、生态学教授、采购员、司法人员、学生等各个角色进行辩论。各小组就本小组扮演的角色事先收集资料，写出发言稿。课堂上，各小组派代表阐述角色观点。在表演过程中，其他小组若有不同看法可提出质疑，展开辩论（环节解析：通过角色扮演，开展演讲、辩论，有助于学生参与意识、公民意识的形成，培养解决实际问题的决策能力）。

场景四 ——学生播放讲述《一个真实的故事》

课堂讨论：为了实现人与自然的和谐发展，在保护生物多样性的活动中，作为中学生你们怎样做？

学生分别从各个方面讲述，如利用节假日在所在乡镇进行环保宣传，从学校和居住地的花草树木做起，自觉抵制白色污染，在学校建立益鸟益虫知识专栏和活动中心。自己坚决不吃野生动物，并敢于和破坏生物多样性的行为作斗争。成立野生动物保护基金会，经常组织同学进行保护生物多样性的调查活动等。对积极回答的学生给予奖品，并评出保护之星。

结束：全班同学宣示：我们一定尽最大的努力，保护我们的家园——地球，保护地球上的生物多样性！

【活动效果】

通过这次生物多样性保护的教育活动，同学们在心灵深处受到了震撼。参与活动的学生教师在知识、情感、态度、保护技能方面都得到了提升，这次班会活动邀请了联合国开发计划署官员、中国—欧盟生物多样性项目官员、重庆市环保局、北碚区环保局、北京、广西、海南地区中小学校长及新闻媒体参加，得到了现场参与专家的广泛好评，学生表演投入，参与人员与表演者互动热烈，高潮迭起，对生物多样性保护起到了积极的宣传作用。

森林故事

白头叶猴的诉求

全球性的人口膨胀、森林的乱砍滥伐、野生动物的乱捕乱猎滥吃使得野生动物，特别是那些濒危物种面临灭绝。通过小品表演和宣传，使学生懂得物种的多样性是人类社会赖以生存和发展的基础，增强对野生动物的保护意识，保护野生动物从自己做起，从小事做起。小品的设计来源于重庆市执法部门在铜梁查处某餐馆大量捕捉、购买、猎杀丘鹬——"泥钻子"，并将其油炸出售事件。

## 案例七 拒食野生动物，保护生物多样性小品表演

| 活动名称 | 拒食野生动物，保护生物多样性小品表演 |
|---|---|
| 活动策划 | 洪兆春 孔林 李建军 陈胜福 |
| 参加群体 | 高中学生 |
| 执行教师 | 重庆第二十四中学 夏庆芳 |
| 教育（活动）形式 | 小品表演、歌曲 |
| 合作馆校及部门 | 中国—欧盟生物多样性项目重庆示范项目办、重庆市环保局、重庆市自然博物馆、重庆市生态学会、西南大学生命科学学院、重庆第二十四中学 |
| 案例供稿 | 重庆第二十四中学 夏庆芳<br>重庆自然博物馆 洪兆春 |

【教育（活动）设计思路】

学生自编自演小品，寓知识于活动中，学生兴致很高，不知不觉受到教育。让学生在欣赏小品的过程中得到教育，认识到滥捕滥杀野生动物的危害。通过交流，引起共鸣。

【教育（活动）内容】

滥捕贩卖野生动物是违法的。

滥吃野生动物危害身体健康。

保护野生动物，保护生物多样性。

【资源条件】

学校参加了中国—欧盟生物多样性重庆示范项目，教师接受了培训，学校活动得到了项目资助。

【前期准备】

（1）学生上网查资料，详细了解一些野生动物的相关知识和保护野生动物的相关知识。

（2）到重庆自然博物馆参观，学习了解物种多样性。

（3）排练小品：小贩衣服一件，餐馆老板服装一套，用三块纸板写好场景名等：农贸市场、医院、公安局；病人服装两件，纱布一块；纸手铐两件；菜篮子一个，纸做的泥钻子一个，几个纸做的青蛙。演员4名：甲，贩卖野生动物的小贩；乙，买卖野生动物的餐馆老板；丙，场景，场景是用纸板写上场景名拿着放在身前；丁，旁白，全剧的画外音。

【活动过程】

**活动一 小品表演**

场景1——农贸市场

场景，丙举着写有：农贸市场的纸牌出场

丁旁白：一大早农贸市场就热热闹闹。

甲：出场蹲在地上摆开菜篮，自言自语：昨天在村口拉网，没想到还收获了一只泥钻子，这年头天上飞的，水里游的，只要野生的，都让城里人给吃光了，这次算是走运了，现在再带上在村边臭水沟里抓到的青蛙，今天说不准，能撞上个主儿，挣他几百块钱。这青蛙还真带上了臭味，小时候我还一天到晚泡在那条清澈的小河里，现在咋变了臭水沟呢？

乙：出场边走边说：今天那帮吃野味的又来订餐了，得赶紧弄些东西，对付对付，做他们一桌生意顶好几桌呢！走到甲的前面：今天有什么好东西，这冰冻着的是什么鸟啊，拔了毛还真看不出是什么，新鲜吗？

甲：压低声音：这可是"泥钻子"，不能卖的，今早现打现清理干净，急冻，保证新鲜，别人来查，我就说是家养的，您是美食行家，我就老实跟你说了，还有这个山水青蛙，肉鲜味美，吃在嘴里还有种说不出的香味……

乙：保护类动物，那帮家伙就喜欢吃这个，我都要了打个折吧（掏钱，提着转身就走），自言自语：这好东西，回去我也尝个鲜。

甲：转身偷笑：嘻，这几年，连野鸟的影子也难看到，小时候也吃过，肉少骨头多，味道还 比不上土鸡，吃了也不见得有什么特别，城里人就是傻冒。

甲冷不防被乙回头拍了一下肩膀，吓得跳起来。

乙：什么傻帽。

甲：不是傻帽，我说的是关照，是多谢关照。

乙：呵，下次有什么野生的好东西就打我这个电话……

丁旁白：你们这是贩卖野生动物是犯法的，我要打电话举报你们……

甲和乙，慌忙逃走，下场

场景，将纸牌反转，上面写有：丘鹬

旁白：丘鹬本地俗称泥钻子。丘鹬，是一种飞越喜马拉雅山的候鸟，已被列入国家林业局发布的《国家保护的有益的或者有重要经济、科学研究价值的陆生野生动物名录》。它躯体短粗、喙长、栖息于潮湿稠密林地。独栖，黄昏时最活跃。主要以蚯蚓为食。繁殖期一雄多雌。通常在夜间结合，白天分离。国家二级保护动物，明令禁止捕杀、收购和出售。1989 年我国就颁布了《野生动物保护法》，贩卖野生动物是犯法行为。

场景 2 ——医院

丙举着"在医院"的纸牌出场。

丁旁白：在医院里。

甲（病人衣服），乙（病人衣服，头上贴纱布）分左右出场，甲遇到了乙。

甲：大哥是你啊，还真巧了。

乙：你干嘛来了。

甲：真倒霉，我得了个怪病，医生说病因是因为我经常接触野生动物引起的，是野生动物的病传到我身上来的，差一点把命都丢了。

乙：野生动物的病，那你去看兽医得了。

甲：大哥你这是什么话啊……你又啥事啊？

乙：我就更倒霉，我是感冒进来的，医生说是禽流感，病因是吃了野生鸟类。

甲小声嘀咕：不会是我卖给他的泥钻子吧。

乙：流感好了，检查报告出来，一看又有了肝吸虫，病因是吃生鱼。

甲小声嘀咕：不会是我卖给他的鱼吧。

乙：虫子打掉了，检验报告出来了，说还有虫，都到脑子里面去，还长得很呢，病因估计是吃了野生青蛙。

甲小声嘀咕：不会那么巧吧，不会是我卖给他的，臭水沟里面的青蛙吧。

乙：你嘀咕些什么啊，听没听我说啊。

甲：在听在听，那你是冤大头了，不是不是，是倒霉透了。

乙指着纱布：你看这不是在头上动刀，刚能下床，还没拆线呢，怪不得这一年来，总觉得自己听东西听不清楚，人也越来越笨。

甲点着头，呵呵，还不是一般的笨，买我那么多的假货，是笨到家了。

丁旁白：你俩快回房间，要吃药打针了，下午还有检查呢。

乙惊慌：还检查，不会还有别的病吧。

甲数着手指头：我卖给他的野生动物还有很多种呢……

丙旁白：谁让你吃那么多乱七八糟的野生动物，现在就报应了。

甲乙退场

丙旁白：对食用野生动物，有很多说法都是荒谬的，科学也证明了许多疾病来源于野生动物，如大家都知道的禽流感，还有各种可怕的寄生虫，是会危及到健康，甚至生命，为了自己的健康，请注意科学饮食，改变食用野生动物的不良饮食习惯。

场景3　公安局

场景，换纸牌：公安局

旁白丁：在公安局里。

甲乙（戴着手铐）分左右出场低头站立在中间。

乙：又是你啊，见到你就没好事。

甲：大哥别这样说好吗，我俩又同病相怜了，你犯啥事了。

乙：唉，我的小餐馆偷卖穿山甲，果子狸，泥钻子，天鹅肉，娃娃鱼……被查到了，唉，早知道就不贪那俩小钱了，你呢？

甲：我无辜啊，那天，在村头拉网，逮到一只漂亮的鸟，不忍心吃掉，也不愿意卖掉，就给儿子当宠物养起来，一天不知道喂了啥就拉稀了，后来森林警察来了，说那是国家一级濒危保护动物，全世界就剩那么几只，鸟就立马送去抢救了，我就立马送进局子，公安还说偷猎国家保护动物是严重的违法行为，如果那鸟完蛋了，我也完蛋了，现在我要念佛，保佑那鸟千万别死……

旁白丁：捕杀和贩卖野生动物是犯法行为，生物多样性是地球的自然财富，也是人类生命和繁荣的基础，但这些生物正以令人不安的速度消失，因此摆在人们面前紧迫的任务是加倍努力，保护地球的生物多样性，保护野生生物及其生存环境。如果有一天，地球就剩下人类自己和动物园里面的动物，那是多么没意思的事情啊！

结束：场景，旁白，甲，乙出场谢幕

**活动二　小品结束，学生分三组讨论，谈谈看小品后的感想。**

学生1：早在1989年，为保护和拯救珍贵、濒危野生动物，保护、发展和合理利用野生动物资源，维护生态平衡，我国就颁布了《野生动物保护法》。但一些不法之徒为了巨额的经济利益还是铤而走险，大量捕杀野生动物。野生动物是人类生存的自然环境的重要组成部分，保护野生动物资源对于维护生态平衡、保护人类生存环境有着十分重要的现实意义。保护动物的多样性、拒食野生动物，是社会文明的表现，也是可持续发展的必然选择，保护野生动物就是保护人类的朋友。

学生 2：滥食野生动物危害人类健康

贩卖、烹制、滥食野生动物如今已成为一种时尚，很多珍稀野生动物成为一些食客的美味佳肴。但科学证明，人类的有些疾病来源于野生动物，那些被私自猎杀、贩运的野生动物，由于未经检疫而可能危害健康，甚至生命，引发人和野生动物寄生虫共患病。以蛇为例，在研究中发现，蛇身上的绦虫寄生在蛇皮下、腹腔内，绦虫大多是感染性的，人食后这种绦虫幼虫会寄生在人体不同部位；以旱獭为例，人吃后极易患鼠疫、流行性出血热等疾病，其中流行性出血热可使人肾脏功能衰竭。尤其令人担忧的是，上述疾病都具传染性，一旦流行后果不堪设想。人类较多食用的其他野生动物如蛙、鸟、狗、穿山甲等也普遍存在寄生虫感染，如弓形虫、肺吸虫、绦虫、旋毛虫等。以旋毛虫为例，我国是旋毛虫感染较严重的国家之一，近年来由于食用野生动物，不少地区甚至发生人体旋毛虫流行。旋毛虫病可引起肠胃症状，呼吸、说话、吞咽困难、神经错乱以至心肌炎、肺炎、肝炎等并发症。旋毛虫囊可抵抗零下 15℃低温，且熏烤、腌制、暴晒、烧炒、火锅等加工都不能将其杀死，因此，不吃野生动物可说是预防类似疾病的理想方法。从卫生角度出发，诸如乌龟、蛇这类野生动物，其猎杀、贩运都是违法的，市场、餐馆中的野生动物未受正规卫生检疫，进入人口的野生动物体内携带的各 种流行病、寄生虫病就"趁机而入"，引发各种疾病。

学生 3：唇亡齿寒，唇齿相依，动物是人类最密切的朋友。保护动物就是保护我们的同类。如果地球上没有动物，那将是一个没有活力的世界。动物是人类亲密的朋友，人类是动物信赖的伙伴。不要让我们的后代将来只能在博物馆里看到今天的动物。

**活动三    全班齐声合唱改编歌曲《我和你》。**

附歌词：我和你，心连心，共住地球村。大熊猫、丹顶鹤、藏羚羊、白天鹅。来吧，朋友，伸出你的手，你和我，心连心，同是一家人。

我和你，心连心，共住地球村。中华鲟、金丝猴、朱鹮、扬子鳄。来吧，朋友。伸出你的手，你和我，心连心，同是一家人。

【活动效果】

（1）通过学生问卷调查，活动前了解野生动物保护的学生仅有10%，而且认识都很模糊，通过这次主题班会后，班上有95%以上的学生都认识到保护野生动物的重要性，也了解了野生动物知识，明确了自己应该怎样做，把保护野生动物落实到行动中。

（2）以前学生会在学校的树上去掏鸟窝抓小鸟捉青蛙来玩，现在他们会主动护鸟，在餐馆还劝说并阻止自己的父母吃野味。

（3）学生一致反映喜欢这样的活动，希望老师学校多组织这样的活动。

小品参演学生与联合国开发计划署官员卡斯廷·戈莫先生合影

# 第七章　宣传普及带动公众参与

在联合国《庆祝 2011—2020 年联合国生物多样性十年（生物多样性十年）战略草案》中提出，公众对生物多样性的重要性缺乏意识是实现《生物多样性公约》最严重的障碍之一。

国际社会为此开展了一系列的调查研究[①]，如"欧洲晴雨表生物多样性调查"；益普索集团为生物贸易道德联盟开展的一项研究；联合国环境、粮食和农村事务部进行的调查；空中客车公司进行"自然轨迹"的研究和"空中客车生物指数"调查，这些调查研究发现公众对生物多样性的认识水平较低，对生物多样性了解的只有 20% 的人（2009 年数据），人们对生物多样性一词的理解仅限于物种层面，不知道生态系统及遗传多样性；不清楚生物多样性危机与其自身生活的关系；对该如何采取行动保护生物多样性不清楚，接受调查的儿童和青年绝大部分时间都待在室内或者城里，与大自然疏远。同时，儿童对某些物种的能力惊讶不已，还表示喜欢待在户外；他们想了解更多有关生物多样性的知识，但不一定有这种机会。调查研究数据也显示随着《生物多样性公约》在各个国家的执行，人们关于生物多样性的有些意识正在向好的方向缓慢上升，但生物多样性教育宣传推广任务仍十分艰巨和紧迫。

执行重庆缙云山国家级自然保护区周边生物多样性公众教育项目就是希望为参与项目的教师学生提供机会，获取保护生物多样性所需的知识、价值观、态度、责任感和技能，同时通过学生影响到家长和社会，进一步提高重庆地区特别是缙云山国家级自然保护区周边公众生物多样性保护能力。实现项目目标开展宣传推广工作至关重要。项目推进过程中，我们与教师、学生一起，坚持宣传推广工作从身边做起，立足于学生，立足于学校，通过学生活动带动家长、社会参与，加强与政府行政部门及新闻媒体联系，在报纸杂志、电视电台、网络平台上推出系列专题报道，充分拓展生物多样性宣传面，使更多的社会公众了解生物多样性、参与生物多样性保护。

带领学生开展宣传教育活动，不仅是生物多样性保护的需要，同时也是促进学生公民素质发展的需要。我们在研究国外生物多样性教育教材中发现，他们虽然没有思想品德课，但在生物多样性保护教育中鼓励学生参加生物多样性项目，了解地方生物多样性保护中的危机和问题、了解政治决策过程，通过参与社区行动看到自己能促进改善社区的条件。

鼓励学生参与宣传推广和鼓励他们参加探究学习同样重要，因为这是他们生物多样性保护行动的一部分，是他们公民责任感的体现——我们每个人的行为构成了周边生物多样性保护的现状，生物多样性保护依赖我们所有人的力量。

---

[①]《庆祝 2011—2020 年联合国生物多样性十年（生物多样性十年）战略草案》http//www.cbd.int/undb/home/undb-strategy-zh.pdf。

　　手抄报，顾名思义是学生通过查阅整理资料，围绕生物多样性主题，自己构思、设计、绘制的小报。手抄报活动以学生为主体，教师只是激发学生对生物多样性保护的兴趣，协助和启发学生寻找报道主题。学生可个人或小组团队进行资料查阅积累、数据信息整理、构思主题思想、讨论设计版面图文等。手抄报活动无须多少物质投入，作为自办报刊的一种形式，一方面能表达交流学生思想，培养学生自主学习探究和创作能力；另一方面也向阅读者传达了丰富的生物多样性保护信息，是在学校开展生物多样性知识宣传的有效方法。

## 案例一　小小天地，大大世界——学生手抄报活动

| 活动名称 | 小小天地，大大世界——学生手抄报活动 |
|---|---|
| 活动策划 | 洪兆春　谭兴云 |
| 参加群体 | 初中学生 |
| 执行教师 | 重庆第四十八中学　龚晓梅 |
| 教育（活动）形式 | 学生以宣传画或手抄报的形式开展宣传活动 |
| 合作馆校及部门 | 中国—欧盟生物多样性项目重庆示范项目办、重庆市环保局自然生态处、重庆市生态学会、重庆自然博物馆、重庆第四十八中学 |
| 案例供稿 | 重庆第四十八中学　龚晓梅 |

【资源条件】

　　（1）教师参加了中国—欧盟生物多样性项目重庆示范项目提供的教师培训，学习了开展生物多样性保护教育活动的方法。

　　（2）中国—欧盟生物多样性重庆示范项目相关专家指导。

　　（3）围绕新课改，学校支持活动开展。

【前期准备】

　　（1）对学生进行生物多样性保护教育，让学生了解生物多样性保护的重要性。

　　（2）学生通过图书馆、博物馆、网络等途径查阅生物多样性保护资料。

　　（3）组织学生讨论选题。

　　（4）邀请美术、语文、德育等学科教师及部分家长参加活动后期评比活动。

【活动过程】

　　（1）在生物课堂教学中，紧密联系当今生物多样性保护问题，通过学生讨论、师生问答、教师讲解、多媒体展示相结合的多种手段，激发学生的学习兴趣和保护热情。学生认识到：到目前为止，地球是我们发现的唯一适合各种生物生存的场所，也是唯一适合人类生存的场所。但是，人类活动强烈地干扰生物圈的自然发展，并逐渐导致生态环境的恶化和自然资源的枯竭，这不仅破坏了生态平衡，也威胁到人类生存和持续发展。因此，保护生物多样性，保护生物圈，造福子孙后代，是全人类的共同义务。

　　（2）学生利用图书馆、博物馆、网络等途径查阅资料，整理收集的数据，展开讨论，确定办报的主题。

　　（3）学生根据各自在绘画、文字处理等方面的特长组成小组，发挥想象力，创作构思

手抄报版面，编辑文字内容，绘制图画，表达自己的思想和观点，完成手抄报制作。

（4）在学校专栏张贴展示学生制作的手抄报，由学生、美术、语文、德育等学科教师及部分家长组成评委会进行评比，并给予表彰鼓励。

（5）组织学生读报、写读后感，开班会进行读报心得交流。

【活动效果】

手抄报活动中学生上交作品的创意和深度超出我们想象，一份小小的手抄报，给我们展示了学生眼中广阔的生物多样性世界，从中我们评出了一、二、三等奖，并进行了奖励。通过办报、展示、评比、写读后感交流等环节，手抄报活动在学校产生了广泛的影响，受到了学校师生的欢迎，有效传播了生物多样性保护知识。在办报过程中不仅培养了学生收集处理积累信息能力，还培养了学生创作设计能力和互相协作、交流表达能力，对生物多样性保护教育在学校的推进起到了积极作用。

学校班级名称一般由年级、班级序列号构成，由学校统一规定。随着教育改革的深入，许多学校通过班级命名活动开展学校班级文化建设。借鉴班级命名工作方法，我们在学校开展生物多样性保护教育宣传活动时，以学校班级为单位，由学生通过讨论选择一种校园植物的名来作为班级名称，通过一定的命名程序，让全校每个班级都有了一个具有科学文化内涵的"生物名"。著名教育家苏霍姆林斯基说，"只有创造一个教育人的环境，教育才能收到预期的效果"。班级命名活动不仅拓展了学生的生物多样性保护知识，还活跃了学校文化氛围，让全校师生都参与到生物多样性保护活动中来，推进了生物多样性保护的宣传普及。

## 案例二　班级命名活动

| 活动名称 | 班级命名活动 |
|---|---|
| 活动策划 | 洪兆春　孔林　李建军　陈胜福 |
| 参加群体 | 初中学生 |
| 执行教师 | 重庆第二十四中学　肖友彬　牟阳等 |
| 教育（活动）形式 | 以年级为单位开展班级命名活动 |
| 合作馆校及部门 | 中国—欧盟生物多样性项目重庆示范项目办、重庆市环保局自然生态处、重庆市生态学会、重庆自然博物馆、重庆第二十四中学 |
| 案例供稿 | 重庆自然博物馆　洪兆春<br>重庆第二十四中学　肖友彬 |

【教育（活动）形式】

结合生物多样性保护教育活动的开展，以学校的植物为基础，全校进行班级命名课外活动。

【资源条件】

教师参加了中国—欧盟生物多样性项目重庆示范项目提供的教师培训，学习了开展生物多样性保护教育活动的方法。

学校申请了中国—欧盟生物多样性项目重庆示范项目资助。

校园植物种类丰富，中国—欧盟生物多样性重庆示范项目相关专家指导全校开展了植物普查和挂牌活动。

【前期准备】

在自然博物馆专家帮助下，对学校植物进行了普查。

制作植物分类名称牌，组织学生给植物挂牌。

在生物课、德育课组织学生学习生物多样性保护知识，了解生物多样性保护的重要性，熟悉学校园区的植物名称、分类特征。

【活动过程】

召开全校动员大会，安排班委会、团支委会、班会，以班级为单位集体选择校园内某种植物作为班名，班名要体现班级特色，体现时代精神，通俗易懂，具有激励意义。

组织学生通过博物馆、图书馆、网络等途径对班级命名植物的特点、习性进行了解，发掘其科学内涵，整理出与该植物相关的诗词歌赋文艺作品，寻找其文化精神内涵，从中选择与班级特点相符合的亮点作为班级精神，鼓励学生以班级精神激励自己成长。

（1）围绕以某种植物为代表的班级精神，制定班级保护生物多样性行动纲领，班级保护活动规划，报年级段、政教处、校党委、校长室备案。

（2）校长将植物班名向全校公布，学生代表介绍该植物并陈述命名理由，学校给每个班级授植物命名牌，并在每个班级公示象征班级精神的植物品格介绍。激励学生学习优秀品格，健康成长。

【活动效果】

学生给自己班级的命名丰富多彩：忍冬室、香樟苑、松之苑、兰花沁园、竹里馆、蔷薇园、香缘舍、潇湘馆、藕香榭、梅香阁、柏志轩、铁树轩、桃园等，名字可谓是精彩纷呈。通过班级命名活动，学生调查认识了校园植物，了解了校园植物的形态特征和生活环境；还能说出与该植物有关的诗词歌赋，在潜移默化中鼓励了学生热爱生命，热爱大自然。作为自己班级的命名植物，学生们也就密切关注这些植物的生存状况。活动培养了学生的班级集体荣誉感，为学校生物多样性保护教育宣传活动增加了更多的传统文化底蕴和人文色彩。

班级命名为"藕香榭"

教室外的班级命名介绍

　　学校多名教师参加了《重庆缙云山国家级自然保护区周边生物多样性公众教育系列活动》教师培训项目的学习，受到生物多样性公众教育的影响，积极在学生中进行了生物多样性的教育，针对学校所在小镇入侵植物数量多、分布面积较大，而公众对其认识甚少的现状，组织开展了小镇外来入侵植物的调查，并在小镇居民和政府机构中进行了积极的宣传活动。

## 案例三　认识外来入侵植物，宣传生物多样性保护
### ——家乡外来入侵植物的调查宣传

| 活动名称 | 认识外来入侵植物，宣传生物多样性保护——家乡外来入侵植物的调查宣传 |
| --- | --- |
| 活动策划 | 洪兆春　王中容 |
| 参加群体 | 小学四年级到六年级学生 |
| 执行教师 | 重庆市北碚区翡翠湖小学　陈道伟　聂浩　郑小波 |
| 教育（活动）形式 | 课外探究、宣传普及活动 |
| 合作馆校及部门 | 中国—欧盟生物多样性项目重庆示范项目办、重庆市环保局自然生态处、重庆市生态学会、重庆自然博物馆、西南大学生命科学院大学生志愿者、重庆市北碚区童家溪镇科协、农林站、重庆市北碚区翡翠湖小学 |
| 案例供稿 | 重庆市北碚区翡翠湖小学　陈道伟　聂浩　郑小波<br>重庆自然博物馆　洪兆春 |

【活动内容】

　　本次活动主要是引导学生通过学习，调查了解外来入侵植物。在学生掌握知识的基础上，将学校教育向社会延伸，面向公众积极开展入侵植物识别及危害宣传，带领学生联合地方相关机构积极开展生物多样性保护宣传活动。

【资源条件】

　　（1）学校所在地重庆市北碚区童家溪镇范围内有多种外来入侵植物。

　　（2）活动得到了中国—欧盟生物多样性项目重庆示范教育项目的经费和专家支持。

　　（3）活动得到了重庆市北碚区童家溪镇科协、农林站支持。

【前期准备】

　　（1）准备活动所需的器材。

　　1）照相机、摄像机。

　　2）挖掘、采集工具。

　　3）调查访问记录单。

　　4）植物标本制作工具。

　　（2）观看西南大学老师关于生物多样性的视频讲座，认识保护植物多样性的重要意义。

　　（3）联系镇政府科协、农林站、宣传部门，商讨共同参与利用当地赶集时间对当地老百姓进行相关知识的宣传活动。

　　（4）联系西南大学生命科学院大学生志愿者，商讨活动过程的指导及开展知识讲座事宜。

【活动过程】

**1. 学习生物多样性知识**

组织学校师生一起观看《重庆缙云山国家级自然保护区周边生物多样性公众教育系列活动》教师培训项目中关于生物多样性保护及外来入侵植物危害的视频讲座，了解参加活动的意义。

**2. 调查采访**

（1）学生回家调查采访周边村社生活的村民，了解外来入侵生物在我镇的生存现状。

（2）采访当地农民，了解外来入侵植物对他们从事农业生产的影响及防控办法。

（3）采访副镇长及镇科协、农林站负责人，了解我镇生物多样性保护现状，提高政府对活动的关注。

**3. 实地考察采集制作标本**

由西大学生志愿者协助我校教师带领学生到学校附近的村社实地考察外来入侵植物在我镇的分布和危害现状。

（1）观察哪些地方有外来入侵植物生长，生长环境状况如何，认识其对环境的适应能力。

（2）观察外来入侵植物对土地、农作物等的影响。

（3）通过测量、地表观察、刨开土壤观察等方式，认识外来入侵植物根、茎、叶的特点及传播蔓延的方式。

（4）采集外来入侵植物样本带回学校制成标本。

**4. 制作宣传品**

（1）利用收集到的部分文字、图片资料制作宣传单。

（2）利用收集到的部分文字、图片资料制作宣传展板和图片。

**5. 宣传**

（1）和镇政府联合进行保护生物多样性的广播宣传。

（2）向市民发放宣传单，并作简单口头解释、宣传。

（3）老师、镇农林部门工作人员及同学在宣传站作咨询服务。

（4）告知所有观看、收听过宣传活动的人员，发现入侵植物上报途径和联系电话：重庆市北碚区童家溪镇政府，023-68278331。

【活动效果】

（1）通过本次活动的开展，我校师生了解到入侵重庆的外来生物多达五十余种。出现在我镇的入侵植物主要有水花生、毒麦、凤眼莲（水葫芦）、假高粱、葎草等15种。

（2）制作宣传展板1张，常见的入侵植物图片15张，采访活动3次，开展大型的宣传活动2次，发放宣传单2 000余张。

（3）地方电视台、北碚电视台对我们的宣传活动进行了报道，进一步提高了活动社会效应。

（4）活动小组全体成员商议提出如下倡议：

1）积极参与保护生物多样性的宣传教育活动。

2）不要随意种植外来入侵植物。

3）发现有害外来入侵植物应主动向相关管理部门报告，并予以消灭或控制。

4）种植并保护本地蔬菜水果，响应并积极参与生物多样性保护。

大学生志愿者做指导

学校小记者采访镇长

在街道做宣传

在集市做宣传

桃花水母是一种原始低等的无脊椎动物，最早诞生于约 5.5 亿年前，属腔肠动物门—水螅纲—淡水水母目—笠水母科—桃花水母属，全世界目前记录 11 种，中国记录 9 种，除中华桃花水母和信阳桃花水母为无危物种，宜昌桃花水母和嘉定桃花水母为易危物种，楚雄桃花水母、杭州桃花水母为近危物种，秭归桃花水母、四川桃花水母为濒危物种，短手桃花水母为濒危甚至极危物种。桃花水母是世界上珍稀的水生生物物种之一，具有较高的研究价值和观赏价值，是名副其实的"活化石"。参加项目的学校重庆市北碚区翡翠湖小学在学校附近的江边发现了桃花水母，在带领学生开展调查研究的同时，邀请专家指导研究，积极联系新闻媒体进行报道，呼吁地方政府在发现地段划定保护区，为生物多样性保护宣传做出了积极努力。

## 案例四　拯救桃花水母，呼吁建立保护区
### ——廖家浩桃花水母生活状况考察宣传活动

| | |
|---|---|
| 活动名称 | 拯救桃花水母，呼吁建立保护区——廖家浩桃花水母生活状况考察宣传活动 |
| 活动策划 | 洪兆春　王中容 |
| 执行教师 | 重庆市北碚区翡翠湖小学　陈道伟　聂浩　郑小波 |
| 参加群体 | 小学四年级至六年级学生 |
| 教育（活动）形式 | 课堂教学　课外活动　新闻媒体宣传 |
| 合作馆校及部门 | 重庆市环保局、北碚区环保局、重庆市生态学会、西南大学生命科学院、重庆自然博物馆、重庆市北碚区童家溪镇政府、重庆市北碚区翡翠湖小学 |
| 案例供稿 | 重庆市北碚区翡翠湖小学　陈道伟　聂浩　郑小波 |

【活动设计思路】

　　带领学生考察学校附近发现桃花水母的廖家浩地理位置及周边的环境特点，邀请专家指导研究，了解桃花水母的生存现状，呼吁建立桃花水母保护区，联系电台、电视台、报社等新闻媒体进行宣传报道，提高人们的环保意识，推进生物多样性教育的普及。

【教育内容】

　　考察研究桃花水母，开展保护宣传活动。

【资源条件】

　　（1）学校地处中梁山麓嘉陵江畔，学校附近廖家浩水域发现了桃花水母。

　　（2）学校得到了中国—欧盟生物多样性项目重庆示范教育项目的经费和专家支持。

　　（3）学校教师团队前期做了调查研究工作，有开展生物多样性保护活动经验。

【前期准备】

　　1．准备户外考察活动所需的器材

　　（1）照相机、摄像机。

　　（2）pH 试纸。

　　（3）水温计、尺子等测量工具。

　　（4）培养皿、滴管、酒精等实验器材。

　　（5）调查访问记录单。

2．向学生讲述保护动物多样性的重要意义

3．做好户外考察工作的安全预案

4．联系西南大学生命科学院、重庆自然博物馆、重庆市生态学会的专家指导调查研究工作

【活动过程】

### 第一阶段　廖家浩桃花水母的调查

（1）辅导教师和部分学生到廖家浩踩点，初步了解桃花水母出现和分布情况，访谈调查廖家浩周边工作生活的不同年龄层次的人群，了解桃花水母的出现规律。

（2）水域面积考察。活动小组测量廖家浩水域的面积，了解地形地貌特征，观察桃花水母的分布情况。

（3）水源地考察。活动小组对廖家浩靠近岸边的四条小水沟的水源进行考察。肉眼观察沟水清澈程度，有无异味，用 pH 试纸进行取样测试。

（4）水质、水温测试实验。活动小组对廖家浩水域上浩、中浩、下浩三段各进行两次水样采集，用 pH 试纸测试水质的酸碱度，同时用温度计测量该水域的水温。

（5）邀请专家指导开展更深入的分析研究，了解桃花水母与环境的关系。

### 第二阶段　桃花水母科学知识传播普及

（1）邀请西南师范大学生命科学院、重庆自然博物馆、重庆市生态学会的专家教授到校宣传桃花水母的知识，帮助全校师生了解保护桃花水母的意义以及怎样保护等知识。

（2）联系地方政府主管部门，针对桃花水母的保护对廖家浩周边居民进行宣传。

（3）邀请电台、电视台、新闻媒体记者进行报道，面向公众宣传保护桃花水母的重要意义。

### 第三阶段　撰写保护建议，通过网络、媒体联络生物专家政协人大代表，呼吁建立桃花水母保护区。

【活动效果】

通过桃花水母调查和宣传活动，学生了解在自己身边的珍稀生物——桃花水母，学会了简单的保护办法，丰富了生物多样性保护知识，对生物多样性的关注度提高。

通过参加保护宣传活动，老师、学生对家乡的自豪感和公民责任感增强，师生共编写知识讲座讲稿 3 份，实验教案 2 份，撰写环保征文 15 篇，活动心得感受体会 36 份，相关活动日记近 1 000 份。从发现桃花水母到现在，每年都联系新闻媒体进行专题报道，并通过专家、政协人大代表多次给政府提出保护建议，积极呼吁建立廖家浩桃花水母保护区。

在我国悠悠几千年的传统饮食文化中，"山珍海味"被认为是佳肴盛筵的最高标志。尽管国家出台《中华人民共和国进出境动植物检疫法》《渔业法》《陆生野生动物保护实施条例》《水生野生动物保护实施条例》《国家重点保护野生动物名录》《水产资源繁殖保护条例》《陆生野生动物资源保护管理费收费办法》《国家重点保护动物驯养繁殖许可证管理办法》《国务院关于禁止犀牛角和虎骨贸易的通知》等。另外，《宪法》《环境保护法》《海洋环境保护法》等相关法律文件中也有关于野生动物保护的规定。此外，我国还加入了一些国际公约，包括《国际濒危野生动植物种贸易公约》及其附录一、附录二；《生物多样性保护公约》《湿地公约》；还有一些双边协定，中、日《保护候鸟及其栖息环境的协定》，中、澳大利亚《保护候鸟及其栖息环境的协定》等诸多保护野生动物资源的专门法律、行政法规和规章，但仍然有人我行我素，大量的野生动物不断成为人们的"盘中餐、腹中食"。

由于对家乡野生动物缺乏了解，生物多样性保护意识淡薄，乡村吃野味民风盛行，孩子较易受到家庭或周围传统习惯的影响。学校教师带领学生开展家乡野生动物调查，组织关爱野生动物，不吃野味活动，宣传生物多样性保护知识，改变乡村吃野生动物的不良习惯，并通过校本课程开发、校本教材编写等方式，将生物多样性保护教育长期开展下去，对一届又一届的学生、学生家长持续产生影响。

## 案例五　拒吃野生动物，关爱野生动物

| 活动名称 | 拒吃野生动物，关爱野生动物 |
|---|---|
| 活动策划 | 洪兆春　陈盛樑 |
| 参加群体 | 中学生 |
| 执行教师 | 重庆市彭水县走马中学　李小锋 |
| 教育（活动）形式 | 课堂教学，课外活动，专题采访 |
| 合作馆校及部门 | 中国—欧盟生物多样性项目重庆示范项目办、重庆市环保局自然生态处、重庆市生态学会、梅子垭乡政府、梅子垭林业站、梅子垭动物检疫所、重庆市彭水县走马中学 |
| 案例供稿 | 重庆市彭水县走马中学　李小锋<br>重庆自然博物馆　洪兆春 |

【活动设计思路】调查家乡野生动物，组织关爱野生动物，拒吃野生动物活动，开发生物多样性保护校本课程编写校本教材，宣传教育学生保护野生动物。

【活动内容】

研究性学习、宣传普及野生动物保护知识。

【资源条件】

学校地处乡村，学生多来自山区乡村，对野生动物并不陌生；

学校教师对在乡村开展野生动物保护活动有强烈的责任感。

【前期准备】

（1）组织学生通过网络查询国家保护野生动物的法律、法规。

（2）成立兴趣小组为开展家乡野生动物调查做准备。

【活动过程】

**第一阶段　学生知识积累阶段，开展"寻访家乡的野生动物"活动**

帮助学生基本了解国家保护动物的种类，重点保护区域，重庆本地的保护动物；

组织兴趣小组学生通过野外调查、文献整理、专家访谈方式调查家乡野生动物种类、与环境关系。

| 名　称 | 保护野生动物实践探索兴趣小组 | 备　注 |
|---|---|---|
| 组织人 | 李小锋 | |
| 兴趣小组组长 | 第一组：王　佳<br>第二组：罗　娅<br>第三组：李　娟<br>第四组：王佳丽 | 学生自愿参加 |

组织学生通过和家长交流、到乡镇林业管理部门走访，了解家乡野生动物生存现状。

**第二阶段　宣传野生动物保护，开展"拒吃野生动物"活动**

收集典型事例，了解为什么有人要吃野生动物，有哪些野生动物被人端上了餐桌；

举办关爱野生动物讲座，组织学生讨论解决问题的办法、开展家校联动，宣传野生动物保护，开展"拒吃野生动物"活动。

开展主题班会，让学生设计未来家园，倡导"人与动物和平共处"思想，倡导"从我做起，从小事做起"，人人爱护动物，珍惜动物。让学生认识生命平等，正如每一个人都有生存的权利一样，我们身边的每一种动物都应拥有这个最基本的权利。

**第三阶段　开发校本课程，编写校本教材**

【活动效果】

通过活动，培养了学生热爱家乡、热爱大自然的思想意识，明确保护生物多样性的真正含义，让学生认识生命平等，正如每一个人都有生存的权利一样，我们身边的每一种动物都应拥有这个最基本的权利。活动实现了以下三方面的目标：

（1）认知目标：初步了解家乡野生动物生存状况，以及生物多样性保护的重要性。

（2）能力目标：分析家乡的生态环境与动物生存的关系，调查家乡野生动物生存情况，进行了"拒吃野生动物"从我做起，"爱护野生动物"的宣传活动。

（3）情感目标：通过活动，培养学生珍惜生命的情感，增强动物保护的意识。

野生动物的栖息地基本分布在山野乡村，村民为了现实经济利益，为了保护庄稼不被糟蹋，常偷猎贩卖野生动物，滥杀野生动物，致使野生动物在"家园"的安全得不到保障。《野生动物保护法》虽已实施多年，但野生动物保护还有许多问题需要解决，加强生物多样性保护，就需要加强公众教育普及生态环保意识。只有村民的保护意识提高了，野生动物才能得到最切实的保护。长期以来，边远乡村野生动物保护教育乏力，通过学校教育向乡村渗透扩展，是开展边远乡村公众保护意识教育的有力手段。

## 案例六　学校教育向公众教育延伸
### ——乡村野生动物保护宣传教育活动

| 活动名称 | 学校教育向公众教育延伸——乡村野生动物保护宣传教育活动 |
|---|---|
| 活动策划 | 洪兆春　陈盛樑 |
| 参加群体 | 初中全体学生 |
| 执行教师 | 重庆市彭水县梅子垭中学　冯拥　马多友 |
| 教育（活动）形式 | 课堂教学，课外活动 |
| 合作馆校及部门 | 中国—欧盟生物多样性项目重庆示范项目办、重庆市环保局自然生态处、重庆市生态学会、梅子垭乡政府、梅子垭林业站、梅子垭动物检疫所 |
| 案例供稿 | 重庆市彭水县梅子垭中学　冯拥　马多友<br>重庆自然博物馆　洪兆春 |

【教育（活动）设计思路】

学校地处山村，学校周边有野生动物栖息区，学生们与野生动物接触多，但地方对生物多样性保护的传统意识薄弱。

学校通过课堂教学、兴趣活动等开展保护野生动物活动，普及强化学生生物多样性保护意识，再通过学生回家宣传带动家长的意识提升，通过街头宣讲普及公众的保护意识，带动地区生物多样性保护行动。实现学校教育延伸向公众教育，唤醒公众的野生动物保护意识，让野生动物有个安全的"家"。

【教育内容】

围绕"为什么要保护野生动物"和"怎样保护野生动物"两大方面开展活动：

**1. 课堂教学**

利用初一初二生物课和初三专题课对全体学生进行有关野生动物保护知识教学。

**2. 课外活动**

（1）组织兴趣小组，通过实地考察、采访询问、上网查阅，收集当地野生动物相关信息及目前人们的保护意识及保护情况，汇编资料，制作展板；培训兴趣小组的宣讲能力。

（2）全体学生回家向家人及邻居宣传。

（3）兴趣小组街头宣讲。

【资源条件】

**1. 信息方面**

（1）初中生物等相关学科有相关知识的教学内容。

（2）学校互联网。

（3）不少当地人了解当地野生动物情况。

（4）乡政府、林业、动检等部门有关权威信息。

**2．能力方面**

（1）初中生具有一定的社会实践能力、宣讲能力。

（2）学生多是当地人，来自各个村组，分散回家、入户宣传容易办到，且覆盖面广。

**3．环境条件**

山区农村各地都有山林——野生动物栖息地，便于学生就地考察。

**【前期准备】**

**1．器材**

制作宣传展板材料：展板、各色纸、颜料、画笔、乳胶、剪刀等；

采访录音器材；

街头宣讲扩音器材；

野外观察记录野生动物活动的器材（如望远镜、相机等，有条件的同学准备）。

**2．知识**

为什么保护野生动物和怎样保护野生动物方面的生态知识；

当地野生动物以前情况和现在状况信息；

野生动物保护的相关法律法规（如野生动物保护法、森林法等）。

**3．联系**

告知家长配合。

联系乡政府、林业、动检、安监部门配合。

**4．街头宣讲路线、地点实地考察选择**

**【活动过程】**

**1．校内教育宣传阶段**（2010 年 12 月）

围绕野生动物"为什么保护"和"怎样保护"两方面，通过初一初二生物课、初三专题课，以及专题展板（指导兴趣小组制作），对全校学生进行野生动物保护的生态知识教育，增长野生动物知识，提高保护意识。

**2．实地考察采访阶段**（2011 年 1—3 月）

学生回家考察周围山林，询问大人，访问老年人，了解野生动物往年状况、当前状况，生活习性，种类数量；兴趣小组采访乡政府林业、兽防部门，了解我乡野生动物保护级别、保护措施、瘟疫疾病等情况。

**3．公众教育阶段**（2011 年 1—4 月）

（1）回家宣传：通过"一个学生带一个家庭"模式，以问卷调查为主要形式（调查表附后），让学生回家向家人及邻居宣传，提高周围人的野生动物保护意识。

（2）街头宣讲：组织兴趣小组在赶场天到街头宣讲有关野生动物知识、相关法律法规，提高人们保护野生动物意识。

**4．总结评价阶段**（2011 年 4 月）

学生自我总结，兴趣小组组内总结，总结活动的成功及不足，反思野生动物保护的难点在哪里，形成书面总结、小论文、倡议书等，教师加以评价，奖励优秀者。以肯定收获为主，获得成就感，不能尽挑毛病。

【活动效果】

（1）学生生态意识明显提高。学生生活在农村，较了解当地野生动物情况，有较真实的信息、真实的感受。活动使得学生对野生动物的关注由原来的无意识转为现在的有意识，提高了认识；不少学生写出了一定质量的总结、小论文、倡议书。兴趣小组学生还锻炼了实践能力、宣讲能力、交际沟通能力。

（2）村民生态意识得到一定程度唤醒。通过回家宣传、街头宣讲，让野生动物等生态环保知识从狭小的校园传到野生动物栖息处的广大山村，半数以上村民明白了生态平衡等道理，知道国家有法律保护野生动物，承认野生动物应该保护，山村人民有望成为野生动物的"贴身保镖"。

（3）彭水县电视台新闻报道了这次活动，扩大了社会影响力。

附：

当地野生动物情况调查表

小记者：　　　　　　　　　　　　　　　　　　　　　采访时间：　　年　月　日

| 被采访人 | | 采访内容：所了解的有关野生动物 | | | |
|---|---|---|---|---|---|
| 姓名 | 年龄 | 现有种类、数量 | 濒临灭绝的种类、数量 | 已灭绝的种类、数量 | 保护方法建议 |
|  |  |  |  |  |  |
|  |  |  |  |  |  |
|  |  |  |  |  |  |

乡镇集市宣传活动

随着社会经济的持续发展，居民生活水平的日益提高，旅游已成为近年人们主要的休闲方式。缙云山是重庆市主城区内唯一的国家级自然保护区，它以其得天独厚的自然风景和地理位置，成为重庆乃至周边地区的旅游者周末出游的主要目的地之一。然而游客数量的增多使缙云山旅游经济得到蓬勃发展的同时，也带来了一系列不可忽视的问题：白色垃圾越来越多；环境污染日益严重；自然景观遭到破坏；生物多样性面临威胁等。

基于这样的情况，在缙云山及其周边地区倡导生态旅游，提高游客们保护生物多样性的意识显得尤为重要。生态旅游作为一种新兴的、可持续的旅游方式，既可以使游客体会到良好生态环境带来的种种美好感受，领略生物多样性这一宝贵的旅游资源的魅力，又可以让游客意识到保护生物多样性的重要性，进而自觉地保护生态环境，保护生物多样性。只有人们的环保意识提高了，才能最终实现生物多样性的保护。

学校组建学生志愿者小分队，利用周末到缙云山及其周边的嘉陵江、磨滩瀑布等处开展清除固体废弃物，宣传生态旅游与生物多样性保护知识的主题实践活动，以培养学生的社会责任感，锻炼学生的沟通交流能力。同时，力求通过活动扩大影响，带动更多的人来关注生物多样性保护；通过活动倡导生态旅游，为缙云山及周边地区营造更好的生态环境，号召大家共同行动，保护生物多样性。

## 案例七　倡导生态旅游，我们在行动
### ——缙云山周边地区生态旅游宣传实践活动

| 活动名称 | 倡导生态旅游，我们在行动——缙云山周边地区生态旅游宣传实践活动 |
|---|---|
| 活动策划 | 洪兆春 |
| 参加群体 | 中学生志愿者（年龄13～18岁） |
| 执行教师 | 重庆第四十八中学　刘璐 |
| 教育（活动）形式 | 组织学生成立志愿者小分队，开展课外宣传及实践活动 |
| 合作馆校及部门 | 中国—欧盟生物多样性项目重庆示范项目办、重庆市环保局自然生态处、重庆自然博物馆、重庆第四十八中学 |
| 案例供稿 | 重庆第四十八中学　刘璐 |

【教育（活动）内容】

组织学生志愿者到缙云山及周边旅游景点开展倡导生态旅游，保护生物多样性宣传实践活动，清除沿途所见的各类废弃物，减少环境污染。向游客及群众宣讲生态旅游等相关知识，散发宣传资料，呼吁大家共同参与生物多样性保护。

【资源条件】

（1）北碚区在重庆主城区中拥有得天独厚的旅游资源，如缙云山、嘉陵江小三峡、磨滩瀑布等景点，每年都会吸引众多的区内外游客前来观光游玩。

（2）我校地处北碚区歇马镇，与缙云山及磨滩瀑布等景点毗邻，学生多为周边地区的农村孩子，适于组织其开展宣传实践活动。

（3）我校多位生物教师参加了中国—欧盟生物多样性项目培训，具备指导学生开展保护生物多样性宣传实践活动所需的理论知识。

【前期准备】

（1）对学生志愿者进行相关理论知识培训。

（2）编写并印制倡导生态旅游与保护生物多样性的宣传资料。

（3）购买供学生志愿者收集废弃物用的垃圾袋、火钳等工具。

【活动过程】

### 1. 培训学生，组建志愿者小分队

由学校生物教研组、校团委和学生会共同负责在全校范围内招募学生志愿者，成立志愿者小分队，并对小分队的学生进行"生态旅游与生物多样性保护"等相关理论知识培训。

### 2. 收集整理素材，编写、印制宣传资料

指导志愿者小分队的学生上网查阅、收集与生态旅游和生物多样性保护有关的文章等素材，进行整理和编辑，近年先后编写并印制了《生态旅游，善待自然》《爱护环境，保护生物多样性》等相关宣传资料。

### 3. 组织志愿者开展宣传实践活动

（1）散发资料，宣传生态旅游与生物多样性保护知识

2009年至今，每年3—5月我们都组织学生志愿者到缙云山及周边旅游点向游客散发倡导生态旅游的宣传资料。并积极向游客和周边群众宣传生物多样性保护知识，呼吁大家共同行动起来，爱护环境，开展生态旅游，保护生物多样性。

（2）清理废弃物，保护环境，保护生物多样性

几年来，学生志愿者小分队利用周末、节假日，分别到缙云山、嘉陵江边、磨滩瀑布等景点开展实践行动，清理游客们丢弃的包装袋、塑料瓶、纸张等各类固体废弃物，以实际行动净化生态环境，保护生物多样性。

（3）观察认识多种动植物，了解缙云山的生物多样性

活动中，随行的生物老师还指导学生在缙云山景区内留心观察各种平时不易见到的动植物，如竹节虫、蜥蜴等小动物，以及国家一级保护植物水杉、国家二级保护植物鹅掌楸等珍稀植物，从而增加学生对缙云山生物多样性资源的了解。

【活动效果】

教师评价：每次行动学生们都清除了活动路线沿途的大量废弃物，并尽力向周围的游客宣传生态旅游与生物多样性保护知识，让更多的人关注生物多样性。活动提高了学生的生物多样性保护意识，增强了学生的社会责任感，使学校教育得到了有效延伸。学生们还认识了更多的动植物，增加了对缙云山生物多样性的了解。

学生反馈：我们喜爱这样的活动，认为志愿者行动比在教室里单纯地听老师讲生物多样性保护知识、生态旅游知识、环保知识等更有实际意义，而且既能发挥自己的力量，体现自身的价值，又能锻炼同学们的实践能力，培养团结协作精神。

群众反映：活动过程中遇到的众多游客、广大群众都对学生志愿者的宣传实践活动给予了一致好评，认为学校组织这类活动对学生的成长很有帮助，即使学生们受到了教育，又达到了服务社会的目的，效果良好，值得推广。

嘉陵江 2003 年全面实施春季禁渔期制度以来，渔业资源衰退趋势有所缓解，生物种群结构得到一定程度的恢复和改善。但嘉陵江鱼类保护是一项复杂工作，目前仍面临着严峻的局面。项目执行地北碚有传统渔民 1 805 人，这些渔民一年大量时间生活飘荡在嘉陵江渔船上，做好渔民的生物多样性保护宣传，帮助渔民自觉保护嘉陵江鱼类是一件艰巨的工作。项目执行学校王朴中学学生中，有部分是附近渔村的孩子，学校在参加了中国—欧盟生物多样性重庆教育示范项目后，积极开展生物多样性保护教育普及工作，通过带领渔村孩子参加嘉陵江鱼类资源调查研究活动，用科学数据帮助学生认识到嘉陵江鱼类资源面临的严峻状况，认识到保护嘉陵江鱼类资源的重要和紧迫，通过孩子带动家长参与保护，让学校教育很好地向公众教育延伸，在当地渔村产生了积极的影响。

## 案例八  嘉陵江鱼类调查与宣传保护

| 活动名称 | 嘉陵江鱼类调查与宣传保护 |
|---|---|
| 活动策划 | 洪兆春  胡长江 |
| 参加群体 | 中学生 |
| 执行教师 | 重庆市北碚区王朴中学  余学平  陈渝德  谢文华等 |
| 教育（活动）形式 | 组织学生成立兴趣小组开展探究学习，开展宣传普及活动 |
| 合作馆校及部门 | 中国—欧盟生物多样性项目重庆示范项目办、重庆市环保局自然生态处、重庆市生态学会、重庆自然博物馆、重庆市北碚区王朴中学 |
| 案例供稿 | 重庆市北碚区王朴中学  余学平  陈渝德  谢文华等<br>重庆自然博物馆  洪兆春 |

【教育（活动）内容】

成立兴趣活动小组，组织渔家孩子通过记录父母渔船上每天的捕捞量和捕捞种类，调查嘉陵江鱼类现状；通过图书馆、博物馆、研究机构查找资料对比分析嘉陵江鱼类减少原因，用真实的调查数据教育学生保护嘉陵江鱼类，并由学生延伸到家长，延伸到社会。

【资源条件】

学校参加了中国—欧盟生物多样性重庆缙云山教育示范课题，得到了项目专家支持帮助和项目经费支持；

学校教师长期坚持在学校做科技活动，有丰富的指导经验；

学生家长是附近村庄的渔民。

【前期准备】

全校动员，成立兴趣小组，鼓励渔村来的孩子加入兴趣小组；

准备调查测量记录工具，准备标本浸泡瓶及福尔马林，制作调查记录表格；

联系家长支持学生活动的开展。

【活动过程】

**第一阶段  渔船上的调查**

与嘉陵江水土段渔民（学生家长）商定，在 2009 年 5 月 1 日到 12 月 30 日期间，对嘉陵江下游北碚段，渔民每天捕获的鱼进行测量、分类、记数，对超过 50g 的鱼分尾测量其体长和体重，填表作好记载。采用的主要捕捞工具为流刺网、跳网、滚钩、三层刺网等。

平日这一工作交由渔民具体负责，周末和节假日教师学生参加完成。对一时难以确定科属的鱼类，用福尔马林溶液（浓度为10%）浸泡保存，请教鱼类专家，在他们的指导下，参照《中国动物志》《中国鱼类系统检索》和《四川鱼类志》等进行鉴定。

**第二阶段　查资料，访专家，分析调查数据**

经过教师、学生、家长的通力合作，学校师生收获了厚厚的几本记录资料，教师带领学生通过上网查资料、到博物馆对照标本、到西南大学请教专家等方式对资料进行分析。

（1）本次调查活动历时8个月，除去恶劣天气等因素，共出船138 d，下网量为1 380网。统计捕获鱼类总重量709 315 g，平均每网捕鱼量为514 g。测量鱼类标本53 631尾，平均尾重13.2 g。该河段的鱼类主要以一些小型鱼类为主，比如鲌亚科、鳅科鱼类。

（2）调查结果显示，嘉陵江该段鱼的数量减少，鱼的个头变小，特别是主要的经济鱼类。比如鲤、白甲鱼、中华倒刺鲃、长吻鮠、翘嘴鲌、鲇鱼等，一些十几年前的优势种群，比如铜鱼、岩原鲤、鳙、华鲮、瓣结鱼等鱼类，现在很难捕到，极度衰落渐入濒危状态。该河段鱼类生态类型正在发生变化，原生态的鱼类种群逐渐减少，不断有外来鱼类物种入侵。例如：杂交鲟是首次在嘉陵江里发现。之前嘉陵江无此鱼的记录。

（3）组织学生查找资料，对比文献上对嘉陵江鱼类的记载；组织学生到自然博物馆、西南大学观看收藏的嘉陵江鱼类标本；展开讨论，所有参与人员（教师、学生、家长）都惊叹嘉陵江鱼类无论是种类还是数量、体重完全无法与过去文献、标本记录相比，保护嘉陵江鱼类刻不容缓。

**第三阶段　调查分析原因，针对情况进行保护宣传**

**1．实地考察和暗访部分村民及渔民，分析嘉陵江鱼类今不如昔的原因**

（1）极端的捕鱼方式。嘉陵江水土段现有大小捕鱼船25艘，渔民约50人，较十几年前增加了近十倍。一些渔民在巨大经济利益的驱使下，采取了一些极端的捕鱼方式。比如电捕鱼，调查中我们了解到电捕鱼是经常发生的。少则有20%的渔船采用电捕鱼，多的时候达40%～50%，一般是夜间行动，其使用的电压越来越高，有的捕鱼船所用的电压已经高达10万V。再者就是炸鱼和毒鱼，水土河段有4条比较大的支流，当江水漫入这些支流时，渔民常采用药炸、投毒等方式。这些粗暴、非法、掠夺式的捕鱼，将鱼类等水生生物以毁灭性的打击，即使逃过劫难的水生生物也会留下后遗症，将影响其生长繁殖，有的甚至失去繁育能力，鱼类的天然饵料供给也会受到影响。

（2）环境污染。嘉陵江水土段有大小溪沟10条，在调查中我们发现，条条沟溪都有生活污水或工厂废水排入河中；岸边的垃圾堆有100来个，环江边居住的村民几乎都将生活垃圾投于岸边，而后随雨水入江。这些废弃物严重污染水域环境，直接影响鱼类和其他水生生物的生长、发育和繁殖后代。

（3）不合理开采砂石。嘉陵江水土段河道开阔、平坦，河内有丰富的沙砾、卵石。我们调查了解到，近几年来有1～2艘砂石船在该河段作业，已搬走了上100万t的砂石，改变了该河段的水文状况，严重影响到鱼类在这里产卵、繁殖。比如七角旁边的碛坝被采掉部分砂石后，来七角产卵繁殖的亲鱼大大减少了。

（4）外来鱼类物种的入侵。调查中，我们在嘉陵江水土段发现了杂交鲟和罗非鱼。据部分在该河段捕鱼的渔民讲，杂交鲟是第一次捕到，而罗非鱼在几年前就有了，但均未见记入嘉陵江鱼类名录，我们已把这两种鱼录入嘉陵江鱼类名录中。关于这两种鱼对嘉陵江鱼类资源、种群结构等的利害关系，我们将继续关注。

（5）禁渔期捕鱼。嘉陵江水土段仍有部分渔民置法律于不顾，在 2 月 1 日至 4 月 30 日禁渔期间偷着下网捕鱼，他们捕捞的正是正在繁殖的亲鱼和正在生长的幼鱼。

（6）嘉陵江综合水电工程实施以来，全面渠化梯级开发，嘉陵江水域生态环境发生变化，一些洄游性鱼类和一些在滩涂产卵的鱼类受到影响。

### 2．组织系列宣传活动

（1）梳理调查分析结果，整理成宣传资料，面向渔村渔民开展宣传。

（2）鼓励学生做好父母工作，督促父母遵纪守法，保护生态环境，保护嘉陵江鱼类多样性。

（3）协助参加项目的渔家孩子撰写科研小论文，参加全国青少年科技大赛并获奖，让参与项目的学生与家长分享取得荣誉得到社会肯定的喜悦。

（4）组织新闻媒体对学生及家长进行采访，宣传保护嘉陵江鱼类。

（5）参与项目的专家（包括外籍专家马丁先生）到渔村与学生家长及渔民座谈，宣传保护嘉陵江鱼类的重要性，交流保护嘉陵江鱼类的办法。

## 【活动效果】

学生通过活动学会了野外调查记录、文献检索、访谈调查、标本制作、撰写小论文等研究性学习方法，对嘉陵江鱼类分类、生存状况有了比较清楚的认识，学生学会了用科学数据和事实对父母及村民开展宣传教育。

通过一系列的活动，学生、教师、家长对嘉陵江鱼类保护的紧迫性有了深刻的认识，共同商量了给政府和渔政管理部门的建议书。

附：

## 建 议 书

我们对嘉陵江水土段鱼类资源现状的调查，结果表明：该河段鱼类物种资源较为丰富，但调查结果也同时表明：主要是人为因素导致了该河段鱼类资源的种类减少，生态类群正在发生变化，加剧了传统优质渔业种类资源的衰退，鱼的数量减少，个头变小，现状堪忧。因此，解决好该河段鱼类资源保护与利用的矛盾，迫在眉睫。我们建议有关部门做好以下工作：

### 1．建立由渔民管理渔民的模式

我们发现嘉陵江水土段渔民的捕捞作业各自为政，对使用什么捕鱼工具、采用何种方式、捕鱼时间地点等缺乏有效的组织，对那些极端粗暴的捕捞行为和外来渔船的盗鱼行为等，缺乏有效的管理。如果把该河段的渔民组织起来，成立一个渔民捕鱼的专业协会，建立由渔民管理渔民的模式，并且参与到该河段鱼类资源多样性的保护工作中去，必将对偶发性、隐蔽性强的粗放型、掠夺式的捕鱼行为起到遏制作用，对改善该河段的水域环境，提高该河段鱼类资源的品质，将起到积极的作用。

### 2．加强执法管理力度

渔政管理部门、环保部门以及当地的政府，应加强管理力度，严格执法，对违反《水产资源管理条例》《中华人民共和国渔业法》和《中华人民共和国环境保护法》的行为，如对用极端方法捕鱼，禁渔期捕鱼，在河道乱采砂石，以及乱扔垃圾等行为进行严厉处罚，并且相关部门制定相应的奖惩制度，对检举有功者进行保护和重奖。这对于恢复该河段鱼类资源和水域生态环境起到至关重要的作用。

3．调整禁渔期，禁渔期给渔民发放生活补贴

建议禁渔期应修订为从 3 月 1 日至 5 月 30 日。我们建议禁渔期应修订为从 2 月下旬至 6 月中旬。禁渔期延长一个月，保证各类亲鱼有充裕的繁育时间和幼鱼有充分的生长时间，对快速恢复嘉陵江下游的鱼类资源有着不可低估的作用。在禁渔期间，建议给渔民发放适当的生活补贴，使渔民在禁渔期生活无忧。

4．加强嘉陵江鱼类资源的科研

对过去的优势种群，比如铜鱼、岩原鲤、鳙、华鲮、瓣结鱼等鱼类的极度衰落状态，进行科学研究，找出原因，采取有效措施，扭转其衰落状态，使这些重要的经济鱼类逐步得到恢复。

5．加强特殊鱼类放流工作

从目前的状态来看，靠鱼类自身的繁殖来恢复生态系统，是绝无可能。需要进行人工干预，最好的方法是加强对特殊鱼类的放流工作。不能等到某些鱼类到了濒危灭绝的状态，再来抢救，就为时已晚了。

学生到渔船记录渔民打捞鱼的体重

学生到渔船测量渔民打捞鱼的体长

询问渔民每天捕鱼情况

认真做记录

　　鸟类是自然生态系统的重要组成部分，在维持生态平衡中发挥着重要的作用。鸟类中鹭科的鸟类为大、中型涉禽，主要活动于湿地及林地附近，它们是湿地生态系统中的重要指示物种。全世界共有 17 属 62 种，中国有 9 属 20 种。这是一群很古老的鸟类，大约在 5 500 万年前就已在地球上活动。鹭科的鸟是人类认识较早的鸟类之一，由于体态优美，常成为古人诗歌中赞美的对象。鹭科的鸟多分布在人口压力大的地区，有的甚至在市区中集群营巢，人们虽然喜爱它们，但鸟与人争树、争鱼的事情时有发生，而这多与湿地环境受到破坏，鹭科鸟栖息地缺乏有关。项目执行学校晏阳初中学附近每年都有 1 000 ~ 3 000 只不等的鹭鸟栖息，在项目专家的帮助下，学校教师带领学生开展了鹭鸟调查研究和爱鸟护鸟系列宣传活动，学校与村委会共同签订了爱鸟公约，实现了学校教育向公众教育的延伸。

## 案例九　村校结合，共同签署爱鸟公约

| 活动名称 | 村校结合，共同签署爱鸟公约 |
|---|---|
| 活动策划 | 洪兆春　刘远莉　杨建军 |
| 参加群体 | 中学生、村委会 |
| 执行教师 | 重庆市北碚区晏阳初中学　周小容等 |
| 教育（活动）形式 | 户外调查，宣传推广，与村委会签署爱鸟公约 |
| 合作馆校及部门 | 中国—欧盟生物多样性项目重庆示范项目办、重庆市环保局自然生态处、重庆市生态学会、北碚区天马村村委会、重庆市北碚区晏阳初中学 |
| 案例供稿 | 重庆自然博物馆　洪兆春<br>重庆市北碚区晏阳初中学　周小容　曹继素 |

【活动设计思路】

　　首先带领学校师生调查周围鹭鸟分布状况和鹭鸟种类，在师生中进行生物多样性保护教育宣传，然后以学校为基地向村民普及生物多样性保护知识，与村委会签爱鸟公约开展爱鸟护鸟宣传。

【活动内容】

　　学校师生开展野外调查、探究学习，村民开展宣传教育。

【资源条件】

　　（1）学校地处中梁山麓，学校附近有大量鹭鸟亟待保护。

　　（2）学校得到了中国—欧盟生物多样性项目重庆示范教育项目的经费、专家设备支持。

　　（3）学校教师团队参加了洪兆春老师主持的观鸟系列培训，学习了观鸟、护鸟、开展学生活动的方法。

【前期准备】

　　（1）准备户外观鸟考察所需的器材。望远镜、照相机、摄像机、记录表、鸟类图鉴等；

　　（2）在学校成立观鸟护鸟兴趣小组；

　　（3）做好户外考察工作的安全预案；

　　（4）联系专家指导研究工作；

（5）联系新闻媒体随时报道项目进展。

【活动过程】

**第一阶段　天马村鹭鸟调查**

带领参与项目的教师、大学生志愿者、学校兴趣小组学生围绕学校，在不同的季节沿磨滩河、中梁山调查天马村鹭鸟种类和分布状况，分析鹭鸟面临的环境胁迫因素，记录整理调查数据，组织学生老师撰写论文。

**第二阶段　学校内的宣传活动**

在学校组织爱鸟护鸟系列活动，围绕鹭鸟保护组织爱鸟学生心得体会征文比赛、绘画比赛、剪纸比赛、泥塑作品比赛、校际间爱鸟宣传长跑比赛、全校师生爱鸟签名仪式、鹭鸟新闻报道宣传等。

**第三阶段　学校教育向公众教育的延伸**

组织学生在社区和街道宣传爱鸟护鸟，散发宣传单三千多张。

与天马村村委会联系，签订爱鸟公约，并协助村干部宣传执行公约，开展护鸟行动；

策划组织实施重庆市第十一届爱鸟周活动，并将启动仪式活动地点安排到晏阳初中学，邀请新闻媒体、重庆市环保、林业、园林局领导及地方政府出席启动仪式，见证学校与天马村村委会正式签订爱鸟公约。

邀请鸟类专家、林业、园林、环保部门领导举办讲座，介绍生物多样性保护政策、法规及保护野生动物、爱护鸟类知识，邀请地方政府领导与学校师生共同聆听学习。

中国—欧盟生物多样性项目重庆示范教育项目向学校赠送生物多样性保护书籍资料上百册。

设计制作"鹭鸟——与城市共舞"明信片 5 000 套，向学校师生和周边村民赠送，宣传爱鸟护鸟，宣传生物多样性保护。

【活动效果】

通过鹭鸟调查，师生了解在自己身边的鹭鸟，通过校园宣传活动，学生加深了对保护生物多样性的理解；通过签订爱鸟公约及与村委会的护鸟联合行动，向当地村民宣传了遵纪守法保护鸟类的重要性，通过爱鸟周活动的举办，提高社会公众对生物多样性保护认知水平，同时，宣传《重庆市生物多样性策略与行动计划》，推动该计划的贯彻和实施。整个活动丰富了参与者的生物多样性保护知识，提高了参与者的保护技能和对生物多样性的关注度。对生物多样性保护宣传推广起到了积极的作用。

系列活动后，晏阳初中学与天马村被授予了"北碚区环境保护局磨滩河爱鸟基地"，校、村共同努力推进地区鹭鸟保护。老师、学生对自己参与生物多样性保护活动充满信心，对家乡的自豪感和保护生物多样性的公民责任感增强。


附：

### 晏阳初中学和天马村村委会爱鸟公约

北碚区天马村位于中梁山麓，磨滩河畔，这里环境优美，湿地资源丰富。每年都有 1 000～3 000 只不等的鹭鸟在此栖息生活和繁殖后代。在重庆市第 15 个爱鸟周来临之际，晏阳初中学为加大鸟类保护力度，在北碚区环保局的支持下，与天马村共同制定了当地第一份爱鸟公约：

一、不毒杀、网捕、轰赶鹭鸟，不掏鸟蛋；

二、严禁砍伐红石桥等地鹭鸟筑巢繁殖范围内的树木和竹林，严禁在鸟类栖息地周边大规模毁林开垦、征地建房；

三、不拆除鸟窝，有鸟受伤时，要及时救治；

四、不食用鹭鸟，不用鹭鸟及蛋入药；

五、防止山火发生，严禁红石桥鸟类栖息地埋造坟墓和进行祭祀活动；

六、严禁在鹭鸟捕食的水域进行毒鱼、电鱼、炸鱼等非法捕捞活动；

七、严禁在附近农田、橘园喷洒高残留剧毒农药；

八、植树造林，争取逐步恢复鹭鸟栖息地周围水竹林；

九、学校协助天马村村民学习国家相关法律法规，提高保护湿地、保护鸟类的能力。

学校与地方政府共建护鸟基地

与村委会签订的爱鸟公约

　　生物多样性保护教育的宣传推广工作离不开传媒，大众媒介影响到现代社会生活的每一个层面，每一个领域，我们的信息、思想和认识都受其影响。大众传播媒介主要分为两大类：印刷媒介和电子媒介，它们是现代传播的工具。在开展生物多样性保护教育推广过程中，我们也尝试进行了相关的工作，以期扩大生物多样性保护教育的受众面，提高推广的速度、质量和效果。

　　《自然日记》是我们与项目执行学校北碚区朝阳小学合作开发的生物多样性保护教育校本教材，在少年先锋报社的支持下，我们在《少年先锋报》（杂志）上开辟了一个专栏，将教材适当改编后，按二十四个节气的顺序在杂志上逐期发表，通过介绍物候知识、介绍与节气相应的青少年活动，传播生物多样性保护思想。《自然日记》在少年先锋报持续刊登后，受到了读者的广泛欢迎，阅读受众量从学校的一千余名学生扩大到 30 万读者，迅速扩大了生物多样性保护项目的影响力。

## 案例十　自然日记——期刊连载的影响力

| 活动名称 | 自然日记——期刊连载的影响力 |
|---|---|
| 活动策划 | 洪兆春　陈维礼 |
| 执行教师 | 洪兆春及朝阳小学科学组全体教师 |
| 教育（活动）形式 | 编写少年先锋报专栏《自然日记》 |
| 合作馆校及部门 | 中国—欧盟生物多样性项目重庆示范项目办、重庆市环保局自然生态处、重庆市生态学会、重庆自然博物馆、北碚区朝阳小学、重庆少年先锋报 |
| 案例供稿 | 重庆自然博物馆　洪兆春 |

【教育（活动）形式】
　　编写少年先锋报专栏《自然日记》。
【资源条件】
　　（1）少年先锋报社支持在杂志上开辟专栏，连载《自然日记》。
　　（2）朝阳小学支持教师参加编写并组织学生进行实践。
　　（3）中国—欧盟生物多样性重庆示范项目提供资金和专家指导。
【前期准备】
　　与少年先锋报沟通协商，策划项目的执行。
　　与杂志主编讨论杂志稿件要求及每期主要板块。
　　与朝阳小学科学组全体教师讨论编写计划。
【活动过程】
　　（1）策划专栏题目——自然日记。
　　（2）栏目板块设置：深度发掘题材，紧密联系当今生物多样性保护问题，将每期栏目设置为五个方向：节气、星空、人迹、植物、动物，在介绍大自然物候现象中，注意与本地动植物保护紧密相连，知识介绍中穿插青少年探究活动，鼓励青少年走进大自然，关爱大自然。
　　（3）搭配好图文，注意选图和文字内容的一致性。为保证稿件质量，动员朝阳小学教师及重庆市观鸟网、昆虫网的摄影爱好者，拍摄照片，丰富杂志内容，用优质的图片代替文字更能吸引青少年读者的视线。

（4）注意编排规范做好审稿工作。青少年对知识的吸收能力强，严防错误信息对他们的误导。审稿保证内容无常识性、科学性错误，编排中注意正确使用文字、计量单位、中英文大小写、行款格式等。

（5）根据杂志的发行时间安排好供稿内容，保证专栏持续进行。

【活动效果】

栏目现已开办 20 余期，明年活动还将继续，每期栏目青少年受众达三十余万人。对生物多样性保护教育在青少年中的推进起到了积极作用。

自然日记——清明

自然日记——惊蛰

自然日记——立春

自然日记——立冬

自然日记——小满

自然日记——小寒

嘉陵江是冬季迁徙鸟类的重要栖息地和迁徙通道，重庆缙云山国家级自然保护区周边公众教育项目执行过程中，课题负责人带领多所学校师生围绕冬季迁徙鸟类开展了一系列的教育宣传活动：野外调查、资料整理撰写小论文、组织师生参加全国青少年创新大赛、学校内的摄影展、网络上发布学生自己制作的电子书、编排舞台剧、开展游戏活动、主题班会活动、联合发布倡议书、在青少年杂志做专栏、报刊、杂志、电台、电视台做新闻报道……宣传活动丰富多彩，采取电视、广播、报纸、网络等各种媒体立体式的宣传方式，将活动呈现在公众眼前，强化了生物多样性保护宣传。电视专题片《野鸭骤减之谜》也是宣传推广普及活动中的一项，在重庆电视台科教频道"科学十分钟"栏目支持下，节目在重庆科教频道（固定时间段）反复播出多次，每次播出十分钟。同时，利用网络平台，将片子上传网络，反复播放，起到强化节目的多次利用、点对点传播的效果。

## 案例十一　关注鸟类迁徙，合作制作电视专题片

| 活动名称 | 关注鸟类迁徙，合作制作电视专题片 |
|---|---|
| 活动策划 | 洪兆春　张万琼　黄仕友 |
| 执行人员 | 洪兆春及西南大学附属中学师生 |
| 教育（活动）形式 | 编写电视纪录片脚本，追踪报道教师和学生调查保护迁徙鸟类的事迹 |
| 合作馆校及部门 | 中国—欧盟生物多样性项目重庆示范项目办、重庆市环保局自然生态处、重庆市生态学会、重庆自然博物馆、重庆电视台科教频道、西南大学附属中学 |
| 案例供稿 | 重庆自然博物馆　洪兆春<br>西南大学附属中学　付晓妮 |

【活动形式】

邀请重庆电视台科教频道制作纪录片，撰写电视片脚本，介绍西师附中师生开展的调查保护工作，宣传保护生物多样性的重要，让观众学习鸟类迁徙保护科学知识，了解嘉陵江冬季迁徙鸟类的多样性，关注迁徙鸟类保护。

【活动过程】

**第一阶段　组织西南大学附中师生对嘉陵江冬季迁徙鸟类进行调查研究，完成调查数据整理及小论文撰写**

**第二阶段**

（1）与重庆电视台科教频道建立联系；

（2）分析嘉陵江冬季迁徙鸟类调查保护工作中的新闻宣传点；

（3）初步编写节目脚本，和电视台编导进行协商；

（4）选择有社会影响力的生物保护专家，分析公众关注的冬候鸟迁徙保护问题，准备专家与公众互动。

**第三阶段**

（1）协助电视台完成节目外景录制；

（2）安排学生、专家参与节目录制，并回答公众提问。

第四阶段

（1）节目播放：播出时间是在重庆科教频道 20：30（首播）、次日 00：50（重播）、次日 10：40（重播），每次播出十分钟。同时，利用网络平台，将片子上传网络，反复播放，起到强化节目的多次利用、点对点传播的效果。

（2）通知组织参与项目学校师生收看节目。

附：

电视片脚本

《野鸭骤减之谜》电视片脚本

每年的冬天到次年的初春，嘉陵江碧水清清，特别是在嘉陵江的下游北碚段，会飞来很多的冬候鸟，尤其是绿头鸭和赤麻鸭数量较多。它们的到来，给嘉陵江增添了勃勃生机。

场景一：学生们三五成群地出现，到嘉陵江边观察江面的情景。戏水、游玩。学生们穿着秋衣。背景变化：体现每年的 11 月下旬开始，到第二年的 3 月，嘉陵江北碚段的碚石段和水土段，出现嘉陵江的江水会由浑浊逐渐变得清澈，但是两岸的青山绿水仍然存在，没有出现随着气候的变冷而褪却绿色。江水的流速也渐渐地变慢下来的情景，嘉陵江的冬天是宁静而安详的。

学生甲：快看，江面上出现了一些小动物，在自由自在的游动，一只、两只、不，是一群，这边还有。

学生乙：快看，天上也有一群在飞，落到水里去了，又有一群，飞走了。可能是听到我们的叫声，吓到它们了。

学生丙：听，它们还在叫呢，叫的声音就像鸭子一样。太远了，我们也看不清楚，下次，我们带上望远镜来看，看看这些飞行的动物到底是什么。

学生甲：对，我们还叫上生物老师，让他给我们讲讲这些飞行的动物是什么。

背景投影：出现绿头鸭、赤麻鸭在江面上游动的远景和从江面上起飞的远景。

场景二：学生们背上望远镜和他们的老师一起来到嘉陵江水土段的岸边，仔细观察江面的情景。同学们用望远镜仔细搜寻着江面。学生们穿着羽绒服等冬天的衣服。

学生甲：江面上没有什么东西，上次的动物到哪里去了呢？

学生乙：我看见对岸的礁石上有几个小动物，快拿望远镜来看看，是什么？

学生丙：是鸭子，我看见了，是一群鸭子，但是没有我们在市场上看见的鸭子大，而且头是绿色的，脖子上还有一道白的环。有一些的颜色是褐色的，也要小一些。它们在礁石上休息呢。

学生甲：快看，它们飞起来了，就是我们上次看到的动物，我们上次看到的就是这种动物。

学生乙：右边礁石上还有一些，这些不一样，它们头是白的，身体是黄褐色的，个头要大些，也在休息。

学生甲、乙、丙：老师，这些动物是什么，不是家鸭子吧。我们也还没有见到过这样的家鸭子啊，但我们上次听到它们的叫声就跟家鸭子一样。

老师：你们看到头是绿色的那种，叫绿头鸭，在它们身边褐色的是雌性的，个头要小些，我这里有书，你们可以看到书上对它们的描述：绿头鸭（学名：Anas platyrhynchos），又名大头绿（雄）、蒲鸭（雌）。绿头鸭飞行速度可达到每小时 65 公里。鸭脚趾间有蹼，但很少潜水，游泳时尾露出水面，善于在水中觅食、戏水和求偶交配。喜欢干净，常在水中和陆地上梳理羽毛精心打扮，睡觉或休息时互相照看。以植物为主食，也吃无脊椎动物和甲壳动物。

学生乙：那老师，右边的这种又是什么鸭子呢？

老师：你们看见右边礁石上的是叫赤麻鸭。它们的白头很明显，个头也比绿头鸭要大些，书上是这样描述的：赤麻鸭（学名：Tadorna ferruginea）又名黄鸭、黄凫、渎凫、红雁。栖息于开阔草原、湖泊、农田等环境中，以各种谷物、昆虫、甲壳动物、蛙、虾、水生植物为食。繁殖期4—5月，在草原和荒漠水域附近洞穴中营巢，每窝产卵6—10枚，卵椭圆形，淡黄色，雌鸟负责孵卵。

场景三：冬天逐渐过去，春天渐渐来临，学生又来到嘉陵江边看看他们喜爱的绿头鸭和赤麻鸭。学生们已褪去了冬衣，换上了春装。仍然带着望远镜等工具。

背景投影：嘉陵江春天的江景，江岸的树木发出了新芽，江水清澈，气温变暖和。

学生甲（举着望远镜四处张望）：江面上怎么看不见绿头鸭和赤麻鸭的身影呢？

学生乙（举着望远镜向河的对岸张望）：快看，对岸的河滩上还有几只绿头鸭在休息，但是，没有我们上次看见的多了。

学生丙：我也看见了，赤麻鸭也只有几只了，我们上次看见的还是一大群呢，它们是不是到其他地方去了，为什么会少了呢？

学生甲：这次老师没有来，看来我们还是得回去请教一下老师才行。

场景四：教室里，学生们围着老师，提起了问题。

学生甲：老师，这次我们到嘉陵江边看见绿头鸭和赤麻鸭的数量已经大大地不如我们上次看见的多了，这是什么原因呢？

老师：这个原因可能有很多，我没有跟你们一起去，我也说不好，最好是你们自己去找找，可能是什么原因，是它们的食物少了，还是水质变差了，是不是生存的环境改变了，如有人偷猎，有人在河滩挖沙采石，你们仔细调查调查再说。

场景五：学生们来到北碚的嘉陵江滨江路，对群众进行调查了解。

学生甲对一老年人进行调查：请问你在嘉陵江上看见过野鸭子吗？

老年人：看见过，在碚石对岸的河滩上，冬天就有，有时叫声就像家鸭子一样。

学生甲：最近你还看见过吗？

老年人：最近没有了。

学生甲：为什么最近没有看见了呢？

老年人：可能是它们的食物少了，你没看见打渔的人越来越多，它们的食物也就越来越少了，它们没有吃的了，就只有走了，剩下的也就越来越少。同时，现在的水质可不比从前了，以前的河水好得很，野鸭子很多，现在少多了。

学生乙对一中年妇女进行调查：请问你在嘉陵江上看见过这些动物吗？（出示绿头鸭、赤麻鸭的图片）

中年妇女：我看见过野鸭子，但很远，看不清楚，原来这些野鸭子这么漂亮，以后我要多看看。

学生乙：你是什么时候看见的，最近你看见过吗？

中年妇女：一般都是在冬天的江对岸，人去不了的地方，最近看见的很少了。

学生乙：你知道为什么最近见不到了吗？

中年妇女：可能是人的威胁太大了，你没有看见现在到处都在挖沙采石吗？河滩被挖得疮痍满目，整天机器轰鸣，这样的环境，不要说野鸭子，人都不得安宁，能不走吗？

学生丙对一年轻人进行调查：你在嘉陵江边看见过这种动物吗？（出示绿头鸭、赤麻鸭的图片）

年轻人：没有太注意，但是在冬天看见过飞到江面上的动物，太远了，看不清楚，是这些漂亮的鸭子吗？它们真漂亮，我以后也要多看看。

学生丙：最近你还在嘉陵江上见到过飞到江面上的动物没有？

年轻人：最近很少见到了，冬天还看见过一些。

学生丙：你认为是什么原因，最近很少见到了呢？

年轻人：这些野鸭子是候鸟吧。它们应该是冬天到我们这儿来，春天就飞回到北方去了。我们在电视上看见过的。

学生丙：它为什么要飞到北方去呢？难道我们这儿的环境还没有北方好吗？我们这儿的食物还没有北方丰富吗？

年轻人：对啊！我们这儿应该比北方好吧，食物也应该比北方充足一些，为什么它还要飞到北方去呢？你这一问，这还真是一个疑问。

旁边的一位中年男子：让我说：现在为什么野鸭子少了，是跟一些人偷猎有关，现在的人什么都打，野鸭子都被他们打跑了。

场景六：环保局的水质监测的实验室，学生们走访环保专家。

背景投影：环保局的水质监测实验室，各种监测仪器在运行的画面。水质监测人员在监测嘉陵江抽取水样进行水质监测的画面。

学生甲：我们今年春天在嘉陵江上看见的绿头鸭、赤麻鸭数量比冬天明显减少，很多市民说是嘉陵江的环境发生了明显的恶化造成的，我们想了解一下嘉陵江的环境是否发生了明显的恶化？

专家：根据我们近 5 年的监测数据，嘉陵江北碚段的水质没有明显的变化，也没有明显的恶化，一直保持在二类水质以上，应该说是比较良好的。同时我们严格地执行了国家的环保法规，对嘉陵江的环境监测也是一直在开展的，通过数据显示，嘉陵江北碚段的环境没有太明显的变化。你们说的绿头鸭、赤麻鸭减少的问题，应该不是环境恶化造成的。建议你们去请教一下动物专家。

场景七：西南大学生命科学学院动物学专家王教授的动物学实验室，教授从实验室中取出绿头鸭、赤麻鸭的动物标本，给学生讲解它们的形态特征和生活习性。

学生乙：王教授，今年春天，我们在嘉陵江上看见的野鸭子数量比冬天明显减少，有人说是由于它们的食物减少了，它们也就飞走了，是这样的吗？

王教授：到了春天，我们嘉陵江、长江流域的万物复苏，野鸭子主要是吃植物的，也吃一些小鱼、小虾和水生昆虫，所以说，它们的食物应该是更加丰富了，它们春天的离开应该不是因为食物的原因。

学生丙：那它们是什么原因要离开呢？是我们这儿太热了吗？那它为什么冬天要来呢？

王教授：你们看见的绿头鸭和赤麻鸭它们都是迁徙鸟类，它们的迁徙习性是千百年形成的，它们为什么要进行迁徙，特别是在食物更丰富的时候迁徙走，这在科学上许多还没有定论。每一种鸟的研究也存在差异。但是总的来讲，一个是气温的回暖，动物是能感受到的，然后，动物体内的激素水平要发生变化，特别是性激素的水平要发生明显的变化，这种变化就使得动物出现繁殖的冲动、繁殖的欲望，这个时候再加上体内的其他激素也在起作用，使得它一定要迁徙了。不同的种类，它们迁徙的时候是有差异的，绿头鸭和赤麻鸭它们是在每年的三月中、下旬就要陆续的向北迁飞了。

学生甲：我们的重庆山清水秀，物产丰富，食物充足，它们为什么不在我们重庆繁殖，非要到北方去呢？

王教授：因为这个绿头鸭、赤麻鸭这一类的动物，它们的繁殖有一个特点。就是在繁殖的时候它们会换羽毛，这次的换羽毛可以说是全身的羽毛都要脱掉，这次脱毛正好为它们孵卵做准备，因为鸟类孵卵的温度要达到 39℃左右。它们在孵卵的时候，全身的羽毛都没有了，如果这个时候它们不躲藏到偏僻的地方，是很容易受到天敌的侵犯的，而北方地广人稀，使它更容易找到躲藏的地方，加上千百年来的习惯，使它们一定要飞回北方去繁殖，这不能说南方就不适合它们进行繁殖了。我们把动物的繁殖地定义为它们的家乡，这些野鸭子的家乡不在我们重庆，而在更靠北的地方，它们是在冬天到我们重庆来越冬的，所以在春天到来的时候，它们会飞回到它们的家乡进行繁殖。

学生丙：那我们重庆为什么会吸引这些野鸭子来越冬呢？

王教授：大多数像野鸭子这类的冬候鸟，都是在气温变暖的时候，飞到北方繁殖，在冬天飞到南方来越冬，我们的长江、嘉陵江，还有长寿湖等都是它们很好的越冬地，所以它们每年都要来，但是，候鸟对环境的要求是很高的，如果我们的环境被人为地破坏了，它们就很可能不来了，去别的适合它们的地方了。所以说，为了我们每年都能看见这些美丽的候鸟，必须好好地保护我们的河流和生态环境。

学生甲、乙、丙：老师的讲解终于解开了我们的疑惑，我们一定要呼吁让大家好好保护好我们的生态环境，能让我们年年都能看到这些美丽的精灵到我们重庆来越冬。

【活动效果】

采取电视专题片的形式进行生物多样性保护宣传，是一种立体式的宣传方式，不仅将大自然中鸟类的灵动、山川的秀美、学校师生组织保护活动的趣味情节生动地呈现给公众，还将生物多样性保护思想完美融入精彩的节目画面。同时电视台将节目上传网络，通过网络点播让节目反复播放，起到多次利用节目资源，点对点传播强化保护思想的效果。通过电视专题片宣传生物多样性保护活动，覆盖区域广、观看人数众多（据电视台提供的数据，晚间平均收视率达到 0.58%，收视份额达到 2.07%），群众反响热烈，活动内容和形式等都得到了公众的大力支持以及肯定，专家参与互动回答公众的提问，传播了生物多样性保护的科学理念和形象，使宣传更加深入人心，也为后续宣传推广活动打下了坚实的基础。

电视节目播出画面截屏图像

# 第八章　尊重地方传统，保护生物多样性

当我们在一个地方居住一段时间后，我们会发现这个地方的地域特色，特别是在乡村和山区的人们，他们一代一代不断积累许多传统知识，传统生产生活方式，这些知识和生产生活方式与生物资源有着密切的依存关系。《生物多样性公约》要求各缔约国依照国家立法，尊重、保存和维持土著和地方社区体现传统生活方式而与生物多样性保护与持续利用相关的知识、创新和实践。带领青少年学生发现地方传统中与生物多样性保护相关的知识，尊重传统，从科学的角度看待传统，从传统的沃土中寻找出保护生物多样性，促进地区和谐发展的思想和智慧，是一件十分有意义的教育工作。

生物学家 K.V.克里施纳默西在《生物多样性教程》[①]中将传统知识分为了七大类：

（1）神圣的特征（形象、声音、知识、材料、文化）；

（2）关于现在、过去和未来对生物多样性及土壤和矿物质的潜在用途的知识；

（3）准备、处理和储存/保护有益类群的知识；

（4）明确表达食物、饮料、药物中多种成分的知识；

（5）单个物种的知识，例如该物种的种植、护理、培育和收获；

（6）生态系统和栖息地知识；

（7）系统分类知识。

我们在项目执行过程中，通过教师培训、到校指导，协助设计工作方案、资助教师项目、资助学生自主研究项目等方式，带领学校师生开展了一些相关内容的活动。提高了青少年对传统文化与生物多样性保护关系的认识。

---

① （印）K.V. 克里施纳默西（K.V.Krishnamurthy）著，张正旺主译.生物多样性教程[M]. 北京：化学工业出版社，2006.

　　塔坪寺位于重庆北碚静观，原名小昆仑古藏寺，始建于宋代，迄今已经有 830 年的历史。1937 年，中国近代佛学大师太虚法师在塔坪寺建立汉藏教理院分院，塔坪寺成了佛学研习机构。塔坪寺是重庆地区唯一的密宗红教寺院。寺院内外古木参天，虽历经沧桑，仍高大挺拔，与周边乡村农田区树木在种类、大小、树龄等方面都形成了鲜明对比。西南大学附属中学部分学生在参加中国—欧盟生物多样性重庆示范教育项目活动中，对这些古树的保护产生了浓厚的兴趣，自主申请小课题对古树进行了调查研究，并开展保护宣传活动。

## 案例一　塔坪寺古树调查

| 活动名称 | 塔坪寺古树调查 |
|---|---|
| 活动策划 | 洪兆春　张万琼　黄仕友 |
| 参加群体 | 高中学生 |
| 教育（活动）形式 | 学生自主开展研究性学习项目 |
| 合作馆校及部门 | 中国—欧盟生物多样性项目重庆示范项目办、西南大学附属中学、重庆自然博物馆 |
| 案例供稿 | 重庆自然博物馆　洪兆春　陈锋<br>西南大学附属中学　陶永平 |

【活动设计思路】

　　塔坪寺有许多的古树，和周围光秃秃的农田形成了鲜明的对比，希望通过调查探究塔坪寺古树得以保存的秘密。

【活动内容】

　　通过实地考察了解塔坪寺古树基本状况，通过请教专家和查询资料分析古树保存原因，针对古树现状，宣传古树保护。

【资源条件】

　　（1）参与项目的同学中有在塔坪寺附近居家，对塔坪寺情况比较熟悉。

　　（2）项目得到了中国—欧盟生物多样性重庆示范教育项目对学生的专门资助。

　　（3）学校老师和重庆自然博物馆、西南大学的植物分类、园艺专家积极支持。

【前期准备】

　　（1）参加同学进行工作分工。

　　（2）准备器材：卷尺、铁铲、剪刀、标本夹、照相机、电脑、GPS 定位仪、调查记录工具等。

【活动过程】

**第一阶段　通过图书馆和网络查询塔坪寺历史资料**

　　通过查询了解到塔坪寺是重庆地区唯一的密宗红教寺院，原名小昆仑古藏寺，始建于宋代，至今已经有 830 年的历史。1937 年，中国近代佛学大师太虚法师在塔坪寺建立汉藏教理院分院，塔坪寺成了佛学研习机构。寺院 1950 年后因僧人全部离开而被放弃，寺院房屋曾为周边村民居住，寺院是近几年才恢复。

**第二阶段　实地考察塔坪寺古树**

（1）塔坪寺内及周边树木的种类

树木名称：黄桷树、栾树、水杉、皂角、罗汉松、杜鹃、香樟、天竺桂、楠木、紫荆、海桐、梅花、桃花、女贞、桂花、银杏、广玉兰、罗汉松、雪松、紫薇、海棠、梧桐、栎树、千丈树、朴树、榆树、柏树、竹类等，寺院树木种类明显比周边乡村丰富，香樟、楠木、银杏等古树保存数量多，老态雄伟、苍劲挺拔、风姿古雅，构成别具一格的古树林。

（2）塔坪寺及周边古树木的特点

1）以人工种植为主，自然生长为辅。

2）以常绿树木为主，落叶树木为辅。

3）以本地树种为主，外地树种为辅。

（3）用 GPS 定位古树、测量每棵树的 1 m 高处的径围、树冠面积等生物学指标，并对所调查的树进行分类和编号。

（4）请教寺院僧尼、居士，走访周边村民，了解古树种植历史及周边民俗。

（5）散发调查问卷，了解公众对古树保护的态度。

**第三阶段　查资料，访专家，了解古树保护原因**

（1）到图书馆、地方民政宗教管理机构、查阅资料。

（2）拜访植物分类学家、园艺学家，分析古树来源。

（3）整理调查结果

塔坪寺古树多为寺院僧尼及信众种植，种植年代不一，种植目的主要为寺院园林美化、积德祈福和寺院经济用材林。中国古代素有无树不清静，无林不幽雅的说法，作为宗教的活动场所，必须具备清静幽雅的环境条件，种树是必然。塔坪寺在文献记载中也是重庆地区最早种桃花于园林中的寺院，1838 年（道光十七年）撰刻《重建塔坪寺序》中记有，"……山之近高处茂林修竹……时乎春也，碧桃霞烂漫若赤城……"，可见当时桃花盛开的景象，让人在古树桃林掩映的禅院中去聆听佛法，别有一番情趣。

**第四阶段　分析塔坪寺古树保存原因**

塔坪寺古寺院曾被长期荒废，但古树却保存了下来，通过调查分析，古树的保存有几个原因：

（1）"神树"：历代修建寺庙必须栽植树木，寺院里留存的开山祖师和高僧大德亲手种植的树木，后代会格外爱护，这些树存活年代长，容易成为古木，塔坪寺就有这样的古树；

（2）"祈福树"：在塔坪寺调查时，看到很多树上都挂有红布，通过调查了解到，周边村民会通过给一些祈福树挂红布的方式为家人祛病消灾求长寿；

（3）"供祀树""风水林"：寺院被村民看做福地，善男信女会在寺院周边植树，期待树大浓荫福被后世，泽及子孙；

（4）寺院的经济用材林：以前寺院的修缮材料主要是木材，在寺院周边种植的松树、樟树、柏树等，主要用于寺院建材；

（5）"族林"：寺院周边某些同姓家族或寺院的供养人作为家族共同财产种植保存的树林。

这些涉及传统民俗的护林理由，将塔坪寺的古树保存下来，在古寺废弃、菩萨被毁的年代；在经济利益至上伐木卖钱的年代，周边的村民没有砍伐这些古树，默默把它们保存下来，直到寺庙重新修建。这不得不让人叹服传统民俗对村民的约束力，对生物多样性保护的贡献。

**第五阶段　整理调查结果，分析公众对古树保护的态度，将民俗与科学知识紧密结合，制作宣传资料**

通过问卷调查，发现保护古树的传统民俗意识主要在老年村民中流行，由于现代农村年轻人大多外出读书务工，到城市生活，信仰佛教的人不多，保护古树的传统民俗他们知道不多，对他们的约束力也不大。

通过反复讨论，在尊重传统民俗的基础上，梳理传统民俗中对古树保护有价值的部分。从生物多样性保护和生态环境保护的角度，科学分析古树的重要价值和作用，将生物多样性保护及生态环境保护科学知识与传统民俗结合起来制作宣传资料，散发给寺院僧尼、居士及游客，宣传保护寺院内和寺院周边的古树。

【活动效果】

学生自主开展塔坪寺古树调查活动过程中，不仅通过查资料、请教专家等方式从植物学角度认识了塔坪寺的古树，自己动手实践体验了野外调查古树全过程，分析研究了古树保存原因，面向公众积极开展了保护宣传活动，还从民俗学和宗教学的角度了解了传统文化的影响力。

活动增强了青少年对传统文化与生物多样性保护相互关系的认识，提高了青少年学生独立分析问题、解决问题的能力，有助于青少年在尊重传统文化的基础上积极开展生物多样性保护。

调查村民保护古树的民俗

为每棵古树编号

两千多年前，中医典籍《黄帝内经》就提出了"天人合一"的观点，而被誉为西医之父的希波克拉底也说过："大自然治病，医生只是助手"的名言。在西药的毒副作用日渐明显、人们对它的警惕日渐增强的今天，人们渴望在患病时能摆脱西药，寻找到更安全、更可靠，当然也更有疗效的药物。中草药作为纯天然药物是西药最好的替代品。这也符合当前"追求绿色，崇尚自然"的大趋势。

据统计，我国现有中药资源 12 807 种，但是，盲目、过度开发天然药物，使野生药用植物资源急剧减少，不少药用植物资源濒于灭绝，破坏了生物多样性，造成生态环境恶化。科学家研究表明，一种植物灭绝会破坏生物链，带来 30 种以上生物灭绝，给生物多样性保护带来灾难性后果。而且分布分散、资源量小的野生资源也严重制约了天然药物产业化、规模化发展。

带领学生调查家乡的野生药用植物，保护药用植物资源，有利于提高青少年对传统中医药价值的科学认识，有利于培养青少年尊重传统中医药知识保护传统文化，并在此基础上保护生物多样性的意识。

## 案例二 我和草药交朋友
### ——家乡常见野生药用植物种类的探究活动

| 活动名称 | 我和草药交朋友——家乡常见野生药用植物种类的探究活动 |
|---|---|
| 活动策划 | 洪兆春 张燕 曾华川 |
| 参加群体 | 小学四、五、六年级学生 |
| 执行教师 | 重庆市北碚区梅花山小学 张燕<br>重庆市北碚区教师进修学院 曾华川 |
| 教育（活动）形式 | 组成课外兴趣活动小组，开展探究性学习活动 |
| 合作馆校及部门 | 中国—欧盟生物多样性项目重庆示范项目办、重庆市环保局自然生态处、重庆市生态学会、西南大学、重庆市第九人民医院三零八分院中医科、重庆市北碚区梅花山小学 |
| 案例供稿 | 重庆市北碚区梅花山小学 张燕<br>重庆市北碚区教师进修学院 曾华川 |

【教育（活动）设计思路】

我们学校坐落于天然植物资源宝库缙云山脚，学生生活其中，耳濡目染了祖辈用草药治病的神奇，具有了解家乡野生中草药的愿望。组织"家乡常见野生药用植物种类的探究活动"，旨在了解家乡野生中草药的药用价值及生长环境基础上，保护它们，使之可持续地为家乡人民"有病治病，无病健身"发挥更大的作用。

【教育（活动）内容】

（1）请教邻里，走访草药摊主，认识中草药。

（2）实地考察，观察家乡常见野生药用植物的植株情况及生长环境。

（3）上网，查阅图书资料，请教中医师，具体了解各组所采集的药用植物的入药部分与药用价值。

（4）整理资料，统计、调查、采集、制作、收集到的药用植物种类、特点，提出问题研究，写出收获建议。

【资源条件】

梅花山小学坐落于天然植物资源宝库缙云山脚，学生生活其中，耳濡目染了祖辈用草药治病的神奇，具有了解家乡野生中草药价值及保护野生中草药丰富资源的愿望，同时，重庆自然博物馆也与我校毗邻，便于向专家请教。

【前期准备】

（1）器材：卷尺、铁铲、剪刀、标本夹、照相机、电脑等。

（2）野外采集标本的基本方法及相关知识。

（3）组织落实，安全落实。学生活动前先进行野外采集安全教育，根据居住地分组确定组长，制定安全规则，坚决不去危险的悬崖、河边。

【活动过程】

**第一阶段　准备阶段**

将我们学校4～6年级（9～11岁）对家乡野生药用植物研究感兴趣的同学按地区划分成三个小组：家住白云、缙云山的为一组；住梅花村、新天花园的为一组；住西农斑竹村的为一组。并推选出组长带领小组活动。

**第二阶段　调查、观察、制作阶段**

（1）回家请教邻里、老农、走访草药摊主，认识中草药。

（2）实地考察缙云山、北温泉、曹上、梅花村、斑竹村等地，观察家乡常见野生药用植物的植株情况和生长环境，采集家乡野生药用植物植株，并认真制作成草药标本。

（3）查阅图书资料，请教中医师，具体了解各组所采集的药用植物的入药部分与药用价值。

（4）各组将采集到的家乡野生药用植物资料初步归类整理。

（5）上网查询，了解我国中医学的光荣历史及现状。

**第三阶段　整理、汇总、交流、总结阶段**

每组将资料整理出来，汇总调查、采集、制作、收集到的药用植物种类、特点，提出问题研究，写出收获建议。

【活动效果】

（1）通过研究，使同学们了解我国使用中草药的治病历史源远流长；明白只有注意保护野生药用植物的生存环境，维持物种多样化，合理开发利用我国丰富的中草药资源，才能使我国传统中医学不断发扬光大，才能更好地造福人类。

（2）通过活动，使同学们学会科学采集植物植株，科学制作植物标本的方法。培养孩子们科学求实的精神，养成从小学科学、爱科学、用科学的良好习惯。

（3）通过活动，使同学们认识到家乡可药用的野生植物资源丰富，它们的价值还有待于进一步的开发利用。

（4）通过活动，同学们撰写科技论文、实践活动参加青少年科技创新大赛分获重庆市一、二等奖。

查阅资料

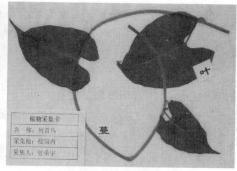

采集制作的中草药标本

请教中医师

向民间草药摊主请教

采下土大黄的植株制作标本

观察何首乌生长情况

给植株各部分标出名称

为制作好的标本压膜

生长在山野的野菜，由于未经人工管理施农药，自然生长无污染，有营养与保健价值，传统观念里"药食同源"，野菜被公认为天然绿色食品。

野菜食用的是植物的根、茎、叶、花、果，野菜作为可食性野生植物资源，为人类提供了丰富的食材，调节充实了人们的饮食，在生物多样性保护中占重要地位。吃野菜 30 年前在某些地方是贫困的象征，现在却成为了一种时尚，随着人类对野菜需求的不断增加，在野菜的开发利用中，如何保护好野菜的种质资源，保护野菜生活的生态环境，开发新型可食野菜品种，人工快速繁殖野菜种苗等都成为生物多样性保护中的重要内容。青少年学生可以通过参与野菜资源调查，认识野菜的种类，了解那些看似不起眼的小野草都会有价值，从而理解生物多样性保护的重要性，热爱尊重传统文化。

## 案例三　美味的野菜——家乡常见野生蔬菜调查研究活动

| | |
|---|---|
| 活动名称 | 美味的野菜——家乡常见野生蔬菜调查研究活动 |
| 活动策划 | 洪兆春 |
| 参加群体 | 小学三、四、五、六年级学生 |
| 执行教师 | 重庆市北碚区梅花山小学　曾瑜 |
| 教育（活动）形式 | 组成课外兴趣活动小组，开展探究性学习活动 |
| 合作馆校及部门 | 中国—欧盟生物多样性项目重庆示范项目办、重庆市环保局自然生态处、重庆市生态学会、重庆市北碚区梅花山小学 |
| 案例供稿 | 重庆市北碚区梅花山小学　曾瑜 |

【教育（活动）设计思路】

在学习科学课《植物的叶》时学生认识了多种植物、形状各异的叶，对心形叶的野菜侧耳根尤其感兴趣。如今，野菜以其营养丰富和美味可口成为了绿色食品家族中的重要一员，端上了人们的餐桌。家乡有哪些常见的野生蔬菜？它们的生长环境如何呢？组织对野菜有兴趣的学生成立家乡常见野生蔬菜调查组，对家乡常见的野生蔬菜种类、生长环境、食用及药用价值等进行调查研究。这项调查活动，旨在让学生认识家乡的野生蔬菜种类繁多，明白生物的多样性，初步了解家乡野菜的食用及药用价值，为合理利用家乡野菜资源提供参考。

【教育（活动）内容】

（1）到学校旁的山坡田野、西南大学的桑园、住家附近及缙云山等地寻找野菜并观察、测量、记录它们。采集野菜植株压制，后期制作成植物标本。

（2）回家请教祖辈父母、邻里老人，家乡有哪些野菜资源，生长在哪些地方？经常吃什么野菜，怎么吃及有什么用？并动手学着做些野菜尝尝；到菜市场调查卖菜的农民、菜摊主，了解买卖野菜的种类、价格及人们的喜好；到餐厅、饭店调查有哪些野菜上餐桌，何种野菜最受顾客欢迎。

（3）利用课余时间查阅图书资料，上网查询野菜的食用及药用价值等，并做好记录。

（4）在调查、访问、查询的基础上将收集到的资料进行整理并专题研究。

【教育（活动）形式】

成立家乡常见野生蔬菜调查组，按居住地组成小组开展探究性学习活动。

【参加群体】

重庆市北碚区梅花山小学 3～6 年级（8～11 岁）对家乡野生蔬菜感兴趣的学生 62 人。

【资源条件】

我校坐落于天然植物宝库——缙云山山脚下，有丰富的自然资源。有西南大学、自然博物馆的专家作指导。

【前期准备】

（1）资料：《中国野菜图谱》、《缙云山植物志》。

（2）器材、设备：笔、记录表、卷尺、铁铲、剪刀、标本夹、压膜机、照相机、电脑等。

（3）知识准备：走访咨询老农家乡常见野生蔬菜种类、生长季节及生存环境。

（4）分组：将野菜调查研究组的同学按居住地划分成三个小组，家住缙云山、白云的为一组，住梅花村、新天花园的为一组，住西农斑竹村的为一组，选出组长带领小组活动。

分组情况如下表：

| 组　别 | 组　长 | 小组成员 |
|---|---|---|
| 缙云山、白云 | 曾田田 | 邱富豪、李　雪、李　霞 等 |
| 西农斑竹村 | 曾承宇 | 肖　杰、谢小红、艾春雨 等 |
| 梅花村、新天花园 | 邓　婕 | 孙欣悦、唐　建、石文程 等 |

【活动过程】

**第一阶段　采集、观察阶段**

学生利用课余时间在校园内外或住家附近的山坡、田野、桑园里，去寻找野菜，并运用多种感官观察（看一看叶片的形状、颜色；数一数叶片的数量；闻一闻叶片的气味；摸一摸叶片的厚薄、软硬、光滑粗糙；量一量叶片的大小、植株的高矮等）、探讨（讨论、交流），记录下它们的名称、特点及采集地，还采集一些植株压制在书本里，回去动手制作植物标本。

在活动中，学生近距离接触野菜，通过实地考察、仔细观测，学生不仅感知了野菜的不同特点，还动手采集了野菜植株，在老师的指导下制作野菜标本。

实地观察野菜并记录：

| 植物名称 | 特　　点 | 采集地 | 采集人 |
|---|---|---|---|
| 荠 菜 | 叶嫩绿色，叶片宽，有点厚，长约 9 cm，宽约 2 cm | 学校花园 | 何林薇 |
| | 叶深绿中带有紫色斑纹，小而薄，叶沿有浅浅的小齿 | 梅花村菜地 | 曾吉露 |
| | 叶绿色，狭长，叶沿齿深，整株趴在地上 | 山坡 | 卫程鑫 |
| 车 前 | 叶片卵形或椭圆形，长 3～10 cm，有 5 根叶脉 | 西农斑竹村路边 | 吴智广 |
| | 叶片宽椭圆形，近乎圆形，叶面很光滑，叶脉有 5 根 | 缙云山 | 简　露 |
| | 叶片椭圆形，有 7 根叶脉 | 梅花村菜地 | 胡　维 |
| …… | …… | …… | …… |

### 第二阶段  访问、调查阶段

（1）回家请教祖辈父母、邻里老人家乡有哪些野菜资源，生长在哪些地方？经常吃什么野菜，怎么吃及有什么用？并在他们的指导下动手做野菜尝一尝。

通过咨询老人，不仅了解到家乡的野菜资源虽然丰富，但比过去已有减少，原因是生长环境大不如前；还知道吃野菜也有不少学问呢。如：蕨菜，有微毒，吃之前要浸泡两小时以上。蒲公英，最好蘸酱生吃，熟吃又黏又涩。苦荬菜等苦味野菜，虽能解毒败火，但过量食用会伤胃。我们还亲自动手做了荠菜饺子、清明粑、凉拌侧耳根、椿芽炒蛋等近 30 种菜品。

| 野菜名称 | 吃法 | 菜品 | 味道 | 访问人 | 被访问人 |
|---|---|---|---|---|---|
| 荠菜 | 嫩叶做馅 | 荠菜饺子 | 清香扑鼻 | 肖杰 | 奶奶 |
| （又名弟弟菜） | 嫩叶煮汤 | 荠菜豆腐汤 | 鲜嫩可口 | 肖杰 | 奶奶 |
| 鱼腥草（又名侧耳根） | 根炖肉 | 侧耳根炖肉 | 肉汤鲜美可口 | 邓婕 | 妈妈 |
|  | 嫩叶柄凉拌 | 凉拌侧耳根 | 清淡稍涩 | 唐雪容 | 爷爷 |
| …… | | | | | |

（2）到菜市场调查卖菜农民及菜摊主，了解买卖野菜的种类、价格及人们的喜好；到餐厅、饭店调查有哪些野菜上餐桌，哪种野菜最受顾客欢迎。

通过调查我们了解到农民和菜摊主卖的野菜大约有近 10 种，价格比较便宜，比当季的绿叶菜价格稍贵些。它们既有食用价值，又有药用功效。大家比较喜欢吃香椿、侧耳根、蕨菜、荠菜等。野菜不仅走入寻常百姓家，而且还登上了饭店、餐厅的大雅之堂。侧耳根、蕨菜尤其受欢迎。

调查访问记录如下：

| 序号 | 野菜名称 | 吃法 | 价格 | 是否喜欢 | 调查人 |
|---|---|---|---|---|---|
| 1 | 蕨菜 | 嫩叶柄凉拌 | 3～4 元/把 | 喜欢 | 廖寒 |
|  |  | 干蕨烧肉 | 10～15 元/斤 | 喜欢 | 唐雪容 |
| 2 | 鱼腥草（又名侧耳根） | 根可炖肉 | 5～7 元/斤 | 喜欢 | 李雪 |
|  |  | 嫩叶凉拌 | 5～7 元/斤 | 喜欢 | 谢小红 |
| 3 | …… | …… | …… | …… | …… |

### 第三阶段  查阅、整理阶段

我们将野外采集的野菜植株制作成野菜标本。利用课余时间查阅图书资料，上网查阅野菜名称、生长环境及食用价值的资料，了解野菜的生长环境、食用及药用价值。整理出近 40 种野菜资料。

家乡常见野菜按科属分类整理表：

| 被子植物 | | | 被子植物 | | |
|---|---|---|---|---|---|
| 科 | 属 | 野菜名称 | 科 | 属 | 野菜名称 |
| 十字花科 | 荠菜属 | 荠菜 | 鸭跖草科 | 鸭跖草属 | 鸭跖草 |
| | 薜菜属 | 薜菜 | | 水竹叶属 | 水竹叶 |
| 唇形科 | 紫苏属 | 紫苏 | 苋科 | 苋属 | 野苋菜 |
| | 薄荷属 | 薄荷 | 楝科 | 香椿属 | 香椿 |
| 菊科 | 菊三七属 | 紫背天葵 | 酢浆草科 | 酢浆草属 | 黄花酢浆草 |
| | 菊三七属 | 白背天葵 | | 酢浆草属 | 红花酢浆草 |
| | 马兰属 | 马兰 | 豆科 | 葛属 | 野葛 |
| | 鼠曲草属 | 清明菜 | | 野豌豆属 | 救荒野豌豆 |
| | 蒲公英属 | 蒲公英 | 茄科 | 枸杞属 | 野枸杞 |
| | 鬼针草属 | 鬼针草 | 百合科 | 葱属 | 野韭菜 |
| | 苦苣属 | 苦苣菜 | | 葱属 | 野葱 |
| | 苦苣属 | 苣荬菜 | 伞形科 | 胡萝卜属 | 野胡萝卜 |
| | 苦荬菜属 | 苦荬菜 | | 水芹属 | 水芹 |
| 车前科 | 车前属 | 车前 | 商陆科 | 商陆属 | 商陆 |
| 马齿苋科 | 马齿苋属 | 马齿苋 | 落葵科 | 落葵薯属 | 藤三七 |
| | 土人参属 | 土人参 | 三白草科 | 蕺草属 | 鱼腥草 |
| 蓼科 | 蓼属 | 何首乌 | 石竹科 | 繁缕属 | 鹅儿肠 |
| | 蓼属 | 萹蓄 | 凤尾蕨科 | 蕨属 | 蕨菜 |

家乡常见野生蔬菜生长环境、食用及药用价值一览表：

| 序号 | 野菜名称 | 别名 | 生长环境 | 食用价值 | | | | 药用价值 |
|---|---|---|---|---|---|---|---|---|
| | | | | 食用部分 | 食用方法 | 营养成分（以食用部分 100 g 计） | | |
| 1 | 荠菜 | 弟弟菜、细菜…… | 山坡、田边 | 嫩茎叶 | 做馅、煮汤、炒食 | 含蛋白质：5.2 g、糖类：6 g…… | | 利尿、清热、明目 |
| 2 | 鱼腥草 | 侧耳根、摘儿菜…… | 田坎、路边 | 地下嫩茎和嫩叶 | 炒食、凉拌、盐渍 | 含蛋白质 2.2 g、脂肪 0.4 g、粗纤维 18.4 g…… | | 清热、消食 |
| 3 | | | | | | | | |

## 第四阶段  探究、总结阶段

每组将资料整理出来，统计采集、制作、调查、收集到的野菜有多少种，各有什么特点，提出问题探究，写出心得体会。

我们通过实地考察、走访调查，了解到家乡的野菜资源虽然丰富，但比过去已有减少，原因是生长环境大不如前。在探究中，我们不仅知道同一种野菜不同种类的特点：如荠菜分板叶荠菜、花叶荠菜和散叶荠菜；车前有车前、大车前和平车前之分……还知道野菜与其生长环境有非常密切的关系，如荠菜能生长在各个地方，但在梅花村菜地里的数量多，长势最好；如蕨菜虽然在丘陵、缙云山都有，但生长在缙云山的蕨菜嫩叶柄更肥壮，吃起来更好吃……这说明野菜的味道、品质与生长环境有密切的关系。如今，随着城市发展，工业污染的加剧，农业生产中化肥、农药的过度使用，野菜的生长环境被大量污染，它的数量与质量已大不如前，再加上人们大量地采集，野菜资源遭受到不同程度的破坏。

野菜不同种类特点比较表：

| 野菜名称 | 种类 | 特点比较 |
|---|---|---|
| 荠菜 | 板叶荠菜：又名大叶荠菜 | 叶片宽而厚，长 9～10 cm，宽 2～2.5 cm，叶缘有较浅的羽状缺刻，浅绿色，叶面略有茸毛，成株有 16～20 片。叶肥嫩，纤维少，味道鲜美。早熟，易抽薹 |
| | 花叶荠菜：又名小叶荠菜 | 叶片窄小而薄，长 7～8 cm，宽 1.5～2 cm，叶缘羽状深裂，绿色，低温下叶色变深，并带有紫色，叶面茸毛多，成株有叶 20 片左右。纤维少，香味浓，抽薹晚 |
| | 散叶荠菜：又名百脚荠菜 | 植株塌地生长，开展度 18 cm，叶片绿色，羽状全裂；叶长 9～10 cm，宽 2 cm，叶面光滑。抽薹较板叶荠菜晚 |
| 车前 | 车前：又名牛舌草 | 连花茎可高达 50cm。具须根；具长柄，几与叶片等长或长于叶片，基部扩大；叶片卵形或椭圆形，长 4～12cm，宽 2～7cm，先端尖或钝，基部狭窄成长柄，全缘或呈不规则的波状浅齿，通常有 5～7 条弧形脉 |
| | 大车前：又名大叶车前 | 株高 15～20 cm，须根多。根出叶，叶丛莲座状，叶片椭圆形、宽椭圆形或卵圆形，叶脉有 5 根、7 根，顶端圆钝，叶缘波状或全缘，有柔软茸毛。穗状花序，淡黄色小花，花冠筒状。蒴果圆锥状，种子黑棕色 |
| | 平车前 | 叶片椭圆形、椭圆形状披针形或卵状披针形，基部狭窄。萼裂片与苞片约等长。蒴果圆锥状。种子长圆形，棕黑色 |
| 紫苏 | 红紫苏：又名赤苏 | 叶面绿色，叶背紫红色，紫色唇形花 |
| | 白紫苏：又名白苏 | 叶面绿色，叶背白色，淡红色唇形花 |
| …… | …… | …… |

野菜在不同环境中的生长情况比较表：

| 地点 | 海拔、地貌土壤类型及代表性 | 野菜生长情况 | | | | | | | | | | |
|---|---|---|---|---|---|---|---|---|---|---|---|---|
| | | 荠菜 | | 车前 | | 蕨菜 | | 鱼腥草 | | 葛 | | …… |
| | | 数量 | 长势 | 数量 | 长势 | 数量 | 长势 | 数量 | 长势 | 数量 | 长势 | …… |
| 缙云山、白云 | 海拔 800 m，条状低山，腐殖黄壤土，具林地土壤代表性 | 少 | 一般 | 少 | 一般 | 多 | 最好 | 较少 | 最好 | 多 | 最好 | …… |
| 西农斑竹村 | 海拔 240 m，向斜浅丘，棕紫泥，具耕作土广泛代表性 | 多 | 良好 | 多 | 良好 | 少 | 一般 | 多 | 一般 | 少 | 一般 | …… |
| 梅花村、新天花园 | 海拔 240 m，向斜浅丘，棕紫泥，具耕作土广泛代表性 | 多 | 最好 | 多 | 最好 | 少 | 一般 | 多 | 良好 | 少 | 一般 | …… |

【活动效果】

（1）学生活动前后对比表。

| 评价项目 | 活动前 | 活动后 |
|---|---|---|
| 认识家乡野菜种类 | 90%不认识 | 100%认识近 30 种 |
| 野菜的食用价值 | 95%不了解 | 100%了解 |
| 野菜的药用价值 | 100%不了解 | 100%了解 |
| 采集、制作野菜标本 | 95%不会 | 100%会，并动手制作野菜标本 |
| 不同野菜的不同烹调方法 | 100%不知道 | 100%会，能自己动手制作野菜菜品 |
| 团结协作能力 | 100%基本不合作 | 90%以上能愉快合作 |
| 关注环境保护意识 | 有一点 | 100%环保意识增强，自觉向同学、邻里宣传 |
| 野生蔬菜的多样性 | 不了解 | 知道荠菜等大多是多品种的 |

（2）活动中，学生知道了野菜的生长与土壤有密切关系。化肥、农药的过度使用使野菜的生长环境被污染，野菜资源遭受到不同程度的破坏，质量比以前有所下降，数量比以前有所减少。学生们明白保护野菜资源，爱护大自然，与大自然和谐相处的重要性和必要性，从而提高了他们参与生物多样性保护的自觉性。

上网查对野菜名称

在田埂上采野菜

调查农贸市场上出售的野菜

走访餐厅了解顾客喜欢食用的野菜

参加中国—欧盟生物多样性项目重庆示范教育项目的静观中心校，位于重庆北碚静观镇，这里是中国园林五大花卉流派之川派艺术的发祥地，"桩头蟠扎"是川派园林技术的一颗璀璨的明珠。静观花园尚存罗汉松古桩两株，树龄分别是 480 年和 520 年左右，古朴雅趣的桩头高 4 m，干径 33 cm，冠幅 160 cm，是中国蟠扎技艺的典范，也是蟠扎技艺源远流长的历史见证。

桩头蟠扎一般采用的是本地园林植物，桩头经过初植，有了生机之后，根据每棵植物的不同，进入作品艺术创作的过程。植物的桩头蟠扎是一种手工技艺，做法讲究精致且复杂多变，掌握技艺和完成作品耗时长，在流行短平快园艺规模化产业化赚钱的今天，正面临传承的困境。学校从保护本地物种、学习传统技艺的角度出发，带领学生从参观调查入手，了解本地蟠扎园林植物种类，逐步学习花木种植和传统蟠扎技艺，让学生知花、爱花、爱家乡，尊重父辈的传统技艺。

## 案例四  学习传统花卉种植蟠扎技艺

| 活动名称 | 学习传统花卉种植蟠扎技艺 |
|---|---|
| 活动策划 | 洪兆春  杨承莉 |
| 参加群体 | 小学三到六年级学生 |
| 指导教师 | 北碚区静观镇中心校  王强 |
| 教育（活动）形式 | 利用兴趣小组，开展探究性学习实践活动 |
| 合作馆校及部门 | 重庆市环保局、重庆市生态学会、重庆市自然博物馆、重庆市北碚区静观中心校 |
| 案例供稿 | 北碚区静观镇中心校  王强<br>重庆自然博物馆  洪兆春 |

【教育活动内容】

（1）调查了解本地蟠扎园林植物种类。

（2）学习花卉种植和蟠扎传统技艺。

【资源条件】

（1）静观镇是全国五大花卉流派之一，川派花卉的发源地，以腊梅、桩头盆景、人工蟠扎造型和园林艺术巧夺天工见长。全镇现有花卉苗木近万亩，花卉从业人员 9 000 余人。2000 年 7 月被国家林业局、中国花卉协会联合授予"中国花木之乡"的荣誉称号。利用花木之乡这个大环境，学校在校外建立了两个花木实践基地，供学校学生参观学习。

（2）我校绿化面积约占校园的 40%，有场地开展种植技术学习。

（3）学生家庭多从事花木种植行业。

【前期准备】

（1）学生准备小型的花卉、花盆、泥土、水壶、小锄头、剪子、镰刀（体验种植的过程）、笔、记录本。

（2）教师准备调查需要的园林植物图鉴、记录本、照相机等。

【活动过程】

#### 1．实地考察花木，激发学生的兴趣

教师带领学生到花木基地进行实地考察，教师和花木基地技术负责人对各种花木的名称、特性、种植季节进行了详细的介绍。以此丰富学生的花卉知识，了解植物的多样性，激发他们的种植兴趣，为以后自己种植花木奠定了一定的基础。

#### 2．调查本地用于蟠扎的园林植物种类

（1）调查用于蟠扎的本地园林植物：罗汉松、茶花、乌柿、黄葛树、银杏、桂花、紫薇、梅花、金钱松、卫矛、黄荆、笔柏、侧柏、榆树、玉兰、六月雪、石榴、火棘、胡颓子、腊梅、贴梗海棠、紫荆、赤楠、迎春等。

（2）观察蟠扎花木的蟠扎特点，初步了解上述植物的基本种植和蟠扎方法。

#### 3．和父母一起体验种植的乐趣

（1）学校组织种植大赛，为学生发放花盆，要求全校学生"人人参与种花"。

（2）鼓励学生和父母一起栽种植物。多数学生家里父母的种植经验丰富，让家长带领孩子们种植，体验植物栽培的乐趣。由于多数学生是第一次种花，最好找易于种植、存活的花木，让学生通过简单种植产生成功的体验。

（3）学校定期邀请有名的农艺师为学生进行蟠扎技术的讲解，让学生初步学习蟠、吊、拉、扎技艺。

（4）调查了解擅长蟠扎技术的学生家庭，鼓励学生向父辈学习蟠扎技术。

#### 4．交流、总结种植养护蟠扎花木的经验

让学生以日记的方式记录种植养护过程，训练学生的观察记录能力；组织学生交流，互相学习总结种植养护经验；学生的总结如下：

（1）刚种的花木不要急着施肥，要浇透水；不要暴晒它，放在比较阴凉的地方更利于存活。

（2）根据天气情况每隔 2～4 d 浇一次水，并且要浇透，盆底能看见有水流出来。浇的时候，也把枝叶洒一些水，给枝叶补充水分。待它存活后，可以放在有阳光的地方，进行光合作用，让它生长得更好。

（3）如果发现土变成板块了，不好浇水，还要给它松松土，并施肥。施的肥可用淘米水、茶叶水代替。

（4）给花木造型。去除死叶、黄叶，把影响植株造型的一些枝干剪掉，蟠、吊、拉、扎要有耐心。

#### 5．展示种植成果

经过一段时间的种植养护及蟠扎过程，学生们都有自己的劳动成果。学生把自己种植在校园的花木或种植在家里的花木照片带到学校来，按班级划分，集体进行展评，给学生们互相观摩学习交流分享的机会。

【活动成果】

学校组织的传统花卉种植蟠扎技艺活动，通过调查用于蟠扎的植物，让学生初步了解本地园林植物的多样性；通过自己种植花木，提高了动手实践能力；通过向父辈学习简单的蟠扎技术，了解了父辈所从事工作的重要价值，与父辈有了更好的沟通交流；通过成果展示，学生提高了参与的积极性。学生对植物蟠扎从陌生、神秘，到了解、欣赏、

爱护，从知花、爱花到爱家乡，知识和能力上都得到了提高。学生在向父辈学习的过程中，也学会了尊重父辈的传统技艺，尊重传统文化，为地区蟠扎技艺的传承起到了助推作用。

学生正在进行罗汉松的蟠扎

花卉基地集体留影

草鞋在中国起源很早，历史久远，它作为山区居民自古以来的传统劳动用鞋，穿着既利水，又透气，轻便，柔软，防滑，而且十分廉价。北碚区静观镇竹麻草鞋有三百多年生产历史，在明末清初年间已经非常红火，草鞋的原材料是本地的植物竹。但随着现代制鞋工业的发展，竹麻草鞋现在很少有人再穿，竹麻加工行业日渐衰落，草鞋的编制工艺也几近失传。

在开展生物多样性保护教育活动中，学校教师以竹麻草鞋探源为契机，立足本地的自然与人文环境资源，从学生熟悉的事物入手，通过一系列目标明确、可操作性强的实践活动，帮助学生学习生物多样性保护知识，了解传统工艺中对本地物种的环保使用，理解生物多样性保护与传统文化保护的关系，使学生感悟、体会保存民族文化的重要性，激发学生热爱家乡的情感。

## 案例五　静观地区竹麻工艺文化探源活动

| 活动名称 | 静观地区竹麻工艺文化探源活动 |
| --- | --- |
| 活动策划 | 洪兆春　胡长江 |
| 参加群体 | 王朴中学竹麻工艺研究小组（高一年级学生） |
| 执行教师 | 重庆市北碚区王朴中学　蒋利　陈渝德 |
| 教育（活动）形式 | 组成课外兴趣活动小组，开展问卷调查、访谈调查、实地考察、实践操作等实践活动形式 |
| 合作馆校及部门 | 重庆市环保局、重庆市生态学会、重庆市自然博物馆、重庆市嘉鎏工艺品有限公司、重庆市北碚区王朴中学 |
| 案例供稿 | 重庆市北碚区王朴中学　蒋利<br>重庆自然博物馆　洪兆春 |

【教育（活动）设计思路】

北碚区静观镇的草鞋生产历史有 300 多年，其制作材料来源于生长在野外的普通植物茨竹，制成竹麻然后编成草鞋，称为竹麻草鞋，工艺简单，制作过程没有产生对环境有污染的物质，使用后的废旧物也不会对环境造成影响。过去静观镇的红岩、花园、双唐、三根、陡梯等村几乎家家生产草鞋，但由于老一辈手工艺人年龄已到 60～80 岁，静观独有的竹麻草鞋工艺面临失传，草鞋的生存原料竹的栽种面积也缩小了。2008 年，竹麻草鞋进入了地方非物质文化遗产名录，为了让学生们了解传统文化与生物多样性保护的关系，学校开展了静观地区竹麻工艺文化探源活动。

【教育（活动）内容】

（1）收集与竹麻草鞋相关的资料，了解竹麻工艺与本地物种的关系。

（2）开展社区调查、寻访老艺人。

（3）走进竹麻草鞋加工厂参观体验，学习编竹麻草鞋和设计编制竹麻工艺品。

【资源条件】

（1）学校活动得到了中国—欧盟生物多样性项目重庆示范项目资助；

（2）学校编写了相关知识的校本教材，教师有开展科技辅导活动的丰富经验；

（3）学生来自静观地区，家族中就有曾经或者现在从事草鞋编制的长辈；

（4）重庆市嘉鋬工艺品有限公司支持学校活动能够提供学生参观学习实践的场所，可以对活动的开展给予工艺技术上的支持和指导。

【活动全程】

**第一阶段　认识中国草编和静观竹麻草鞋**

**活动目标**　让学生通过收集关于中国草编和静观竹麻草鞋的相关资料，认识和了解相关民间工艺，为后面要进行的活动做理论上的准备。

**训练技能**　收集和整理相关资料的能力，归纳、总结能力，撰写、表达能力。

**活动准备**　笔记本、数码相机。

**活动过程**

（1）每个参加活动的学生准备一个小笔记本，在封面写上班级和姓名。分成若干个小组，每个组3人。教师讲解记录信息的方法和要求。

（2）每个组根据各自的实际条件，自行决定和选择相关渠道收集信息。比如：北碚图书馆、西南大学图书馆、百度等搜索引擎、赶集天到静观草鞋市场去实地访问、向亲戚朋友中知情人请教静观竹麻草鞋的知识、周末去瓷器口等古镇收集草编工艺品图片资料等。

（3）根据各自收集的信息，每个组整理一篇中国草编与静观竹麻草鞋的介绍资料。教师根据各组成员的参与情况，收集资料渠道的多样性和内容的翔实程度对每个组这个阶段的表现进行评价，并做好评价记录。

**第二阶段　探寻竹麻草鞋渊源**

**活动目标**　站在历史的角度，走进静观竹麻草鞋的发展历程，让学生亲身去体会竹麻草鞋在从传统到现代的发展过程中体现出来的社会、人文、经济等各个方面的变化，体验静观地区农民的勤劳、简朴、智慧与创新精神。

**学习技能**　访问技巧、与长辈或者陌生人交流技巧、社会调查能力、整理分析材料能力，情感态度方面接受老一辈手工艺人生活态度和劳动观教育。

**活动准备**　记录本、录音机、照相机、出行路线、纪念礼物。

**活动过程**

**1.访问静观地区老一辈竹麻草鞋编制艺人**

（1）教师指导学生确定几个静观地区比较出名的竹麻草鞋手工艺人，找到他们的联系方式或详细地址，制订出上门拜访的计划。在计划中要包含该手工艺人的住址到学校的距离，采用什么交通工具前往，由谁负责和他联系确定访问时间，每访问一个手工艺人由哪几个组前往，确定负责组织的小组长，在访问之前拟定出访问主题和希望了解的内容。另外各组动手设计制作一个小小纪念礼物准备在访问结束时赠送。

（2）根据制订的访问计划，由一到两名科技教师带领小组成员与手工艺人进行面对面交流访问。访问内容重点在了解他们从事草鞋编制的年代、最初目的、生活境况等，另外在纸笔记录的同时用随身带去的录音机录下老艺人们的谈话，用照相机拍下老艺人们现在的生活环境等。

（3）访问结束时全体组员与老艺人合影并赠送我们的纪念礼物表示感谢。回到学校后，由学生以小组为单位整理出访问记录，每个人写一篇访问心得。

**2．采用问卷形式调查本地区居民对竹麻草鞋的了解程度**

（1）各个组编制一份调查问卷，目的是了解现在生活工作在静观地区的人们对竹麻草鞋的知晓程度和他们对草鞋工艺继续发展的态度。教师指导问卷编制的科学性。为了保证问卷回收率，问题控制在 10 个以内，每个问题文字精练。

（2）利用周末时间或者静观镇赶集天以 2 个小组为单位上街发放问卷（一个组发放，另一个组回收）。发放问卷时注意老、中、青、少各个年龄层的人都要兼顾到。考虑到多数老年人和学前儿童识字数有限，可以采用提问回答的形式由学生代为填写问卷。

（3）及时回收问卷，并进行问卷统计与问题分析。

**3．教师根据各组学生开展访问、调查时的表现以及整理分析材料的能力进行本次活动的综合评价**

**第三阶段　竹麻草鞋原料——竹的调查**

**活动目标**　调查和收集竹麻草鞋原料——竹类的形态和分类学特性，请教专家进行分类，调查竹类野外分布状况，了解除制作竹麻草鞋以外民间对竹类资源的利用。

**学习技能**　学习文献调查法、访谈调查法、野外调查法，情感态度方面通过调查感受大自然的美好，感受生物多样性对人类的重要。

**活动准备**　记录本、录音机、照相机、标本夹、测量工具。

**活动过程**

**1．文献资料和标本的查阅及研究**

调查和收集有关研究地区的竹类分类、分布、利用、栽培和管理等方面的资料，参观博物馆。

**2．访谈**

到过去几乎家家生产草鞋的静观镇红岩、花园、双唐、三根、陡梯村访问了解当地人以前使用竹、利用竹的状况，了解现在竹的使用状况。

**3．野外调查**

调查竹的种类和野外分布状况。

调查结果如下：

（1）该地区竹类种质资源较丰富，从文献和野外调查汇总，该地区竹属禾本科竹亚科植物，有矢竹属、刚竹属、寒竹属、苦竹属、慈竹属等六属近 20 个种、变种，还有引种成功的 16 属 41 种。

（2）竹林类型主要有天然竹林、人工栽培竹林。人工栽培主要采用移竹法、埋节埋秆、压条埋节方法发展竹类。

（3）对竹利用主要包括经济利用、药物利用、生态利用及文化利用，竹笋是食用和保健的佳品；竹材是建筑、造纸、编织和制作工艺品的良材；竹叶、竹沥、竹膜及竹鞭等在药用、食品包装及乐器等方面也广泛的利用。竹林具有良好的生态和社会效益，其根鞭纵横交错，有涵养水源、保持水土、护坡护堤的作用；竹林四季常青，有调节气候、美化环境、旅游休憩等作用。

（4）现在乡村对竹的利用比以前减少了，比如以前用竹制竹麻做草鞋、用竹编各种器物、用竹做土墙的内筋等，这些现在都使用很少了。

（5）由于使用少了，人工种植减少，人工栽培竹林减少，加之近年乡村沟渠、道路、房屋建设、天然竹林部分被毁，乡村竹林面积缩小。

**第四阶段　竹麻工艺发展现状调查分析**

**活动目标**　了解静观镇现在竹麻草鞋编制工艺的发展程度，以及今后发展方向。

**学习技能**　交流表达技能，调查分析能力。

**活动过程**

（1）参观坐落在静观镇的重庆市嘉鋬工艺品有限公司，了解现在的竹麻草鞋生产工艺。联系访问公司负责人王学庆，请他介绍公司的开创和发展历程以及今后的发展方向。

（2）实地考察竹麻草鞋现在的市场需求情况。利用周末时间，以小组为单位深入到静观草鞋市场、美丽乡村嘉年华、瓷器口等地方调查草鞋目前的销售情况，人们对于草鞋的购买态度，是作为实用品穿在脚上，或是作为工艺品进行收藏等。

（3）各组分别写一份竹麻工艺发展现状调查报告。

**第五阶段　寻找民间手工艺人**

**活动目标**　通过收集整理一个个草鞋编制艺人的人生经历，让 90 后的学生从艺人昨天和今天的生活经历中体验人生的坎坷、生活的艰辛，情感上能够理解父母的辛苦，能更加珍惜现在拥有的富足生活。

**学习技能**　整理资料，情感体验，价值观教育。

**活动过程**

（1）以小组为单位通过身边的亲戚朋友以及其他方式统计静观地区老一辈手工艺人，逐个走访了解他们现在的生存状况，倾听他们讲述和竹麻草鞋有关的故事。

（2）各组分类整理收集的资料，做成静观地区竹麻草鞋手工艺人档案。

（3）每个学生写一篇访问心得。教师根据每个学生做访问、整理资料过程中的表现进行评价。

在调查中寻访到两位年逾古稀的老人，一位姓汪，家住陡梯村，另一位姓陈，家住静观老街。目前进行草鞋生产的个体艺人均为 60～80 岁的老年人，他们打草鞋，并不是从经济角度上考虑，而是作为自己的一种打发时光的休闲爱好。因为他们年事已高，不宜再外出打工，而身体尚可，打草鞋这个不需要太多体能的劳动，很适合他们。而做出来的草鞋，他们可出售给中间商，每双可得 15 元左右。

**第六阶段　拜师学艺，传承技艺**

参观坐落在静观镇的重庆市嘉鋬工艺品有限公司，了解现在的竹麻草鞋生产工艺。访问公司负责人王学庆，请他介绍公司的开创和发展历程以及今后的发展方向。竹麻草鞋的生产工艺已经从传统手工作坊式过渡到机械化生产。

**活动目标**　学习草鞋编制方法，从实践中体验产品的生产过程。了解和学习现代机械生产工艺。

**学习技能**　手工劳动技能，合作协调能力。

**活动过程**

（1）与现代竹麻草鞋工艺生产最具代表性的嘉鋬工艺品有限公司联系。在征得公司负责人同意后，参观该公司的生产车间，从原材料的处理到成品鞋出厂，了解每一个生产工序。

（2）安排周末时间或者课外活动课时间到车间向工人师傅学习编制草鞋。

（3）每人动手编制一双草鞋，请工厂的质检员按出厂要求给予评价打分，作为本次活动的成绩评定。

**第七阶段　我来创新**

**活动目标**　在学习了基本的草鞋编制方法以后，对传统的草鞋从外观、功能等各个方面进行创新改良。

**学习技能**　想象力、创新意识和创新能力培养。

**活动步骤**

（1）以小组或者个人为单位对草鞋进行创新设计，先画好图纸，再按照图纸做出成品。请嘉鋬工艺品有限公司的师傅作为评委对创新作品进行评定考核。

（2）与美丽乡村嘉年华联系，将学生的创新作品在嘉年华内展出销售，以小组为单位，将相同时间内销售出的草鞋数量和收入多少作为作品的受欢迎度进行考核。

**第八阶段　我为家乡竹鞋献计策**

**活动目标**　家乡繁荣人人有责，体现主人翁意识，增强责任感。

**活动内容**

全体成员开一次座谈会，对静观地区发展竹麻草鞋工艺的想法和意见畅所欲言。记录座谈会过程，特别是关于静观草鞋发展的意见和想法详细记录。整理一份关于静观草鞋未来发展的畅想报告。

**第九阶段　成果总结与展示**

**活动目标**　对活动进行总结，并将自己的发现、收获与他人进行交流。

**学习技能**　总结、交流、设计、展示等能力。

**活动准备**　能够用于展示的实物、图片、影像、文字资料等。

**活动过程**

**1．展品准备**

确定小组分工，拟定需要展出的项目，制订计划每个项目由谁负责，由哪些成员协助。

**2．布置展览**

确定 2～3 名学生设计展览现场，包括时间、地点、展位摆放、各项目介绍等事项。另确定若干学生负责协助布置。

**3．总结表彰**

展出期间安排时间对整个活动进行简短的总结汇报，邀请学校领导和活动中给予支持帮助的相关人员参加，对活动中表现出来的优秀个人和优秀小组进行表彰。

**【活动效果】**

（1）通过了解竹麻传统工艺和参加一系列实践形式多样、参与性极强的学习活动，学生了解了地方传统与生物多样性保护的关系，在保护生物多样性的情感态度和价值观上有所提升。

（2）学生们在以自身为主体参与的社会实践活动中，学会了查阅资料、社会调查、采访记录、统计数据、分析整理等科学研究技能，同时语言表达能力、动手操作能力、创造力、搜集运用资料的能力、调查分析能力、解决问题的能力等综合素质也得到了培养和提高。

（3）竹麻草鞋生产过程中不产生环境污染，废旧草鞋丢弃后自然降解，对环境也不造成污染。这让学生认识了什么是绿色产品。对本地传统工艺的了解和认识，增强了中学生热爱家乡，热爱家乡人民的情感，从而上升到对民族文化的热爱。活动结束后收到学生独自或者合作完成的竹麻工艺品参加青少年科技创新大赛小制作项目获奖，调查报告和研究小论文在重庆市中小学科技社会实践活动评选中获奖。

（4）同学们为静观镇竹麻的发展提出了一些建议。

1）建议由政府的相关部门牵头，利用各种媒体定期开展宣传活动，在相关地点制作宣传栏、宣传碑等。

2）竹麻草鞋材料来源天然植物竹子，建议应该对竹子物种进行保护。

3）建议以重庆市嘉鋆工艺品有限公司为核心，组建竹麻工艺协会。将分散的老艺人组织起来，进行定期交流。这样既能提高他们的生活质量，又能提高他们的制作水平，还能增加其收入。这对那些子女长期在外打工的空巢老人来说，是一个解除寂寞和发挥余热的极好方法；对政府来讲，这也是建立和谐社会的一个方面；对企业来讲，这又是一个增加产值的机会。

4）建议举办地方编织文化艺术节，鼓励以老带新、以新带老，开展如草鞋编制、竹麻工艺设计等竞赛，使得这门手艺得以传承和发扬。

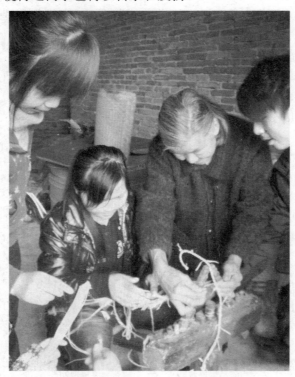

汪婆婆在教学生"打草鞋"

　　蔬菜是我们每个人每天的必需消费品，蔬菜作物在农作物中占有极为重要的地位。由于开发猛进，大量征地，蔬菜面积大幅减少，主要品种基本保持稳定，在种植面积减少的情况下，各类蔬菜产量也相应有所减少。

　　作物种质资源是生物多样性的重要组成部分，也是我们赖以生存和发展的物质基础，为了让学生对生物的多样性有具体的感知，我们利用农村学校的有利资源，让学生通过观察当地的蔬菜和外地蔬菜，了解人们对蔬菜的不同需求，知道蔬菜品种的多样性及其与人们的关系，了解蔬菜种植与环境的关系，从而理解保护本地物种的重要性。

### 案例六　蔡家岗镇秋冬种植蔬菜品种调查活动

| 活动名称 | 蔡家岗镇秋冬种植蔬菜品种调查活动 |
|---|---|
| 活动策划 | 洪兆春 |
| 参加群体 | 小学生 |
| 执行教师 | 重庆市北碚区蔡家场小学　黄莺　龙明伟 |
| 教育（活动）形式 | 形成兴趣小组，开展探究性学习和活动 |
| 合作馆校及部门 | 重庆市环保局、重庆市生态学会、重庆自然博物馆、重庆市北碚区农委、重庆市北碚区蔡家场小学 |
| 案例供稿 | 重庆市北碚区蔡家场小学　黄莺　龙明伟<br>重庆自然博物馆　洪兆春 |

【教育（活动）内容】

（1）老师利用科学课，让学生了解生物多样性与人类的关系，以及我们这次调查活动要做些什么。

（2）到当地农民的菜地了解本地蔬菜的种植时间、施肥情况、生长情况、收成等情况，进行整理，制成调查表。

（3）到菜市调查，了解哪些是本地蔬菜，哪些是从外地运来的。

（4）回家调查家人喜欢吃什么蔬菜，知道蔬菜品种的多样性与我们生活之间的关系。

（5）向农业专家咨询，了解其他生物多样性与我们生活的关系。

【资源条件】

（1）蔡家岗镇位于四川盆地东部，三峡工程库尾区，这里属深丘浅山地貌，分布有丘陵和平坝，海拔高度在 750 m 左右，土层结构良好，保水保肥较强。

（2）蔡家场小学是一所农村小学，大部分家长都在乡村种植蔬菜，能为本次调查活动提供直接的资料。

【前期准备】

（1）准备相应工具：笔记本、笔、照相机、尺子。

（2）准备相应知识：学习设计调查记录表格、蔬菜的营养价值。

（3）实践活动准备：了解自己家或学校附近哪家蔬菜市场比较大，为进行蔬菜市场调查作准备。

（4）联系专家。

【活动过程】

1．探究发现——初步认识生物多样性

（1）在科学课上，利用多媒体让学生看蔬菜图片，了解蔬菜品种的多样性，并让学生说出这些蔬菜的味道、营养成分、制作方法等，激发学生对本次活动的兴趣。

（2）讲解本次调查活动的目的，让学生明确这次活动要做些什么。

（3）讲解什么是生物多样性，它与我们生活的关系。

2．体验生活——考察菜地的蔬菜品种

（1）对学生进行分工，明确要观察些什么，如蔬菜的形状、颜色、菜的高矮、冠茎面积、食用部分等。

（2）每3个学生一组，利用放学时间和周末到附近的农田进行观察测量。

（3）到农民家中访问，对其蔬菜的种植时间、施肥情况、生长情况、收成情况等进行了解，咨询家乡的土壤适合栽种什么蔬菜，了解其大概的原因，并做好记录。

（4）回到家后，上网查阅资料，对自己调查的蔬菜做进一步的了解，如这些蔬菜有哪些营养等，对当天的调查、观察的结果和数据进行整理，并制成表格。

（5）每个星期五的下午开一次交流会，对自己的调查和体验情况进行汇报交流，老师对下一次的调查活动做具体的安排或调整。

3．快乐调查——认识市场上的蔬菜品种

（1）学生利用周末在父母的帮助下到市场调查，看一看市场上有些什么蔬菜，做好记录。

（2）了解哪些蔬菜是当地农民种植的，哪些是从外地运来的。

（3）回家调查家人喜欢吃什么蔬菜，让学生知道现在我们餐桌上蔬菜的品种越来越多，我们的生活质量也就越来越好，了解蔬菜品种的多样性与我们的关系。

4．专家指导

在了解了蔬菜品种的多样与我们生活的关系后，我们到北碚区农委进行咨询，专家告诉了我们更多的蔬菜品种及其营养价值，不同的蔬菜有不同的营养价值，能满足不同人们的不同需求，蔬菜品种的多样只是生物多样性的一部分，而人们对其他物种也需要有多样性，如鱼类、禽类、水果、谷物等。但因为各种各样的原因，比如消费者的需求、疾病以及遭破坏的生态系统等，农民们种植的品种越来越有限，而放弃种植数以千计的其他物种，因此保护身边的物种是很重要的。

5．活动的延伸

（1）制作一份膳食营养表，目的是使大家都合理地食用蔬菜。

（2）起草一份倡议书，让大家保护环境，保护身边的物种。

6．我们的收获和思考

调查活动结束了，虽然这是学生第一次实践活动，但整个活动都是学生自主完成。教师只是在活动中给学生适时的指导，使学生在兴趣中进行实践体验，充分调动了学生的积极性，使学生在体验中感到快乐，增长创新的才能，做到了把学习的权利交给学生，激发其创新意识。经过调查，学生了解了当地有莴笋、萝卜、大白菜、菠菜、韭菜、青菜、莲白、大蒜、葱、莲藕、芋头等二十多个蔬菜品种以及与我们生活的密切关系。这次调查活动培养了他们的观察能力，为今后观察其他生物的多样性打下了基础。

通过这次活动，有学生提出，随着城镇化进程的加快，用于种植蔬菜的耕地面积将越来越少，而随着生活水平的提高，人们对蔬菜的消费需求越来越大，这就需要我们向相关部门提出蔬菜基地的占补平衡，以满足人们对蔬菜消费的需求，同时也能对当地的蔬菜留种，保护当地蔬菜的品种。

【活动效果】

这次对秋冬种植蔬菜品种调查活动，让学生认识了本地蔬菜和外来蔬菜，了解了人类生活和物种保护的关系，既锻炼了学生科学观察能力，又培养了他们探究学习的能力，提高了他们保护环境、保护物种、保护生物多样性的意识。

### 蔬菜品种的调查记录表

时间： 地点： 记录人：

| 蔬菜名称 | 形状 | 颜色 | 冠茎面积 | 菜的高矮 |
|---|---|---|---|---|
| 萝卜 | | | | |
| 菠菜 | | | | |
| 包心菜 | | | | |
| 韭菜 | | | | |
| …… | | | | |

讨论记录本地蔬菜

到菜地观察本地蔬菜